아인슈타인과 상대성이론을 언제고 한번 제대로 공부해보리라 생각하는 분들이 많죠. 하지만 바빠서, 또는 게을러서, 또는 다른 재미난 일을 하느라, 또는 좋은 교재나 강의를 못 찾아서 차일피일 미루는 사이에 시간만 갑니다. 저도 마찬가지였습니다. 홍안의 미소년(?) 시절부터 계속 생각만 하며 여태 살았네요. 그러던 어느 날 도서관에서 이 책을 봤습니다. $F = ma$부터 시작해서 시키는 대로 종이에 끄적거리며 따라가기만 했는데 어느 새 $E = mc^2$이 나오는 것이 마법 같았습니다! 특수상대성이론의 역설(패러독스)을 가지고 이리저리 생각을 궁글려 보는 것도 처음에는 생경하더니 나중에는 사뭇 재미가 붙어 내려야 할 전철역을 놓친 적이 한두 번이 아니었습니다. 과학사의 흐름을 꿰뚫는 저자의 해박한 지식은 물론, 과학과 철학, 종교, 삶의 관계에 대한 성찰도 깊이 음미해볼 만했습니다.

큰 아이가 올해 물리학과에 들어갔습니다. 이런저런 사정으로 공부가 늦어 본인도 많이 불안해 했습니다. 책을 사주려고 했더니 절판이라는 거에요. 어찌어찌 저자께 연락이 닿았습니다. 복간을 제의했고, 의기투합했습니다. 문장을 다듬고, 구성을 달리하여 좀 더 쉽게 독자들께 다가갈 수 있도록 노력했습니다.

이 책의 주제는 특수상대성이론입니다. 부록에 일반상대성이론과 양자역학에 대해서도 간략한 설명을 덧붙였습니다. 앞 부분에는 고전역학, 중간에 벡터와 미분과 적분을 설명했으니 한 권으로 수학과 물리를 연관시켜 이해하기 좋습니다. 개인적인 경험을 말하자면 이 책을 읽고 나니 세상이 달라 보입니다. 제 딸이요? 이 책을 열심히 읽고 학기를 시작했는데 큰 도움이 된다고 합니다. 지금도 이해가 잘 안 되는 부분은 교과서와 함께 이 책을 참고합니다. 세상과 우주의 참모습을 이해하고 싶은 일반인들, 과학의 본질을 공부하려는 학생들에게 두루 권합니다.

2017년 가을 꿈꿀자유 대표 강병철

문과생도
이해하는
$E = mc^2$

Copyright © 2017, 고중숙
이 책은 꿈꿀자유 서울의학서적이 발행한 것으로 본사의 서면 허락없이는 어떠한 형태나 수단으로도 이 책의 내용을 이용할 수 없습니다.

문과생도 이해하는

$E=mc^2$

고중숙 지음

꿈꿀자유

머리말

배우고 때맞춰 익히는 것 또한 즐겁지 아니한가? — 공자

$E = mc^2$이란 식은 자연과학 전체를 통틀어 가장 유명한 식입니다. 중학생 정도면 이미 익히 들어 알고, 심지어 초등학생도 많이 압니다. 그래서 이 책은 중학생 정도면 이해할 수 있도록 하자는 취지에서 썼습니다. 생활에 쫓기느라 바쁜 일반인들이나 우리가 살아가는 우주의 구조와 운행을 차분히 관조해보고 싶은 어르신들도 조금만 집중하면 충분히 이해할 수 있으며, 실제로 그렇게 도움이 되기를 기원합니다. 여기서 "안다·이해한다"라는 말을 썼는데, "앎"에는 여러 단계가 있습니다.

첫째, 이 식을 보거나 들어서 "E는 mc제곱이다. 이 식은 아인슈타인의 상대성이론을 설명한 것이다"는 정도로 아는 단계입니다.

둘째, 구체적으로 "이 식에서 E는 에너지, m은 질량, c는 광속이다. 따라서 물체가 가진 에너지는 질량에 광속의 제곱을 곱한 것과 같다"라는 정도로 아는 단계입니다. 실제로 간단한 계산을 해보고, 일상적으로 보는

물체가 가진 어마어마한 에너지를 상상해 본 분도 있을 것입니다.

셋째, 이 식의 유도 과정까지 아는 단계입니다. 여기까지 알려면 상대성이론 자체를 기본적으로 이해해야 합니다. 약간의 수학적 지식도 필요합니다.

넷째, 이 식의 의미를 좀 더 깊이 파헤치고, 다른 분야에도 응용하고, 앞으로의 연구에 반영하는 등 그 폭과 깊이를 계속 넓혀 가는 단계입니다.

이 책의 목표는 셋째 단계까지 가는 것입니다. 이 식을 아는 분들이 대부분 둘째 단계에 머물러 있으며, 의식적이든 무의식적이든 "도대체 이 식은 어떻게 해서 나온 것일까?"라는 의문을 품고 있습니다. 아쉽게도 그분들을 셋째 단계로 안내하는 교양과학 수준의 책은 별로 없습니다. 흔히 "상대성이론은 신비롭고 어렵다"는 선입견을 갖습니다. "상대성이론을 정확히 이해하는 사람은 이 세상에 단 세 명밖에 없다"고 한 사람도 있습니다. 그런데 상대성이론은 어떤 '딴 세상'이 아니라 바로 우리가 사는 '이 세상'의 진리에 대한 것입니다. 무엇보다 상대성이론의 기본적인 내용은 교양과학 수준입니다. 누구나 약간의 시간과 노력만 기울인다면 큰 어려움 없이 이해할 수 있습니다. 그런데, 약간의 시간과 노력의 대가로 상대성이론을 이해하고 나면 자신과 세상과 우주가 전혀 달리 보입니다. 지금까지 눈을 감은 채 살다가 갑자기 눈을 뜬 것 같은 느낌이 듭니다. "유레카 Eureka", 즉 "놀라운 깨달음의 체험"입니다. 아르키메데스가 목욕을 하다가 불현듯 "부력의 원리"를 깨닫고 알몸으로 거리를 달리며 "유레카!"라고 외쳤다는 일화는 누구나 알지요. 그 희열이 얼마나 컸을까요! 그런데 둘째 단계에서 셋째 단계로 올라설 때 바로 이런 "깨달음의 희열"을 얻게 됩니다. 물론 이 책에 투자하는 비용, 시간, 노력을 다른 곳에 투자해도 기쁨과 즐거움을 얻을 수 있습니다. 맛난 것을 사 먹거나, 영화를 보거나, 술을 마실 수도 있겠지요. 그런 즐거움도 있어야겠지만, 그것은 우주의 원리를 이해하는 강렬한 지적 환희에 비하면 시시하고 덧없는 것입니다.

이 책은 "$F = ma$부터 $E = mc^2$까지의 여행기"입니다($F = ma$에서 F는 힘, m은 질량, a는 가속도입니다). $E = mc^2$을 유도하는 시작이 $F = ma$입니다. 두 가지 식에는 보다 깊은 "상징적 의미"도 있습니다. $F = ma$는 "고전역학의 주춧돌"로서 아이작 뉴턴 이래 200여 년간 물리학을 지배한 식이며, $E = mc^2$은 고전역학의 오류를 바로잡은 "상대성이론의 간판" 같은 식입니다. 하지만 두 가지 식은 전혀 다른 것이 아니라 연결되어 있습니다. 이제 $F = ma$에서 F, 곧 "힘force"으로부터 "힘차게" 여행을 시작하고자 합니다. 이 여행은 아무래도 100미터 달리기보다는 마라톤일 것이므로 틈틈이 휴식도 필요할 겁니다. 휴식 중에 주제와 관련되는 다른 부분도 함께 살펴보겠습니다. 아무쪼록 이 여행이 여러분의 머릿속에 한 폭의 아름다운 "진리의 병풍"으로 남기를 기대합니다.

— 고중숙

차례

머리말

제1장 **길잡이** 13

   1. 결과부터 살펴볼까요? 15
   2. 필요한 것 – 수학과 물리, 그리고 마음 자세 18

제2장 **기초 다지기 – 뉴턴의 운동법칙** 25

   1. 출발점 : $F=ma$ 27
      (1) 제1법칙 : 관성법칙 30   (2) 제2법칙 : 가속법칙 39
      (3) 제3법칙 : 작용반작용법칙 40
   쉼터 : 뉴턴 : 최고의 과학자·수학자, 최후의 연금술사 48

제3장 **힘과 에너지** 55

   1. 힘 58
   2. 운동량 60
   3. 일과 에너지 64
      (1) 일 64   (2) 에너지 69
   쉼터 국제단위계 74

제4장 수학여행 77

1. 벡터 80
(1) 벡터의 기본 개념 80   (2) 벡터의 연산 82

쉼터 "속도"와 "속력" 92

2. 미분 94
(1) 미분의 기본 개념 95   (2) 미분의 의미 101

(3) 미분표 108   (4) 함수곱의 미분 110

3. 적분 114
(1) 적분의 기본 개념과 의미 115   (2) 미적분의 기본정리 117

(3) 적분표 119   (4) 부분적분 120

4. 하나만 더 : 합성함수 미분 123

쉼터 우리 교육 과정의 통합과 개혁 127

제5장 물리학의 역사 113

쉼터 "계"에 대하여 141

제6장 변화와 보존(1) - 운동량과 에너지 149

1. 운동량보존법칙 152

2. 에너지보존법칙 156
(1) 역학적 에너지보존법칙 158   (2) 일반적 에너지보존법칙 162

쉼터 운전대만 잡으면 170

(3) 퍼텐셜의 이해 172

쉼터 중력위치에너지의 기준점 182

제7장 변화와 보존(II) - 열역학 191

1. 제0법칙 : 열평형법칙 196
2. 제1법칙 : 에너지보존법칙 198
3. 제2법칙 : 엔트로피증가법칙 207
4. 제3법칙 : 엔트로피기준법칙 221
   쉼터 삶이란... 226

제8장 빛이 있으라 227

1. 빛의 본질 230
2. 빛의 속도 235
3. 빛의 종류 239
   쉼터 오른손법칙과 왼손법칙 251
4. 맥스웰방정식 254
   (1) 맥스웰방정식의 이해 255   (2) 진공광속의 유도 269
   쉼터 왜 사람들은 오른손을 더 많이 쓰게 되었을까? 280

제9장 특수상대성이론 283

1. 실마리 285
2. 특수상대성이론의 2대 가정 287
   (1) 가정(postulate)이란 무엇인가 287   (2) 상대성원리 289
   쉼터 과학과 믿음 295

   (3) 광속일정원리 298   (4) 안개 속의 데이트 : 시공 관념의 재정립 303
   쉼터 아인슈타인의 유감 307
3. 특수상대성이론의 4대 귀결 309
   (1) 동시상대성 310   (2) 시간지연 314   (3) 길이수축 320   (4) 질량증가 326

4. 도착점 : $E=mc^2$ 333

5. 특수상대성이론의 역설들 344

쉼터 아인슈타인 : 최고의 과학자, 최후의 철학자 355

부록 365

1. 일반상대성이론 맛보기 368

2. 양자역학 맛보기 380

    (1) 양자의 의미 381   (2) 이중성원리 384

    (3) 불확정성원리 391   (4) 확률해석원리 398

쉼터 과학과 철학 404

주요 수치 412

찾아보기 413

■ 이 책을 읽는 법

에베레스트 산을 오르는 데는 여러 가지 길이 있습니다. $E=mc^2$이라는 산을 정복하는 일도 마찬가지입니다. 아래 안내에 따라 가장 적합한 길을 택하되, 어떤 길을 택하든 나중에 모두 정독하기를 권합니다.

① 핵심을 빨리 파악하려면 "4장 2·3·4절"을 읽고 "9장"을 정독합니다. 단, 벡터와 미적분을 알면 바로 "9장"을 정독합니다.

② 차례대로 나아가되 벡터와 미적분을 안다면 "4장"을 제외합니다. "8장 4절"은 좀 복잡하므로 일단 제외하고 나중에 정독.

③ 기타: 처음부터 차분히 진행("8장 4절"은 나중으로 돌려도 됨).

④ "수식"은 이탤릭체이지만 "단위"는 보통체입니다. 예를 들어 "$E=mc^2$"은 수식이므로 이탤릭체로 쓰지만 "km"는 단위이므로 보통체로 씁니다.

⑤ 전문용어와 학술용어는 붙여쓰기를 했습니다. 예를 들어 "공명 상태"는 하나의 전문용어가 아니므로 띄어쓰기를 했지만 "양자상태"는 전문용어이므로 붙여썼습니다.

⑥ 필요상 새로 만든 용어는 처음 쓸 때만 "직진운동*"과 같이 표기했습니다.

제1장

길잡이

1. 결과부터 살펴볼까요?

아메리카 대륙을 처음 발견한 콜럼버스는 인도가 어딘지 모르고 항해를 했습니다. 심지어 자기가 발견한 땅이 인도가 아니라 아메리카인 줄도 몰랐습니다. 그래서 엄청난 고생을 했지요. 하지만 우리의 여정은 이미 다녀온 사람이 아주 많고 길도 잘 닦여 있습니다. 어딘가 여행을 떠날 때는 목적지 정보를 인터넷이나 책으로 최대한 많이 파악하고 떠납니다. 여기서도 목적지를 대략이나마 먼저 살펴보겠습니다. 최종적으로 이해할 계산은 다음 식에서 출발합니다.

$$K = \int_0^s F ds \quad\quad (1)$$

생각보다 출발은 아주 단순하고 산뜻하지요! 여기서 K는 운동에너지, F는 힘, s는 거리입니다. $\int$라는 기호는 "적분"입니다. 식 (1)은 "정지한 물체에 힘을 가해 거리가 0인 곳에서 s인 곳까지 옮기면 그 물체는 K라는 운동에너지를 갖는다"는 뜻입니다. 예를 들어 투수가 정지한 공에 힘

(F)을 가해서 팔이 최대한 닿는 곳(s)까지 휘둘러 뿌리치면 투수의 손을 벗어나 포수에게 향하는 공은 K라는 운동에너지를 가집니다. 그런데 머리말에서 $F = ma$라고 했지요? 이는 "힘 = 질량 × 가속"이란 뜻입니다. "가속은 속도(v)의 변화율"이며, "변화율"은 수학에서 "미분"으로 나타냅니다. 따라서 이 식은 다음처럼 바뀝니다.

$$F = ma = m\frac{dv}{dt} \quad (2)$$

질량은 특수상대성이론이 나오기 전까지는 속도와 상관없이 일정하다고 여겼습니다. 하지만 특수상대성이론에 의해 질량이 속도에 따라 변한다는 점이 밝혀졌으며, 그 관계식은 다음과 같습니다.

$$m = m_0 / \sqrt{1 - v^2/c^2} \quad (3)$$

여기서 m_0는 정지질량이고 m은 속도가 v인 때의 질량입니다. 움직이는 물체의 운동에너지는 (2)와 (3)을 이용하여 (1)을 계산하면 되는데, 중간 과정을 조금 생략하고 끝 부분만 쓰면 다음과 같습니다.

$$K = \int_0^{mv} v\, d(mv) = \int_0^v v\, d\left(\frac{m_0 v}{\sqrt{1 - v^2/c^2}}\right)$$

$$K = \frac{m_0 v^2}{\sqrt{1 - v^2/c^2}} + m_0 \left[c^2 \sqrt{1 - v^2/c^2}\right]_0^v$$

$$K = mc^2 - m_0 c^2 \quad (4)$$

(4)는 다음과 같이 고쳐 쓸 수 있습니다.

$$m_0 c^2 + K = mc^2 \quad \cdots\cdots\cdots\cdots\cdots\cdots\cdots\cdots \quad (5)$$

(5)의 좌변은 "물체의 정지에너지(m_0c^2)와 운동에너지(K)의 합"으로, 바꿔 말하면 "물체의 총 에너지"입니다. 그런데 이게 우변의 mc^2과 같다는 겁니다. 다시 말해서 "물체의 총 에너지 = mc^2"라는 뜻이며, 이게 바로 우리가 원하는 다음 결과입니다.

$$E = mc^2 \quad \cdots\cdots\cdots\cdots\cdots\cdots\cdots\cdots \quad (6)$$

여기까지 본 감상은 어떤가요? 미분과 적분을 조금이라도 배운 분들은 이렇게 생각할 겁니다. "흠, 뭐, 생각보다 간단하군. 쫌만 배우고 해보면 금방 될 것 같은데 ……" 그렇고 말고요! 그 정도 사전 지식이 있다면 물리에 대한 몇 가지 지식을 더하고, 상대성이론의 귀결을 몇 가지 배우고, 이 책에 설명한 미적분을 따라 해보면 위의 결과를 쉽게 얻고 깊이 음미할 수 있습니다. 하지만 "뭐 이리 복잡하냐? 제곱근은 겨우 알겠는데, 꼬부랑 기호는 뭔지 모르겠고, 게다가 식들은 왜 이리 길어?"라고 생각하는 분도 있을 겁니다. 사실 이런 분들이 훨씬 많겠지요. 이 책은 두 번째 반응을 보이는 분들을 위해 썼습니다. 미리 말해둘 것은 이 분들도 예상보다 훨씬 쉽게 목표를 이룰 수 있다는 사실입니다.

2. 필요한 것
수학과 물리, 그리고 마음 자세

$E = mc^2$의 유도 과정을 이해하는 데 필요한 수학과 물리는 대략 고교 2학년 수준입니다. 먼저 수학에서 "미분"과 "적분"을 알아야 합니다. 즉, 미분에서 "함수곱 미분"과 "합성함수 미분", 적분에서 "부분적분"이라는 기법을 이해해야 합니다. 물리에서는 "힘"과 "운동량"과 "에너지"를 알아야 하는데, 이와 관련하여 "벡터vector"에 대해서도 간단히 살펴봅니다. 또한 부수적으로 "빛"에 대한 지식 및 "상대성이론의 배경과 기본적인 내용"도 살펴봅니다. 여정은 $F = ma$에서 출발하여 $E = mc^2$에서 끝납니다. KTX처럼 직통으로 가는 것은 아닙니다. 진짜 목표는 여정 중에 과학에 대한 전반적인 통찰을 얻는 것입니다. 따라서 위의 사항들을 설명하면서 관련되는 내용도 둘러볼 것입니다. 필요한 내용은 모두 이 책 안에서 설명합니다. 다른 자료를 찾아보면 좋겠지만, 독서가 방해될 정도로 다른 자료를 찾을 필요는 없습니다.

지금까지 꽤 여러 권의 교양수학과 과학 서적을 썼습니다. 그때마다 어떻게든 "쉽게" 쓰려고 노력했습니다. 사실 "어려운 것을 쉽게 풀기"는 많은 저자들이 부닥치는 난제입니다. 책뿐만이 아닙니다. 어린이나 일반인을 위한 과학 강연, 심지어 정규 수업 중에도 "쉽고 재미있게" 설명한다는 것은 큰 과제입니다. 그런데 "어려운 것을 쉽게"라는 말은 본질적으로 모순입니다. 애초에 쉽다면 "어려운 것"이라고 하지 않았을 것입니다. 그렇다면 이미 어렵다고 판정된 것을 "쉽게" 풀이하라는 것이니, 모순적일 수밖에 없지요.

이 문제를 조금 다른 각도에서 살펴봅시다. 자연에서 진리를 찾아내려는 인류의 노력도 바로 '어려운 것을 쉽게 풀기'입니다. "불가사의하고 신비로운 자연 현상"을 이른바 "진리·원리·법칙"이라는 "지식", 곧 인간이 이해할 수 있는 형태로 풀어 설명하는 것이 위대한 과학자들이 이루어온 업적입니다. 그런데 우리는 다시 "조상들이 쌓아온 수많은 지식을 더 쉽게 배웠으면 좋겠다"고 끊임없이 요구합니다. 아무도 몰랐던 것을 처음 해내기는 아주 어렵습니다. 그러나 누군가 한번 해낸 일을 뒤따라 배우는 것은 그다지 어렵지 않습니다. 그런데 "뒤따라 배우는 것"마저 "어찌하면 더 쉽게 할 수 있을까?"를 끊임없이 찾는 셈입니다. 미지의 자연 현상을 쉽게 풀어쓴 지식을 더 쉽게 배우기를 바라므로 2단계의 쉽게 풀어쓰기를 원한다고 할 수 있겠습니다.

과유불급 — 너무 쉬우면 도리어 어렵다

그렇다면 쉽게 풀어쓰기는 어디까지 가능할까요? 기존 방법보다 더 쉽고, 더 재미있고, 더 좋은 방법이 끝없이 개발될 수 있을까요? 이제 여러분의 이해를 돕기 위해 모 대학 물리학과에 다니는 캠퍼스 커플 "돌이"와

"순이"를 조교로 불러 보겠습니다(아인슈타인의 이름을 "ein+stein"으로 풀면 "하나의 돌"이라는 뜻이므로 우리말 이름으로는 "돌이"가 제격입니다). 순이는 자전거 타기를 배우려고 합니다. 아무래도 처음에는 약간 설명을 듣는 게 좋겠지요. 그래서 돌이는 자전거업계의 기술자, 저명한 물리학 교수, 자전거 국가대표 선수 등 최고의 전문가들을 특별 초청했습니다. 이 분들은 최고의 전문가답게 자전거의 구조, 작동 원리, 빨리 달리는 요령들을 누구보다 더 정확하고 쉽게 설명해주셨습니다. 이제 순이는 자전거에 오릅니다. 과연 순이는 자전거를 쉽게 잘 타게 되었을까요? 당연히 그렇지 않습니다. 아무리 설명을 잘해도 분명 한계가 있으며, 이 한계를 넘으려면 스스로 최소한의 노력은 해야 하기 때문이지요.

이 과정에서 다른 문제들이 나타납니다. 애초에 자전거에 대한 설명을 들은 것은 연습에 도움이 되고, 연습을 쉽게 할 수 있도록 하려는 의도였습니다. 하지만 설명이 도를 넘으면 오히려 점점 어려워집니다. 도움이 되기는커녕 시작도 하기 전에 혼란을 일으켜 도리어 방해가 될 수도 있습니다. 정말 자전거를 타보고 싶은데 온갖 설명만 들었을 뿐 실제로 배울 기회는 평생 얻지 못했다고 상상해봅시다. 얼마나 아쉬울까요? 실제로 해보면 별 것도 아닌데, 괜히 두려움과 게으름에 젖어 해보지도 못했다면 더욱 그렇지 않을까요? 물론 어려운 것을 쉽게 하려는 노력에 성과가 없었던 것은 아닙니다. 재미있는 설명을 고안하고, 시청각 교육과 실험을 활성화하고, 컴퓨터와 인터넷을 적극 활용하는 노력을 해왔고, 혜택을 본 사람도 많습니다. 아무리 그렇더라도 "본질적 모순"은 뛰어넘을 수 없습니다. 결국 한계가 있게 마련입니다. 그렇지 않다면 세상에 어려운 일이 뭐가 있으며, 뭐 하러 열심히 공부하고, 열심히 일하겠습니까?

수식은 언어다

> 수식은 언어다. 어려운 것은 수식이 아니라 세상이다. 수식은 그 난해한 세상의 본질을 어떻게든 더 쉽게 이해하려고 고안한 언어다. — 고중숙

> 우리의 눈앞에 끝없이 펼쳐지는 광대한 책, 곧 우주의 진리는 수학의 언어로 쓰여 있다. 그 언어를 모르면 그 신비의 단 한 구절도 이해할 수 없다. — 갈릴레오 갈릴레이

> 우주 최고의 불가사의는 우리가 우주를 이해할 수 있다는 것이다. — 아인슈타인

자전거의 비유를 들었지만 이 책과 관련하여 더욱 절실한 예는 "수식"입니다. 많은 사람이 "수학은 어렵다. 수식은 어렵다. 하지만 과학에 대해 알고 싶다. 그러니 수학이나 수식 없이, 쉬운 말로 설명된 책이 좋다"고 생각합니다. 실제로 이런 문구를 내건 책도 많습니다. 그런데 최고의 전문가가 아무리 쉽게 몇 시간 또는 며칠을 설명한들 자전거를 직접 타 보지 않는다면 "자전거 타기"를 도대체 얼마나 이해할 수 있을까요? 마찬가지로 수식을 직접 다뤄보지 않고 말로만 아무리 오래, 아무리 다양하게, 아무리 재미있고 친절하게 설명한들 정말로 알고 싶은 과학을 얼마나 이해할 수 있을까요? 이쯤에서 아주 중요한 선언을 하고자 합니다. 바로 "수식은 말, 곧 언어다!"라는 것입니다. 수식은, 적어도 과학에서는 "일상 언어보다 훨씬 더 쉬운 말"입니다. 단적인 예를 봅시다. 아래 기초적인 일차방정식이 있습니다.

$$ax + b = 0 \quad \cdots\cdots\cdots\cdots\cdots\cdots\cdots\cdots (7)$$

답은 다음과 같습니다.

$$x = -b/a \quad \text{(8)}$$

그런데 (7)을 일상 언어로 풀어쓰면 이렇습니다.

"x를 a배 한 것에 b를 더하면 0이 된다." ⋯⋯⋯⋯⋯ (9)

(8)을 풀어쓰면 이렇게 되죠.

"x는 b를 a로 나눈 것에 음의 부호를 붙인 것이다." ⋯⋯⋯ (10)

(7)·(8)과 (9)·(10) 가운데 어느 쪽이 더 간결하고 이해하기 좋습니까? 당연히 (7)·(8)이지요. 수학 시간에 일차방정식을 배우면서 줄기차게 (9)·(10)처럼 말하며 푼다면 입은 아프고, 머리는 어지럽고, 지겹고 짜증이 날 것입니다. 그런데 (7)·(8)은 무엇입니까? 수식이라고 하지만 사실 (9)·(10)을 간결하게 줄인 말, 곧 "언어" 아닌가요? "거참, 하찮은 일차방정식 갖고 되게 그러네!"라고 할지도 모릅니다. 그렇다면 한 단계 높여 이차방정식을 보지요.

$$ax^2 + bx + c = 0 \quad \text{(11)}$$

답은 다음과 같습니다.

$$x = \frac{-b \pm \sqrt{b^2 - 4ac}}{2a} \quad \text{(12)}$$

(11)을 일상 언어로 풀어쓰면 이렇습니다.

"x의 제곱에 a배를 한 것에 x를 b배 한 것을 더하고 거기에 c를 더하면 0이 된다" ·· (13)

그리고 (12)를 풀어쓰면 다음과 같습니다.

"x는 마이너스 b에 b의 제곱에서 a와 c를 곱한 것의 4배를 뺀 것의 제곱근을 더하거나 뺀 것을 a의 2배로 나눈 것이다." ······················· (14)

이제 "하찮은 이차방정식"이란 말은 못할 것입니다. 일차방정식에서 겨우 한 단계만 올라서도 수식의 도움이 없다면, 배우고, 익히고, 활용하는 데 엄청난 고생을 해야 합니다. 삼차방정식의 답을 말로 쓰자면 거의 한 페이지가 필요합니다. 생각만 해도 눈앞이 캄캄하지요. 이런 예는 억지로 만든 것이 아닙니다. 실제로 이차방정식은 일상생활에서도 널리 응용되기 때문에 아득한 고대부터 매우 중요하게 취급했습니다. 하지만 수학에서 수식은 15세기에 들어서야 비로소 쓰이기 시작했습니다. 그 전까지 사람들이 얼마나 고생을 했을지 짐작할 수 있겠지요? 근세 초기까지도 오늘날 중학 수준에 불과한 간단한 계산조차 전문가들만 감당할 수 있었고, 이런 계산들을 배워 업무에 활용하기 위해 유럽의 상인들은 자식들을 몇 년씩 유학 보냈습니다. 수식은 15세기 무렵 유럽의 학자들이 수학을 어떻게든 좀 더 쉽게 해보려고 고안한 "수학적 언어"입니다. 자신은 물론 후손들이 조금이라도 고생을 덜하도록 만든 것입니다. 실제로 어려운 것은 수식이 아니라 세상입니다. 세상의 이치와 원리와 법칙이 어렵고, 우리 삶도 어려운데, 그것을 어떻게든 쉽게 설명하고 풀어주고 이해시켜서 보다 편하고 행복하게 해주기 위한 것이 바로 수식이라는 언어입니다. 그러니 "수학이 어렵다. 수식이 어렵다"는 말은 될 수 있으면 하지 맙시다. 물론 좋은 취지로 만든 수식들마저 너무 어려운 것들이 많기는 합니다. 세상이 본래 그렇기 때문입니다.

갈릴레오는 "우리의 눈앞에 끝없이 펼쳐지는 이 광대한 책, 곧 우주의 진리는 수학의 언어로 쓰여 있다. 그 언어를 모르는 한 우리는 그 신비의 단 한 구절도 이해할 수 없다"라는 말을 남겼습니다. 수식의 중요성을 강조한 취지는 좋지만 조금 오버한 면이 있습니다. 예를 들어 "외력이 없는 한 물체는 현재의 운동 상태를 유지한다"는 "관성의 법칙"은 굳이 수식을 쓸 필요가 없습니다. 또한 "생물은 자연선택을 통해 진화한다"라는 다윈의 유명한 진화론도 수식으로 나타내면 오히려 번거롭겠지요. 갈릴레오의 말은 "수식도 언어와 같으므로 자연의 이해에 필수적이다"라는 뜻으로 새긴다면 좋겠습니다.

무엇보다 중요한 것은 $E = mc^2$이라는 수식은 "이해하기에 너무나 어려운 것"이 아니라는 점입니다. 반면 이 식에 담긴 의미는 우주를 이해하는 데 "너무나 큰 도움"을 줍니다. 찰나 같은 몇 십 년이나마 우리에게 앎의 능력을 허락하여 스스로 파헤칠 수 있도록 배려해준 우주의 심원한 비밀을 한층 깊이 들여다볼 수 있습니다. 그때마다 "우주 최고의 불가사의는 우리가 우주를 이해할 수 있다는 것이다"라고 설파한 아인슈타인의 통찰을 되새기게 됩니다. 수식에 대한 편견이나 두려움일랑 모두 떨쳐버리고 허심탄회한 마음으로 대해봅시다. 그러면 아인슈타인이라는 위대한 선현이 들려주는 우주의 심오한 신비를 충분히 깊이 이해하고 "깨달음의 환희"를 만끽할 수 있을 것입니다.

제2장

기초 다지기
뉴턴의 운동법칙

1. 출발점 : $F = ma$

현대물리학의 토대는 고전물리학인데, 고전물리학의 가장 큰 토대는 바로 $F = ma$라는 식입니다. 따라서 당연히 이로부터 출발합니다. 물리를 배울 때 맨 처음 대하는 것은 뉴턴이 제시한 "운동법칙"입니다.

1. 제1법칙(관성법칙) : 물체는 외력이 없으면 현재 상태를 유지한다.
2. 제2법칙(가속법칙) : 물체에 힘을 가하면 그 방향으로 가속이 일어나는데, 그 크기는 힘에 비례하고 질량에 반비례한다.
3. 제3법칙(작용반작용법칙) : 물체에 힘을 가하면(작용) 반대 방향으로 같은 크기의 힘이 가해진다(반작용).

대개 이 세 가지 법칙을 별로 자세히 다루지 않습니다. 그다지 어렵지 않아 설명할 필요가 없다고 생각하는 것 같습니다. 하지만 여기에는 매우 중요한 의미들이 내포되어 있습니다. 우선 간단히 소개하고 이어서 좀 더 자세히 알아보기로 하겠습니다.

관성법칙

제1법칙에 사용된 "관성inertia"의 "관"은 "습관習慣"의 "관"입니다. 따라서 "만물은 외력이 없으면 습관대로 살려고 한다"는 뜻입니다. 여기서 "현재 상태"는 두 가지로 첫째는 "정지 상태"이고, 둘째는 "등속 상태"입니다. 등속 상태란 "일정한 속도로 움직이는 상태"를 말합니다. 주목할 것은 정지 상태와 등속 상태는 "관찰자의 위치가 어디인가?"에 따른 차이만 있을 뿐, 실제로는 아무 차이가 없다는 점입니다. 예컨대 배가 일정한 속도로 나아갈 때 배 안의 탁자는 배 안의 사람이 보기에는 정지 상태에 있지만, 배 밖의 사람이 보기에는 배와 같은 등속 상태에 있습니다. 사실 "정지 상태도 속도가 0인 등속운동"이라고 이해할 수 있습니다. 한마디로 "등속계는 모두 동등하다"는 뜻이지요. 이 단순한 사실이 나중에 상대성 이론을 이야기할 때 극히 중요하게 쓰인다는 점을 기억해두기 바랍니다 (등속계는 관성계와 동의어).

가속법칙

제2법칙은 제1법칙에 따라 일정한 상태에 있는 물체에 힘을 가했을 때 일어나는 변화에 관한 것입니다. 이를 식으로 쓴 게 바로 $F = ma$입니다. 나중에 자세히 설명하므로, 일단 힘에 대한 기본 사항만 살펴보겠습니다. "힘"이라는 말을 들으면 우선 "크기"를 생각합니다. 그런데 주목할 것은 "방향"도 중요하다는 사실입니다. 힘이 어디로 가해지는지에 따라 효과가 달라지기 때문이지요. 이처럼 "크기와 방향"을 본질적 속성으로서 함께 고려해야 하는 물리량physical quantity을 "벡터vector"라고 합니다. 반대로 에너지처럼 크기만 중요할 뿐 방향은 무의미한 물리량은 "스칼라scalar"라고 합니다.

벡터는 "크기"와 "방향"이 2대 요소입니다. 가해지는 대상까지 생각할 때는 힘이 가해지는 지점, 곧 "작용점"도 포함하여 "힘의 3요소"라고도 합니다. 그림처럼 물체를 같은 힘으로 왼쪽에서 밀든 오른쪽에서 끌든 방향만 같으면 효과는 같습니다. 따라서 작용점은 힘의 근본 요소는 아니고 부수적인 세 번째 요소일 뿐입니다. 다시 말해 힘은 방향이 같으면 작용선 위의 어디서 작용하든 효과는 같으며, 따라서 한 작용선에 있는 같은 크기의 힘들은 모두 같은 것으로 취급합니다.

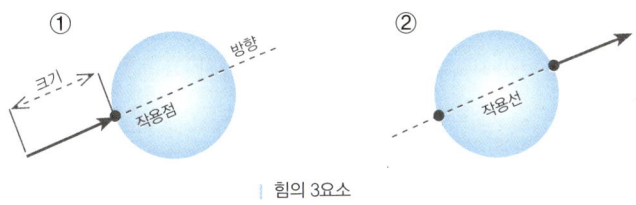

| 힘의 3요소

작용반작용법칙

제3법칙은 두 물체가 힘을 주고받을 때는 항상 똑같은 힘을 주고받는다는 뜻입니다. 손으로 벽을 밀면 벽도 손을 똑같은 힘으로 밀므로 손에 압력을 느낍니다. 야구공을 배트로 치면 공도 배트에 똑같은 힘을 가하므로 손에 반동을 느끼고, 배트가 약한 경우 부러집니다. 총을 쏠 때 느끼는 반발력, 프로펠러 비행기가 공기를 밀고 날아가는 것, 제트기나 로켓이 연소 가스를 내뿜고 날아가는 것도 마찬가지입니다. 권투선수가 상대방에게 펀치를 날리면 때리는 사람도 맞는 사람과 똑같은 충격을 받습니다. 맞는 사람이 더 큰 피해를 보는 이유는 물리학적으로 똑같은 힘이라도 머리나 복부 같은 급소에 가해지는 경우와 주먹에 가해지는 경우 생물학적 효과가 다르기 때문입니다.

(1) 제1법칙 : 관성법칙

역사적 유래

역사는 과거에 펼쳐진 미래다. — 고중숙

조금 돌아가더라도 관성법칙의 역사적 유래를 알면 학습 효과가 아주 좋습니다. "관성법칙"은 "뉴턴의 운동 제1법칙"이라고 하므로 흔히 뉴턴이 발견했다고 여깁니다. 하지만 뉴턴은 과학사상 가장 위대한 저서로 평가받는 『프린키피아』*에 다른 두 법칙과 함께 "운동법칙"의 하나로 이를 체계적으로 논의했을 뿐 실제로 발견한 것은 아닙니다.

고대 그리스에서 가장 유명한 철학자로 소크라테스(Socrates, BC469~399)와 플라톤(Platon, BC424/423~348/347)과 아리스토텔레스(Aristoteles, BC384~322)를 꼽습니다. 이들은 "인류 역사상 가장 위대한 사제 3대"이기도 하지요. 이들이 모두 "철학자"인 까닭은 당시 학문의 세부적 분화가 미흡하여 모두 "철학"으로 뭉뚱그려졌기 때문입니다. 굳이 나누자면 소크라테스는 윤리와 도덕이 중심이므로 석가(釋迦, BC563?~483?), 공자(孔子, BC551~479), 예수

---

* 1687년에 발간된 『프린키피아』는 원제가 『자연철학의 수학적 원리(Philosophiae Naturalis Principia Mathematica)』입니다. 대개 라틴어 제목 가운데 "Principia"를 따서 이렇게 줄여 부릅니다.

(Jesus Christ, BC4?~AD30)와 함께 세계 4대 성인으로 추앙되기도 합니다. 플라톤은 철학이 중심이며 그의 이데아(idea) 사상은 지금까지도 많은 논의의 대상입니다. 하지만 인류 역사, 특히 과학에 가장 큰 영향을 미친 사람은 아리스토텔레스입니다. 그의 영향력은 방대하여 "이전의 모든 학문이 아리스토텔레스로 모여들었고, 이후의 모든 학문은 아리스토텔레스로부터 흘러나왔다"고 할 정도입니다. 그런데 아리스토텔레스는 과학에 많은 기여를 했지만, 지나친 권위 때문에 폐해를 끼치기도 했습니다. 그는 "움직이는 물체는 결국 멈춘다", "진공은 없다", "무거운 물체가 가벼운 물체보다 빨리 떨어진다" 등의 주장을 폈는데, 이것들은 무려 2천 년이 지나서야 바로잡혀졌습니다. 그가 이렇게 주장한 배경은 "진리는 순수한 사색으로 얻어진다"라는 생각입니다. 그리스의 철학자들은 대부분 귀족들이어서 육체적인 수고가 필요한 실험을 천하게 여기고 순수한 사색을 토대로 고담준론(高談峻論)하는 것을 가치 있게 여겼습니다. 오죽하면 아리스토텔레스와 제자들이 유유자적 노닐며 학문을 했다고 해서 소요학파(逍遙學派)라는 별명까지 얻었을까요? 하지만 사색에는 한계가 있게 마련입니다. 결국 위의 네 가지 주장은 2천 년 후 갈릴레오에 의해 모두 무너집니다. 그래서 갈릴레오를 근대과학의 실질적인 창시자로 기리는 거지요.

갈릴레오의 사고실험

아리스토텔레스는 당시 널리 알려진 가설, 곧 만물이 흙·물·불·공기의 네 가지 원소로 이루어져있다는 "사원소설"의 영향을 받았습니다. 흙과 물은 땅으로 떨어져 모이고, 불과 공기는 하늘로 올라갑니다. 그래서 무거운 것은 아래로, 가벼운 것은 위로 올라가는 운동을 "자연스런 운동"

으로 보고, 다른 운동들은 "부자연스런 운동"으로 여겼습니다. 땅바닥으로 힘껏 굴린 공을 그냥 두면 곧 멈춥니다. 더 멀리 계속 가게 하려면 계속 밀어야 합니다. 그래서 아리스토텔레스는 물체가 자연스런 운동이 아닌 부자연스런 운동을 하려면 힘이 계속 작용해야 한다고 생각했습니다. 하지만 이것은 마찰의 영향을 간과한 결론일 뿐입니다. 중요한 것은 아리스토텔레스가 물체의 운동을 단순히 잘못 분석했을 뿐 아니라 사원소설이라는 당대의 보편적 철학과 관련지었다는 점입니다. 그의 주장을 반박하려면 사원소설이라는 철학까지 무너뜨려야 했습니다. 사소한 생각 한두 가지를 바꾸기는 쉬울지 모르지만, 배경에 자리잡은 커다란 철학이나 사상 또는 견고한 믿음(신념이나 신앙)을 깨뜨리기는 아주 어렵습니다.

아리스토텔레스의 주장은 무려 2천 년 이상 유럽을 지배했습니다. 하지만 잘못된 생각이 영원토록 지속될 수는 없습니다. 14세기 르네상스를 계기로 고대와 중세의 잘못된 사고의 틀을 깨고 올바른 이성적 사고가 싹트던 중 마침내 갈릴레오라는 천재가 이를 바로잡았습니다. 그림과 같이 좌우로 구르는 구슬을 생각해봅시다. 공기의 저항과 그릇 표면의 마찰이 없다면 구슬은 ①번 그림처럼 좌우로 같은 높이까지 오르내리는 운동을 무한히 되풀이할 것입니다. 이는 ②번 그림처럼 그릇의 넓이를 넓혀도 마찬가지입니다. 저항과 마찰이 없다면 운동을 막을 게 없다는 뜻이니까요. 그렇다면 ③번 그림처럼 그릇을 무한히 넓힌다면 어찌될까요? ①과 ②에서는 그릇의 오른쪽 면으로 거슬러 올라가다 처음과 같은 높이까지 가면 반대로 내려오게 됩니다. 하지만 ③에서는 그릇의 오른쪽 면이 무한히 먼 곳에 있으므로 왼쪽 면에서 출발한 구슬은 오른쪽으로 무한히 굴러가게 될 것입니다. 곧 공기의 저항과 그릇 표면과의 마찰이 없다면 이 구슬은 처음에 얻게 된 운동 상태를 그대로 유지한 채 무한히 진행할 것입니다.

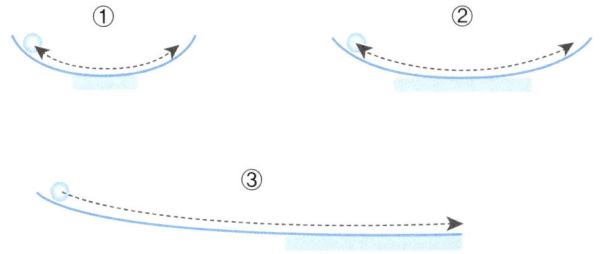

| 갈릴레오의 사고실험

갈릴레오의 옳음과 그름

갈릴레오의 생각이 참으로 놀랍지 않은가요? 누구나 흔히 볼 수 있고, 겪었을 간단한 경험을 토대로 이처럼 훌륭한 결론을 이끌어냈으니 말입니다. 아리스토텔레스를 포함한 고대 그리스의 사고방식과도 비교해봅시다. 이렇게 진짜 실험을 실행하기가 어렵거나, 상상만으로 충분히 결론을 얻을 수 있는 경우에 "상상 속의 사고로 행하는 실험"을 "사고실험"이라고 합니다. 영어로는 "thought experiment", 본래의 독일어 연원을 고려하여 게당켄엑스페리멘트 gedankenexperiment라고도 하지요. "실제 실험"이 아닌 "가상 실험"이라고 가볍게 생각할 수도 있지만, 진짜 실험 못지않게 중요한 의의를 갖는 경우가 많습니다. 피사의 사탑 Leaning Tower of Pisa에서 무게가 다른 두 물체를 떨어뜨려 낙하 시간을 비교했다는 갈릴레오의 낙하실험이나, 사과가 떨어지는 것을 보고 만유인력법칙을 발견했다는 뉴턴의 사과나무 전설도 후세 사람들이 만든 전설에 불과할 뿐, 실제로는 사고실험이었다고 합니다. 아인슈타인은 갈릴레오나 뉴턴보다 더 뛰어난 "사고실험의 대가"였습니다. 나중에 보겠지만 특수상대성이론과 일반상대성이론 모두 실제 실험이 아닌 사고실험의 귀결이었습니다. 물론 실제 실험이 중요하지 않다는 말은 아닙니다. 실제 실험과 사고실험의 장단점을 잘 고려하여 각각의 효용을 최대한 발휘하는 것이 올바른 자세라는 거지요.

갈릴레오는 아리스토텔레스의 오류를 타파하고 올바른 관성법칙을 찾아냈습니다. "움직이는 물체는 결국 멈춘다"라는 주장을 물리치고 "움직이는 물체는 외력이 작용하지 않는 한 그 상태를 유지한다"는 결론을 내렸습니다. 하지만 갈릴레오가 완전히 옳았을까요? 사실은 약간의 오류를 범했습니다. 르네상스를 겪은 근대인이었지만 아직 고대 그리스의 그림자를 완전히 벗어나지 못했던 갈릴레오는 달, 태양, 별과 같은 천상의 물체는 불완전한 지상의 물체들과 다른 완전체이며, 그 운행도 "완전한 원"을 그린다고 생각했습니다. 가장 자연스런 운동은 "완전한 원운동"이라고 보았던 것이지요. 따라서 그림 ③에서 오른쪽으로 무한히 진행하는 구슬은 결국 천체들처럼 엄청나게 커다란 원을 그리는 "완전한 원운동"을 하며 이것이 만물의 "자연스런 운동"이라고 주장했습니다. 즉 그림 ③의 오른쪽으로 무한히 뻗는 선은 실제로는 직선이 아니라 수평선, 곧 지구 표면에 평행한 원이 된다고 보았습니다. 올바른 관성법칙을 발견해 놓고 끝에 가서 엉뚱한 곳으로 빠져버렸던 것입니다.

갈릴레오의 오류는 "지동설"에도 나타납니다. 갈릴레오는 지동설을 처음 주장했고, 이 때문에 종교재판을 받고, 거기 굴복했지만 "그래도 지구는 돈다"는 독백을 했다고 알려져 있습니다. 하지만 지동설의 역사도 천동설 못지않게 깁니다. 고대 그리스의 아리스타르코스(Aristarchos, BC310?~230?)는 지구가 지축을 중심으로 자전하면서 1년에 한 번씩 태양을 공전한다고 정확히 추론했습니다. 또한 일식과 월식을 비교하여 달과 지구와 태양의 상대적 크기도 계산했는데, 수치는 부정확하지만 방법 자체는 오류가 없습니다. 그러나 애석하게도 과학이 충분히 발달하지 못한 때

여서 반론에 맞설 수 없었습니다. 클라우디오스 프톨레마이오스(Klaudios Ptolemaios, 85?~165?)가 『알마게스트 Almagest』라는 거창한 책을 써서 천동설을 체계적으로 주장하자 그 위세에 밀리고 말았지요. 더욱 결정적인 것은 기독교가 천동설과 손을 잡은 것입니다. 천동설은 이후 1,500년이 넘도록 유럽을 지배했지요. 흔히 자연과학적 진리는 다수결의 대상이 아니라고 합니다. 99명이 반대해도 1명의 견해가 옳을 수 있기 때문입니다. 하지만 아무리 위대한 진리라도 어떤 책의 한 페이지에만 쓰인 채 도서관 구석에 깊이 묻혀 세상에 통용되지 않으면 무슨 소용이 있을까요? 올바른 진리도 올바르게 널리 펼쳐져야 한다는 사실을 절감하게 됩니다.

그러나 마침내 근대 들어 지동설은 부활합니다. 지동설을 주창한 것으로 유명한 코페르니쿠스(Nicolaus Copernicus, 1473~1543)도 아리스타르코스의 지동설을 알았습니다. 그래서 갈릴레오는 그를 지동설의 주창자가 아니라 "부활시켜 확인한 사람"이라고 했습니다. 케플러(Johannes Kepler, 1571~1630)는 행성의 궤도가 원이 아니라 타원임을 밝혔다는 점에서 더욱 탁월합니다. 갈릴레오는 지동설에 찬성하면서도 여전히 천상의 물체는 완전한 원운동을 한다는 고대의 미신적 관념을 완전히 떨치지 못해 관성법칙에서 아쉬운 오류를 남겼습니다. 한편 갈릴레오가 "그래도 지구는 돈다"라고 했다는 것은 후대 누군가가 극적인 효과를 위해 꾸며낸 이야기로 보입니다. 당시 종교재판은 고문은 물론 사형까지 내릴 수 있는 엄중한 재판이었습니다. 위협에 못 이겨 지동설을 포기하는 마당에 이런 말을 할 수는 없었을 겁니다.

데카르트의 보완

갈릴레오의 오류를 바로잡은 사람은 프랑스의 철학자, 수학자, 과학자인 데카르트(René Descartes, 1596~1650)였습니다. 데카르트라고 하면 "나는 생각한다. 고로 존재한다"라는 말이 워낙 유명한 탓에 철학자의 이미지를 먼저 떠올립니다. 하지만 그는 "데카르트좌표Cartesian coordinates", 곧 "직교좌표"를 처음 고안하여 "해석기하"라는 분야를 창시한 수학자이자, 지동설을 지지하고, 뉴턴 운동법칙의 토대가 된 독자적 운동법칙을 제시한 과학자로도 유명합니다. "과학자scientist"라는 용어는 1834년 영국의 석학 휴얼(William Whewell, 1794~1866)이 만든 것으로 그전에는 "자연철학자"라고 했습니다. 과학이 독자적인 학문 분야로 인식된 때가 대략 19세기 무렵이란 뜻입니다. 그 전에는 데카르트처럼 여러 분야에 걸쳐 업적을 남긴 사람이 그리 드물지 않았습니다. 데카르트는 운동 제1법칙을 "물체는 자신의 힘으로 있는 한 언제나 같은 상태에 있다. 한번 움직인 물체는 계속 움직인다", 제2법칙을 "모든 운동은 자연히 직선을 따라간다"고 서술했는데, 오늘날의 관점으로는 좀 모호한 구석이 있습니다. 하지만 두 가지를 합치면 뉴턴의 관성법칙이 된다는 점은 명확합니다. 실제로 뉴턴은 데카르트의 연구를 토대로 자신의 관성법칙을 확립했습니다.

뉴턴의 절대공간

> 내가 남보다 멀리 내다볼 수 있었다면 이는 다만 내가 거인들의 어깨 위에 서 있었던 덕분이다. ― 뉴턴

주목할 것은 데카르트도 관성법칙을 제대로 확립하지 못했다는 점입니다. "정지한 것은 정지한 채로, 운동하는 것은 운동하는 채로 현재 상태를 유지하려고 한다"는 사실은 옳게 지적했습니다. 하지만 안타깝게도 "정지"와 "운동"을 서로 반대되는 관념이라고 보았습니다. 이 단어들은 흔히 대조적으로 쓰이므로 그리 이해 못할 생각은 아닙니다. 그러나 뉴턴은 이들이 완전히 반대되는 관념은 아니라는 사실을 간파했습니다. 운동에는 아주 빠른 운동도 있지만 아주 느린 운동도 있습니다. 그렇다면 "정지"는 운동 가운데 가장 느린 운동, 곧 "속도가 0인 운동"으로 볼 수 있습니다. 넓게 보면 정지도 운동의 일종입니다! 그는 "물체는 외력이 없으면 현재 상태를 유지한다"라고 서술하여 관성법칙을 명확히 확립하고, 『프린키피아』에서 자신의 운동법칙 가운데 제1법칙으로 내세웠습니다. 이것으로 관성법칙은 완성되었을까요? 관성법칙 자체만 본다면 그렇습니다. 하지만 애석하게도 뉴턴은 갈릴레오처럼 끝에 가서 오류를 범하고 맙니다. 정지와 운동을 같은 것으로 파악해 놓고도, 모든 상태의 기준이 되는 "절대공간 absolute space"이 있다고 믿었던 것입니다. 이 생각은 1905년 아인슈타인이 특수상대성이론을 발표함으로써 무너지고 말았습니다.

아인슈타인의 상대공간

앞에서 "정지 상태와 등속 상태는 관찰자의 위치에 따라 다를 뿐 실제로는 아무 차이가 없다", "정지 상태도 속도가 0인 등속운동이다", "등속계는 모두 동등하다"고 했습니다. "이 단순한 사실이 나중에 상대성이론을 이야기할 때 극히 중요하게 쓰인다는 점을 기억해두기 바랍니다"라고도 했지요. 뉴턴은 관성법칙을 완성하며 "정지도 운동"이라고 생각했으므로 "(정지계도 포함하여)모든 등속계가 동등하다"라는 사실은 당연합니다. 하지만 그는 "우주에는 모든 등속계의 기준이 될 특별한 공간이 존재한다"며, 이것을 "절대공간"이라고 했습니다. 왜 이처럼 모순되는 행동을 했을까요? 과학적 이유와 종교적 이유가 있습니다. 과학적 이유는 차츰 알게 됩니다. 종교적 이유는 뉴턴 같은 위대한 과학자도 기독교가 위세를 떨치는 시대에 살았기에 "신이라는 절대적 존재"의 관념에서 자유롭지 못했다는 것입니다. 아무튼 뉴턴이 『프린키피아』에서 운동법칙을 발표한 이후 200여 년간 과학은 독립적인 지위를 다져갔습니다. 그리하여 마침내 종교적 관념을 뿌리치고 "모든 등속계는 서로 동등하다"는 상대공간의 관념이 아인슈타인에 의해 확립되었습니다.

"관성법칙"의 역사적 배경을 보면 다음과 같은 점을 알 수 있습니다.

- **첫째,** 언뜻 단순해 보이는 과학 원리도 배경에는 여러 선현들의 많은 노력이 숨어 있다.
- **둘째,** 과학도 메마른 이성과 논리로만 구성되는 게 아니라 역사·시대·개인·사회·문화·종교·철학·예술 등 수많은 요소의 영향을 받으며 전개된다.
- **셋째,** 과학도 절대 불변의 정적 체계가 아니라 변화하고 진화하는 동적 체계이다.
- **넷째,** 따라서 올바른 지식을 갖추려면 과학과 인문학적 소양을 조화롭게 겸비해야 한다.

앞으로 어떤 공부를 하든 이런 생각을 항상 염두에 두기 바랍니다. 위의 생각들을 예시하기 위해 관성법칙의 역사적 배경을 자세히 설명했습니다. 앞으로 다른 원리들을 설명할 때도 필요한 역사적 배경은 이야기하겠지만 이처럼 자세히 설명하는 경우는 드물 것입니다.

(2) 제2법칙 : 가속법칙

가속법칙은 관성법칙을 포함한다

가속법칙은 "고전역학 classical mechanics"의 주춧돌에 해당하는 중요한 법칙입니다. 사실 관성법칙과 가속법칙이 완전히 동떨어진 것은 아닙니다. "외력이 없으면 물체는 현재 상태를 유지한다"라는 관성법칙을 약간 바꾸어 생각하면 "힘이 가해지면 운동 상태가 바뀐다"는 뜻이 됩니다. 그렇다고 관성법칙에서 온전히 유도되는 것도 아닙니다. 사실 가속법칙은 관성법칙의 논리적 귀결이지만 관성법칙을 포괄합니다.

이를 이해하기 위해 가속법칙을 되돌아봅시다. 가속법칙은 "물체에 힘이 가해지면 그 방향으로 가속이 일어나며 그 크기는 힘에 비례하고 질량에 반비례한다"는 것이므로 힘이 가해지지 않으면 현재 상태를 유지할 것은 당연합니다. 여기서 현재 상태에는 정지 상태도 포함됩니다. 요컨대 뉴턴의 운동 제1법칙과 제2법칙을 두고 볼 때 논리적으로는 제2법칙 하나면 됩니다. 그러나 "관성"과 "가속"과 "힘"과 "질량"이라는 네 가지 관념을 체계적으로 제시하고자 둘로 나누어 썼다고 이해하면 되겠습니다.

가속법칙의 논리적 배경

흔히 가속법칙을 "$F = ma$"로 쓰고 "힘은 질량에 가속을 곱한 것이다"라고 풀이합니다. 완전히 잘못된 풀이는 아니지만 가속법칙의 진면목을 올바로 표현한 것은 아닙니다. 위 문장을 "가속은 힘에 비례하고 질량에 반비례한다"로 놓고 다시 생각해봅시다. 취지를 올바로 반영하려면 "$a = F/m$"으로 쓰는 게 좋다는 사실을 깨닫게 됩니다. 요컨대 가속법칙의 진짜 주어는 "힘"이 아니라 "가속"입니다. "$F = ma$"는 "$a = F/m$"의 변형 또는 귀결인데도 불구하고 흔히 "$F = ma$"를 가속법칙이라고 부르는 이유는 분수식인 "$a = F/m$"보다 쓰기 편하고 보기 좋다는 데 있습니다.

서술적 관점에서는 이처럼 $a = F/m$가 $F = ma$보다 앞서지만, "가속의 원인이 힘"이라는 인과적 관점에서는 "힘"이 "가속"보다 앞선다는 점을 주목하기 바랍니다. 가속법칙의 배경에는 "①가속의 원인은 힘인데, ②이를 구체화한 가속법칙에 따르면 $a = F/m$이므로 $F = ma$이다"라는 논리적 사슬이 깔려 있습니다. 그중 ①은 인과의 사슬이고 ②는 서술의 사슬입니다. 간추리면 "힘 → 가속 → 가속법칙($a = F/m$) → 힘의 식($F = ma$)"으로 쓸 수 있습니다. "무슨 어쭙잖은 말장난인가?"하는 생각이 들지도 모르겠습니다. 하지만 이 간단한 예를 통해 "논리적 사고"의 중요성을 확실히 새겨두기 바랍니다. 그래야 가속법칙 자체의 정확한 이해는 물론 나중에 더 복잡한 것들을 이해할 때도 도움이 됩니다.

(3) 제3법칙 : 작용반작용법칙

작용반작용과 힘의 평형

관성법칙은 가속법칙에 포괄되지만 작용반작용법칙은 독립적인 법칙입니다. 따라서 뉴턴의 운동법칙은 사실 가속법칙과 작용반작용법칙의 두 가지라고 할 수 있습니다. 작용반작용법칙은 물리에서 엄청나게 중요한 "운동량보존법칙"의 토대가 됩니다. 이를 이해하려면 다른 지식이 좀 필요하므로 나중으로 미루고, 여기서는 혼동하기 쉬운 "작용반작용"과 "힘의 평형"을 알아보겠습니다. 작용반작용과 힘의 평형이 혼동되는 이유는 "크기가 같은 힘"이 관여한다는 공통점 때문입니다. "크기"라는 점에서는 같지만 다음 네 가지 점에서 다르므로 이를 토대로 구별하면 됩니다.

1. 작용과 반작용의 작용점은 상대방 물체에 있으며, 따라서 두 개이다. 평형력의 작용점은 표면상으로는 여럿일 수 있지만 내용상으로는 하나로 볼 수 있다.
2. 작용과 반작용은 종류가 같다. 평형력은 종류가 다를 수 있다.
3. 작용과 반작용은 반드시 두 물체 사이에서 나온다. 평형력은 하나의 물체에 대한 것이 대부분이고 관여하는 물체가 없는 경우도 있다.
4. 작용과 반작용은 언제나 같다. 평형력은 필연적으로 같을 수도 있고 우연히 같을 수도 있다.

1번을 생각해봅시다. 작용과 반작용의 작용점은 상대방 물체에 있으며, 따라서 두 개입니다. 손으로 벽을 밀면 미는 힘의 작용점은 벽의 표면에 있습니다. 이 작용에 대해 반발하여 벽이 손을 미는 반작용의 작용점은 손에 있습니다. 곧 작용과 반작용의 작용점은 각각 상대방 물체에 있으며, 이 두 작용점은 "겹쳐서" 위치가 일치할 수는 있지만 본질적으로는 서로 다른 두 점입니다. 이 사실은 아래 그림의 ㉮를 통해 쉽게 이해할 수 있습니다. 또 하나 특기할 것은 작용과 반작용은 방향만 반대일 뿐 크기와 종류가 같으므로 서로 바꾸어 불러도 무방하다는 점입니다.

이제 평형력의 작용점을 봅시다. **평형력의 작용점은 표면상으로는 여럿일 수 있지만 내용상으로는 하나로 볼 수 있습니다.** 평형력의 대표적인 예는 "줄다리기"로, 양쪽의 힘이 팽팽히 맞서면 밧줄이 어느 쪽으로도 이동하지 않는 평형이 성립합니다. 이때 양쪽이 밧줄을 잡고 힘을 쓰는 지점은 서로 떨어져 있습니다. 하지만 아래 그림의 ㉯에서 보듯 이 두 지점은 밧줄을 따라가는 작용선의 어느 점에 작용한다고 봐도 좋으므로 밧줄의 중심점에서 합쳐졌다고 생각해도 아무 문제가 없습니다. 즉, 평형력의 작용점은 겉으로는 떨어져 있더라도 본질적으로는 하나의 점입니다. 아래 그림의 ㉰처럼 세 힘이 평형을 이룬 상황을 보면 더욱 확실히 이해할 수 있습니다. 평형력이 셋인 경우 겉으로는 작용점이 셋인 것 같지만 본질적으로는 물체의 무게중심이라는 한 점에 세 힘이 함께 작용하는 것으로 볼 수 있습니다.

㉮ 손으로 벽을 밀 때(실제로는 손과 벽이 맞닿지만 두 작용점이 다르다는 것을 확실히 보이기 위해 손과 벽을 약간 떼어서 그렸습니다.)

㉯ 줄다리기

㉰ 세 힘의 평형

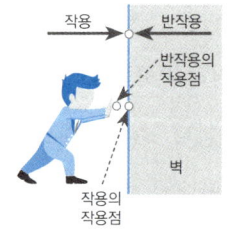

| 작용반작용과 평형력의 작용점

2번을 생각해봅시다. 작용과 반작용은 종류가 같습니다. 평형력은 종류가 다를 수 있습니다. "중력"이라고도 하는 "만유인력"은 우주 만물이 서로 끌어당기는 인력입니다. 예를 들어 지구와 태양은 만유인력으로 서로 끌어당기는데, 이때 지구가 태양을 끄는 힘을 작용으로 보면 태양이 지구를 끄는 힘은 반작용이고, 이 둘은 모두 중력으로 그 종류가 같습니다. 이미 말했듯 작용과 반작용은 방향만 반대일 뿐 다른 면에서는 동등하므로 서로 바꿔 불러도 아무 차이가 없습니다. 다른 예로 책상 위에서 책을 밀면 책과 책상 사이에 마찰력이 작용합니다. 이때 책이 책상에 미치는 마찰력을 작용이라고 하면 책상이 책에 미치는 마찰력은 반작용이고, 바꾸어 말해도 무방합니다. 또 다른 예로 책상 위에 책을 그냥 놓아둔 경우, 책이 책상을 누르는 압력을 작용이라고 하면 책상이 책을 떠받치는 압력("수직으로 저항하는 힘"이라는 뜻에서 "수직항력"이라고도 합니다)은 반작용이고, 이 둘은 본질적으로 같은 종류의 힘입니다. 전하들 사이의 전기력, 자극 사이의 자기력도 같은 방식으로 이해할 수 있습니다. 다음 페이지의 그림을 통해 힘의 평형 관계와 작용-반작용의 관계를 조금 더 깊게 생각해봅시다.

힘을 잘 나타내기 위해 화분과 탁자와 지구의 접촉면이 조금씩 떨어진 것처럼 그렸습니다. F_5와 F_8을 다른 힘들보다 크게 그린 이유는 화분과 탁자의 무게가 합쳐진 힘이기 때문입니다.

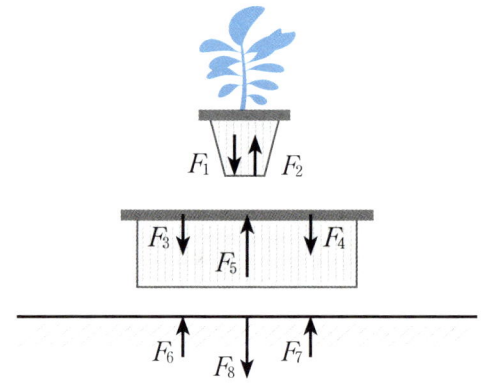

| 화분이 놓인 탁자와 지구

F_1 : 지구가 화분을 끄는 중력

F_2 : 탁자가 화분을 받치는 수직항력

F_3 : 지구가 탁자를 끄는 중력

F_4 : 화분이 탁자를 누르는 압력

F_5 : 지구가 화분과 탁자를 받치는 수직항력

F_6 : 화분이 지구를 끄는 중력

F_7 : 탁자가 지구를 끄는 중력

F_8 : 화분과 탁자가 지구를 누르는 압력

위 그림에서 힘의 평형이 이루어지는 관계는 다음과 같습니다. 힘의 평형 관계는 한 물체에 가해지는 여러 힘들이 비기는 관계이므로 화분과 탁자와 지구를 각각 살펴보면 됩니다.

- 화분 : $F_1 + F_2 = 0$: "지구가 화분을 끄는 중력"과 "탁자가 화분을 받치는 수직항력"은 종류가 다른 힘이지만 크기가 같으므로 서로 평형력입니다.
- 탁자 : $F_3 + F_4 + F_5 = 0$: "지구가 탁자를 끄는 중력과 화분이 탁자를 누르는 압력의 합"과 "지구가 화분과 탁자를 받치는 수직항력"은 종류가 다른 힘이지만 크기가 같으므로 서로 평형력입니다.
- 지구 : $F_6 + F_7 + F_8 = 0$: "화분이 지구를 끄는 중력과 탁자가 지구를 끄는 중력의 합"과 "화분과 탁자가 지구를 누르는 압력"은 종류가 다른 힘이지만 크기가 같으므로 서로 평형력입니다.

한편 작용과 반작용의 관계는 다음과 같습니다. 아래의 두 힘들은 작용점이 상대방에 있고 크기와 종류가 같으므로 작용과 반작용의 관계에 있습니다.

- F_1과 F_6 : 지구가 화분을 끄는 중력과 화분이 지구를 끄는 중력
- F_2와 F_4 : 탁자가 화분을 받치는 수직항력과 화분이 탁자를 누르는 압력
- F_3와 F_7 : 지구가 탁자를 끄는 중력과 탁자가 지구를 끄는 중력
- F_5과 F_8 : 지구가 탁자를 받치는 수직항력과 탁자가 지구를 누르는 압력

3번을 생각해봅시다. 작용과 반작용은 반드시 두 물체 사이에서 나옵니다. 평형력은 하나의 물체에 대한 것이 대부분이고 관여하는 물체가 없는 경우도 있습니다. 예를 들어 팔씨름의 경우 작용과 반작용은 서로 상대방의 손에서 나타납니다. 이때도 작용과 반작용은 두 물체 사이에서 나옵니다. 팔씨름이 팽팽히 비기고 있는 경우 힘의 평형이 성립하지만 두 사람의 손과 손이 직접 맞닿고 있으므로 관여하는 제3의 물체는 없습니다. 따라서 이 두 평형력은 두 사람의 손이 맞닿는 중앙의 한 점에 작용한다고 말할 수 있습니다.

4번을 생각해봅시다. 작용과 반작용은 언제나 같습니다. 평형력은 필연적으로 같을 수도 있고 우연히 같을 수도 있습니다. 작용과 반작용은 언제나 필연적으로 같으므로 이 현상을 "법칙"이라고 부릅니다. 반면 평형력은 우연 또는 필연일 수 있습니다. 우연인 경우의 예는 팔씨름이 비기고 있는 상황을 들 수 있는데, 서로 다른 사람의 팔 힘이 필연적으로 같다는 법은 없습니다. 필연인 경우의 예에는 가방을 든 사람이 있습니다. 가방을 들고만 있을 뿐 위로 올리거나 내리는 동작을 취하지 않는다면 손에는 가방의 무게만큼의 힘만 작용하므로 가방의 무게(중력)와 그것을 든 손의 힘(수직항력)은 필연적으로 같습니다.

작용반작용과 힘의 비평형

끝으로 유의할 것은 작용반작용은 힘의 평형이 있든 없든 두 물체가 상호작용할 때는 언제나 나타난다는 점입니다. 짐을 서로 상대방에게 떠맡기려는 상황을 묘사한 다음 그림을 통해 이해할 수 있습니다.

아래에서 작용과 반작용은 ㉮와 ㉯, 그리고 ㉰와 ㉱ 사이의 관계입니다. 반면 힘의 평형은 ㉮와 ㉱ 사이의 관계입니다. ㉮와 ㉱가 같다면 힘의 평형이 이루어져 짐은 정지하고 ㉮㉯㉰㉱가 모두 같아져 작용반작용법칙과 힘의 평형이 모두 성립합니다. 한편 ㉮와 ㉱가 다르면 힘의 평형이 깨어져 짐은 힘이 약한 쪽으로 이동하지만, 이때도 ㉮와 ㉯는 서로 같고, 또 ㉰와 ㉱는 서로 같으므로, 작용반작용법칙은 여전히 성립합니다. 곧 힘의 평형과 상관없이 작용반작용법칙은 항상 성립합니다(항상 성립하니까 법칙이지요).

| 짐을 서로 떠맡기려는 상황

쉼터
뉴턴 : 최고의 과학자·수학자, 최후의 연금술사

> 나는 주어진 문제를 끊임없이 생각한다. 그렇게 하기를 서광이 천천히 조금씩 비쳐오고 마침내 완전히 환히 밝아질 때까지 계속한다. — 아이작 뉴턴(Isaac Newton, 1642~1727)

뉴턴은 과학사상 불세출의 슈퍼스타입니다. 아인슈타인과 함께 "가장 위대한 두 명의 과학자"로 꼽힙니다. 운동법칙과 만유인력법칙을 발견하고 광학에서도 빛나는 업적을 쌓았습니다. 이 중 하나만 이룩했어도 위대한 과학자로 기록될 텐데 모두 이루었으니 더 이상 할 말이 없지요. 한편 뉴턴은 아르키메데스(Archimedes, BC287?~212), 가우스(Karl Gauss, 1777~1855)와 함께 "최고의 3대 수학자"로도 불립니다. 그 이유는 단연 미분과 적분의 개발입니다. 미적분은 수학 전체를 통틀어 가장 중요한 연구 수단으로, 미적분 없는 수학은 생각조차 할 수 없습니다. 뉴턴은 이런 연구 성과를 45세 되던 1687년에 펴낸 『프린키피아』에 수록했으므로 이 책은 과학 역사상 가장 중요한 저작 가운데 하나로 여겨집니다. 놀랍게도 이 연구들의 토대는 대부분 24살 때인 1666년에 얻었다고 합니다. 그래서 많은 사람들은 이 해를 "기적의 해miracle year"라고 부릅니다. 물리학에는 또 다른 기적의 해도 있는데, 바로 26살의 아인슈타인이 광전효과, 특수상대성이론, 브라운운동, 그리고 $E = mc^2$에 대한 논문을 잇달아 펴냈던 1905년입니다. 최고의 과학자 두 사람이 기적의 해를 하나씩 나누어 가진 것도 사뭇 기적적인 일이라 하겠습니다.

학문적으로 이처럼 영광스런 생애를 살았지만 인간으로서 뉴턴의 삶은 행복했다고 보기 어렵습니다. 뉴턴은 갈릴레오가 죽은 해 크리스마스, 곧 1642년 12월 25일에 태어났습니다. "한 천재가 세상을 떠나면서 다른 천재를 남겼다"고 하는 사람도 있지만 이는 갈릴레오의 사망일은 그레고리력Gregorian calendar으로, 뉴턴의 생일은 이전에 썼던 율리우스력Julian calendar으로 나타냈기 때문에 빚어진 오해에 불과합니다. 영국은 이탈리아보다 새 달력을 더 늦게 채택했습니다. 갈릴레오의 사망일과 뉴턴의 생일을 같은 달력으로 나타내면 어느 달력을 쓰든 같은 해가 되지 않습니다. 뉴턴의 아버지는 결혼 6개월 만에 세상을 떴습니다. 뉴턴이 가냘픈 미숙아로 태어나기 석 달 전이었습니다. 뉴턴이 3살 되던 해에 어머니는 재혼하면서 아이를 친정에 맡겨 뉴턴은 외할머니의 보살핌 속에서 외로운 아이로 자랐습니다. 어머니는 약 8년 뒤 새 남편이 죽자 다시 친정으로 돌아왔지만 뉴턴의 성격은 거의 완성되어 버린 뒤였습니다. 그는 매우 내성적이고 사람들과 원만하게 어울리지 못했는데, 이런 성향은 평생 그를 지배했습니다. 뉴턴은 재혼한 어머니와 계부를 미워했으며, 언젠가는 그 집에 불을 질러버리겠다고 위협하기도 했습니다. 이런 배경 때문이었는지 그는 한번 약혼했지만 평생 결혼하지 않고 연구에 몰두하며 살았습니다.

이런 불행이 완전히 부정적이지만은 않았습니다. 아버지의 직업이나 어머니의 행적을 볼 때, 아버지가 살아 있고 어머니가 재혼하지 않았다면 뉴턴은 아마 농부가 되었을 것입니다. 그러나 조부모는 어린 뉴턴을 학교에 보내 교육을 받도록 했습니다. 어머니가 돌아온 뒤 뉴턴은 잠시 같이 살았지만 12살이 되자 집에서 약 8킬로미터 떨어진 공립중학교에 입학하면서 다시 떨어졌습니다. 이때 하숙집 여주인의 오빠는 케임브리지 대학의 특별연구원이었는데 나중에 뉴턴이 대학 생활을 할 때 상당한 도움을 주었습니다. 17살이 되자 어머니는 농장을 물려줄 생각에 관리법을 익히도록 한다며 학교를 그만두고 돌아오게 했습니다. 하지만 몇 달 같이 지내는 동안 뉴턴의 적성은 농장일과 동떨어져 있다는 점이 분명해졌습니다. 그는 다시 학교로 돌아가 18살에 케임브리지 대학에 입학했습니다. 어머니는 본래 지닌 재산에 재혼으로 얻은 재산까지 더해 부유한 편이었지만 생활비를 아주 조금밖에 주지 않아 뉴턴은 많은 곤란을 겪었습니다. 어렵사리 지내던 그는 1664년부터 장학금을 받게 되어 형편이 좀 나아졌으며, 석사학위를 딸 때까지 기숙사에서 지낼 수 있게 되었습니다. 뉴턴은 1665년 1월 학사학위를 받았는데, 당시 유럽을 휩쓴 흑사병 때문에 대학이 휴교하여 여름에 고향으로 돌아왔습니다. 1666년 3월에 대학으로 돌아갔지만 흑사병이 다시 창궐하여 6월에 집으로 돌아와 흑사병이 완전히 사라진 1667년 4월까지 머물렀습니다. 유럽에는 재앙이었던 이 기간이 그에게는 축복이었습니다. 고향에서 한가로이 지내며 만유인력법칙과 미적분을 발견했고, 광학에 관한 여러 가지 실험을 하여 이른바 "기적의 해"를 만들었던 것입니다. 사과가 떨어지는 것을 보고 만유인력법칙을 깨달았다는 "전설"의 시간적 배경도 이 무렵입니다. 만년에 뉴턴은 이때를 회상하며 "만일 중력이 사과를 떨어뜨린다면 더 높은 곳에 있는 달에 미치지 않을 이유가 어디에 있는가?"라고 자문했다고 말하곤 했습니다.

젊은 나이에 기적을 창출한 그는 아쉽게도 30살 무렵 다른 길로 빠지기 시작했습니다. 그는 26세이던 1668년 렌즈를 사용하는 굴절망원

경의 단점을 크게 개선한 반사망원경을 만든 업적이 높이 평가받아 1671년 왕립학회 회원으로 받아들여졌습니다. 이후 훅(Robert Hooke, 1635~1703)과 많은 논쟁을 벌입니다. 본래 내성적이었던 뉴턴은 처음에는 성실히 응했지만 논쟁이 치열해지자 혐오감을 느끼게 되었고, 이때부터 오랫동안 자신의 연구를 비밀에 부

| 46살 때의 뉴턴(출처 https://en.wikipedia.org/wiki/Isaac_Newton)

쳤습니다. 미적분을 최초로 개발했지만 나중에 독일의 수학자이자 철학자인 라이프니츠(Gottfried Leibniz, 1646~1716)와 선취권 논쟁을 벌이게 된 것

| 뉴턴이 "기하학자로서의 신"으로 묘사된 그림(출처https://en.wikipedia.org/wiki/Isaac_Newton)

도 이 때문이었지요. 과학 연구를 벗어나 다른 길로 빠지게 된 데도 이런 영향이 컸을 겁니다. 아무튼 그는 연금술과 신학 연구에 빠져 거의 30년간 재능을 헛된 곳에 낭비했습니다. 뉴턴은 일에 몰두하면 먹는 것도, 잠자는 것도 잊고 엄청난 집중력을 발휘한 것으로 유명합니다. 문제를 한번 붙들면 해결될 때까지 물고 늘어졌는데, 어떤 것은 몇십 년간 되풀이해서 생각했다고 합니다. 그는 이런 성격을 연금술 연구에도 발휘하여 엄청난 양의 연구 결과를 남겼습니다. 하지만 납처럼 값싼 금속으로 귀금속인 금을 만든다는 연금술은 당시 과학으로는 도저히 이룰 수 없는 일이었습니다. "뉴턴처럼 위대한 과학자가 왜 그렇게 허황한 일에 빠졌을까?"라고 의아해할 수도 있습니다. 그러나 당시 연금술은 방대한 문헌 속에서 온갖 신비로운 관념과 서술로 묘사되었습니다. 집념이 강한 뉴턴이 쉽사리 헤어나지 못한 것도 이해 못할 바는 아닙니다. 유럽은 이후 뉴턴의 과학적 연구를 토대로 이른바 과학혁명 scientific revolution을 이루어냅니다. 뉴턴은 과학사적으로 중세의 미신과 근대의 이성이 겹쳐지는 곳에서 살았고, 이 때문에 "최후의 연금술사", "최후의 마법사·마술사·주술사"라고도 불립니다.

헛된 길에서 헤매던 뉴턴을 잠시나마 올바른 길로 이끈 사람은 핼리혜성의 발견으로 유명한 천문학자 핼리(Edmund Halley, 1656~1742)였습니다. 그는 당시 소문으로 떠돌 뿐 확고한 이론으로 자리 잡지 못한 "중력의 역제곱법칙", 곧 "중력은 거리의 제곱에 반비례한다"는 법칙에 따를 경우 행성들의 궤도가 궁금했는데, 이는 바로 "중력은 거리의 제곱에 반비례하고 질량의 곱에 비례한다"는 만유인력법칙의 실마리였습니다. 그는 우연한 기회에 뉴턴을 만나 질문을 했는데 놀랍게도 뉴턴은 즉각 타원 궤도라고 답했습니다. 자료를 찾지 못해 그 자리에서 증명하지는 못했지만 몇 달 뒤 논문으로 써서 핼리에게 보냈습니다. 논문을 받아본 핼리는 감동에 휩싸여 출판하라고 간곡히 설득했습니다. 소모적인 논쟁을 피해 오랫동안 비밀리에 연구했던 뉴턴도 결국 마음이 움직여 놀라운 집중력으로 약 1년 반 만에 대작 『프린키피아』를 완성했습니다. 이 책은 뉴턴이 45살 때인 1987년에 나왔으나, 주요 토대는 이미 "기적의 해(24살, 1666년)"에 마련되었고, 대략 거기에 운동법칙에 대한 논의가 추가된 것이었습니다. 『프린키피아』 출간 후 뉴턴의 명성은 더욱 치솟았습니다. 국회의원도 지내고, 다시 잠시 연금술에 빠지고, 이어 왕립조폐국장이 되는 등의 생활을 하다 보니 이미 멀어졌던 과학 연구에서 더욱 멀어지고 말았습니다. 하지만 1703년 영국왕립학회의 회장으로 선출되어 간접적으로나마 과학에 기여했습니다. 조폐국에서도 그랬지만 왕립학회 회장을 지낸 20년간 특유의 집중력을 발휘하여 이후 왕립학회가 세계의 과학을 선도하는 단체가 되는 초석을 닦았습니다. 어떤 전기 작가는 뉴턴의 이런 측면을 "타고난 관리자"라고 평가하기도 했습니다.

뉴턴은 30살 무렵부터 『프린키피아』 발간 외에 특별한 과학적 업적을 이루지 못했습니다. 하지만 탁월한 능력은 만년에도 유지되었습니다. 54살이었던 1696년 6월 스위스의 수학자 베르누이(Johann Bernoulli, 1667~1748)는 유럽 수학계에 까다로운 문제를 제시하며 6개월의 시한을 정했습니다. 그때까지 답이 나오지 않자 1697년 크리스마스까지 연장했습니다. 1697년 1월에 베르누이가 손수 보낸 편지를 통해 문제를 접한 뉴턴은 하루 만에 풀어버렸지만 자신의 답을 왕립학회로 보내 익명으로 발표했습니다. 이를 받아본 베르누이는 뉴턴의 솜씨임을 즉각 눈치채고 "사자는 발톱만으로도 알 수 있다"고 말했다고 합니다. 뉴턴은 1705년 베이컨(Francis Bacon, 1561~1626)에 이어 과학자로는 두 번째로 기사 작위를 받았습니다. 베이컨은 철학자에 가까우므로 진정한 과학자로서는 첫 번째인 셈입니다. 뉴턴은 1727년 85세의 나이로 세상을 떴습니다. 그가 만일 헛된 길로 빠지지 않고 계속 과학에 매진했다면 얼마나 더 많은 위업을 남겼을까요? 베르누이의 문제에 얽힌 일화를 보면 더욱 많은 업적을 남겼을 것도 같지만, 나이가 들면 아무래도 창의력이 떨어지므로 크게 기대하기 어렵다고 보는 사람도 있습니다. 분명한 것은 아무리 냉철한 이성을 지닌 과학자라도 시대와 사회와 문화와 개인적 상황 등의 영향에서 완전히 자유로울 수 없다는 점입니다. 사람의 개인적 능력을 최고로 끌어내려면 이런 요소들도 개선해야 합니다. 올바른 과학 문화를 제대로 꽃피우려면 개인적인 노력은 물론 외부 요소들의 전반에 걸쳐 다양한 노력을 꾸준히 펼쳐야 하는 것입니다.

제3장

힘과 에너지

모든 분야가 그렇지만 특히 수학이나 과학에서는 어떤 용어나 개념을 명확히 규정하는 게 매우 중요한데, 이를 정의定義 definition라고 합니다. 원을 "둥그런 폐곡선"으로 정의했다고 합시다. "둥그런"이란 말은 모호합니다. "정확한 원"과 "타원"은 물론 "조금 찌그러진 원" 등을 서로 구별할 수 없어 많은 혼란이 초래될 것입니다. 따라서 원은 "중심으로부터의 거리가 일정한 점들의 집합"이라고 명확히 규정합니다.

정의는 문장으로 쓰기도 하지만 "속도≡거리÷시간"처럼 "≡"라는 기호(정호[定號]*)로 나타내기도 합니다. "≡"라는 기호는 도형의 "합동"을 나타낼 때도 쓰지요? 두 삼각형이 합동이면 "$\triangle ABC \equiv \triangle DEF$"와 같이 나타냅니다. 또한 명제론에서 두 조건이 서로 "필요충분조건"일 때도 "$p \equiv q$"와 같이 씁니다. "정의"와 "합동"과 "필요충분조건"은 기호를 공유한다는 점에서 알 수 있듯 그 본질에 어느 정도의 공통점이 있습니다.

정호 "≡"와 등호 "="는 잘 구별해야 합니다. $2x = 6$이라는 방정식을 풀면 $x = 3$이라는 답이 나오는데, 이때는 "="를 써야지 "≡"를 써서는 안 됩니다. "방정식"은 "등식"이라고도 하듯, 등호의 양쪽이 같다는 뜻을 나타낼 뿐 정의를 하는 것이 아니기 때문이지요. 하지만 두 기호를 항상 구별해서 쓰기도 불편하므로 이 책에서는 어떤 용어나 개념의 정의를 "처음 제시할 때"와 "처음이 아니라도 굳이 쓰는 게 좋을 때"만 정호를 쓰고, 다른 경우는 등호와 혼용하겠습니다.

1. 힘

Force와 Power

앞 장에서 뉴턴의 세 가지 운동법칙을 대략 살펴보았습니다. 가장 중요한 것은 가속법칙이며, 핵심은 역시 "힘"입니다. 여기서 힘은 영어로 "force"라고 합니다. "Power"와 어떻게 다를까요? 일상적으로는 비슷하지만 과학적으로는 엄격히 구별해야 합니다. 과학에서 "power"는 "단위시간당 하는 일의 양"을 나타내고, 우리말로는 "일률"이라고 합니다. 과학을 공부하다 보면 일상용어와 전문용어가 다른 경우가 많이 나옵니다. 전문용어를 중시한 나머지 일상용어를 무시하거나 은근히 깔보기도 하지만 일상용어에는 나름의 이유가 있으므로 일상생활에서도 전문용어를 고집하는 태도는 잘못입니다. 세상 모든 것은 적재적소에 가장 유효적절하게 쓰는 게 최선의 용법입니다.

가장 원초적인 물리량

"힘"은 우리 몸으로 직접 느끼고 측정할 수 있는 물리량입니다. 물리를 배우면 힘에 이어 "운동량"과 "에너지" 등의 개념이 나오는데, 힘 이외의 것들은 좀 추상적입니다. 직접 느끼기보다 머리를 통해 간접적으로 이해하게 되지요. 또한 힘은 예로부터 전쟁이나 폭력 등에 비유되어, 다른 모든 수단이 무위로 돌아갈 때 사용하는 가장 원시적인 해결책으로 여겨집니다. 요컨대 힘은 논리적으로나 실질적으로나 가장 원초적인 물리량으로 물리학의 초석에 해당합니다.

힘은 운동의 원인이자 삶의 근원

관성법칙은 현재 상태의 "유지"를 나타내고, 가속법칙은 현재 상태의 "변화"를 나타냅니다. 다시 말해서 모든 변화의 출발은 바로 힘에 의해 이루어집니다. 잠시 눈을 감고 삼라만상이 서로 아무런 힘도 작용하지 않는다면 어떨지 상상해봅시다. 관성법칙에 따라 우주는 영원히 현재 상태를 유지하므로 아무런 변화도 없을 것입니다. 아무 변화가 없으므로 삶도 없고 죽음도 없으며, 한마디로 인생이란 개념 자체가 사라지고 맙니다. 그러니 "힘이야말로 만물의 운행과 삶의 근원"입니다. 이런 뜻에서 운동법칙에 대해 살펴본 내용을 토대로 $E = mc^2$을 향한 우리의 여정을 "힘으로부터 힘차게 시작합시다!"

2. 운동량

힘과 비슷한 점

뉴턴의 가속법칙은 "$F = ma$"로 쓸 수 있는데, 운동량momentum의 식은 이와 사촌처럼 비슷합니다. 즉, "$P \equiv mv$"로 씁니다. F와 a가 각각 P와 v로 바뀔 뿐입니다. 힘을 나타내는 F는 force에서 따온 것이지만, 운동량은 M을 쓰지 않고 P로 나타낸다는 데 유의하기 바랍니다. 특별한 이유는 없고 m이 질량mass이나 미터meter 등을 나타내는 데 이미 쓰이고 있어 다른 글자로 P를 고른 것 같습니다.

힘과 다른 점

운동량은 그 식이 간단하고 힘의 식과 비슷하므로 이해하기가 어렵지 않을 것 같습니다. 하지만 직관적으로 파악하기가 어려워 많은 사람들이 상당한 곤란을 겪습니다. 힘과 달리 감각으로 느낄 수 없어 "실감"이 나지 않기 때문입니다. 힘은 제쳐두고 에너지의 개념과 비교해도 그렇습니다. 사실 에너지의 개념은 수식으로는 운동량보다 복잡하지만 "높은 건물로 올라갈수록 위치에너지가 증가한다"는 실감나는 사례가 있으므로 쉽게 이해합니다. 운동량을 이해하려면 "실감"보다는 이미 알고 있는 개념과의 "연결 고리"에 주목하는 편이 좋습니다. 아래처럼 "힘과 운동량의 관계"라는 연결 고리를 통해 이해하기 바랍니다.

힘과 운동량의 관계

힘과 운동량의 식이 비슷하다는 게 우연의 일치일까요? 사실 $F = ma$와 $P = mv$는 논리적으로 직접 연결되어 있습니다. 그 연결 고리는 가속법칙을 돌아보면 쉽게 이해할 수 있습니다.

㉮ **가속법칙** : 물체에 힘을 가하면 그 방향으로 가속이 일어나며 그 크기는 힘에 비례하고 질량에 반비례한다.

하지만 뉴턴이 제시한 본래 표현은 약간 다릅니다. 위의 것과 구별하기 위해 아래의 것은 "운동량변화법칙*"으로 부르겠습니다.

㉯ **운동량변화법칙** : 물체에 힘을 가하면 그 방향으로 힘의 크기에 비례하는 운동량의 변화가 일어난다.

㉯는 "가속"이 아니라 "운동량의 변화"에 초점을 맞추었습니다. 의미상 "운동량"은 "물체가 운동 때문에 갖는 물리적인 양"입니다. 물체의 가

장 기본적인 속성은 질량이고, 운동은 속도가 있음을 뜻합니다. 따라서 "물체가 운동 때문에 갖는 기본적인 물리량"은 "질량×속도"입니다. 이게 바로 "운동의 양", 곧 "운동량"의 정의입니다. ㉮와 ㉯는 하나의 법칙이지만, ㉮는 힘을 이해하기에 더 좋고 ㉯는 운동량을 이해하기에 더 좋은 표현입니다. 하지만 ㉯에서 더 중요한 것은 "힘과 운동량의 관계"가 드러난다는 점입니다.

㉯를 좀 더 살펴봅시다. 우선 "운동량의 변화는 힘의 크기에 비례한다"고 말합니다. 그런데 위에서 운동량은 $P \equiv mv$로 정의했습니다. 이 식에서 물체의 질량 m은 일정하므로 운동량이 변하려면 속도 v가 변하면 됩니다(뉴턴 이후 아인슈타인이 특수상대성이론을 내놓기까지 200여 년 동안 질량은 속도에 상관없이 일정하다고 보았습니다). 결국 힘은 물체에 작용하여 그 속도를 변화시키며, 그 결과가 바로 운동량의 변화입니다. 그렇다면 "속도의 변화"는 무엇일까요? 그것은 바로 "가속"입니다. 자동차가 정지해 있으면 속도가 0km/h인데, 시동을 걸고 출발하여 10초 후에는 100km/h가 되었다면, 속도가 평균적으로 1초에 10km/h씩 가속된 것입니다. 요약하면 $P = mv$인데, 여기서 변할 수 있는 요소는 속도이고, "속도의 시간적 변화가 바로 가속"이며, 따라서 "운동량의 시간적 변화는 힘"이고, 결국 $F = ma$가 됩니다.

수학적 이해

지금껏 "변화"라는 단어가 자주 나왔습니다. "변화가 없으면 삶도 죽음도 없고, 따라서 인생 자체가 없다"고도 했습니다. 변화라는 개념은 수학에서도 가늠할 수 없을 정도로 중요합니다. 바로 뉴턴과 라이프니츠가 창시한 "미적분"이지요. 미분이란 한마디로 변화의 수학적 표현입니다. 미분의 개념을 이용하면 앞서 살펴본 몇 가지 내용이 아주 간결하게 표현되는데, 예를 들어 "가속은 속도의 미분"이고 "힘은 운동량의 미분"입니다. 미분에 대해서는 나중에 더 자세히 살펴볼 것입니다.

3. 일과 에너지

다음 단계는 일상적으로 자주 접하는 "에너지energy"라는 개념입니다. 에너지는 우리 여행의 목적지이기도 합니다. $E = mc^2$이란 식은 바로 에너지에 대한 식이니까요. "에너지는 일을 할 수 있는 능력"이므로 에너지를 알려면 먼저 "일work"부터 살펴봐야 합니다.

(1) 일

일의 정의

힘과 운동량의 관계를 알아보았는데 과학이란 현실 생활의 필요에서 출발했으므로 운동량에 그쳐서는 별 의미가 없습니다. 힘이 모든 변화의 원인이지만, 중간 단계인 운동량을 넘어 현실적인 결과로 이어져야 비로소 의미를 갖습니다. 그 결과가 바로 "일"입니다. 즉, "힘은 변화의 원인"이고 "일은 변화의 결과"입니다. 변화의 결과란 무슨 뜻일까요? 물리학에서는

"물체의 이동"을 가리킵니다. 힘은 운동의 원인이므로 힘이 가해지면 물체가 움직이는데, 이로 인한 물체의 이동이 바로 힘이 일으킨 변화의 결과입니다. 일은 이런 직관적 통찰을 반영하여 "$w \equiv FS$"로 정의합니다. F는 "힘"이고 S는 "이동"을 나타냅니다. "이동"의 영어는 "displacement"이지만 "d"가 미분 기호 등으로 쓰이니 다른 글자를 고른 것으로 보입니다.

일의 정의는 이렇게 이해하면 좋습니다. 먼저 "가속은 힘에 비례하고 질량에 반비례한다"는 가속법칙을 식으로는 "$a = F/m$"으로 썼다는 점을 돌이켜봅시다. 이렇게 비례하는 것은 분자, 반비례하는 것은 분모에 씁니다. 일상적으로 일을 할 때 이동은 같지만 힘을 2배로 써서 2배 무거운 물건을 옮기면 일도 2배를 한 셈입니다. 또 힘은 같지만 이동을 2배로 해도 일을 2배 한 셈입니다. 곧 일은 힘과 이동에 모두 비례하므로 힘과 이동을 모두 분자에 써야 합니다. 힘과 이동을 모두 2배로 할 경우 일은 4배가 되며, 이는 "$w \equiv FS$"라는 일의 정의와 일치합니다. 일의 기본 단위 줄J, joule은 영국의 물리학자 줄(James Joule, 1818~1889)의 이름에서 따왔습니다. $w = FS$에 따라 나타내면 $1\text{J} = 1\text{kg} \cdot \text{m}^2/\text{s}^2$이 됩니다. 작은 단위로 "에르그"($1\text{erg} \equiv 1\text{g} \cdot \text{cm}^2/\text{s}^2 = 10^{-7}\text{J}$)도 있지만 많이 쓰이지는 않습니다.

일상용어와 전문용어

> 과학은 일상적 사고를 정련하는 작업이다. — 아인슈타인

물리학적으로 일을 $w \equiv FS$로 정의하면 일상적 의미와 달라질 수 있습니다. 집안에서 가구를 옮길 때는 많은 힘을 쏟으면서 일을 합니다. 하지

만 어떤 가구가 너무 무겁다면 아무리 힘을 가해도 꿈쩍도 않는 경우가 있습니다. 힘 쓴 사람은 녹초가 되었는데 가구는 조금도 움직이지 않았다고 합시다. 이런 경우에 이 사람은 일을 한 것일까요, 안 한 것일까요? 물리학적으로 볼 때는 애석하지만 일을 했다고 볼 수 없습니다. $S = 0$이어서 w도 0이 되니까요. 그러나 일상적으로는 일을 한 것으로 인정해야 할 것입니다. 예를 들어 아들이 아빠를 열심히 도왔는데 이런 지경이 되었다면 용돈이라도 줘야 서운하지 않겠지요.

앞서 "force"와 "power"의 구별에서도 보았지만 일상용어로 쓰일 때와 전문용어로서 쓰일 때 의미가 달라지는 말들이 있습니다. 전문용어의 의미를 더 높이 평가하여 일상적인 의미를 무시하는 경향이 있는데, 잘못된 태도입니다. 어떤 용어의 참뜻은 상황에 가장 어울리도록 정하면 될 뿐, 어떤 의미가 언제나 우월하고 독보적으로 쓰인다는 법은 없습니다. 아인슈타인은 "과학은 일상적 사고를 정련하는 작업이다"라고 했습니다. 느슨한 일상용어를 엄밀한 전문용어로 가다듬는 것도 중요하지만, 전문용어로서의 의미를 느슨한 일상에 너무 엄격히 적용하지 않는 것이 중요할 수도 있습니다.

더 깊게 알아봅시다

일을 $w \equiv FS$로 정의했지만 실제로는 좀 더 가다듬어 "$w \equiv FS\cos\theta$"로 수정해서 사용합니다. "θ"는 그리스 문자로 "쎄타 theta"라고 읽으며, 각도를 나타내는 데 흔히 쓰입니다. 그리고 "cos"는 "코사인 cosine"이라고 부르는 삼각함수인데, 4장 1절의 "벡터"에서 자세히 설명합니다.

아래 그림 ㉮에서 보듯 힘을 가하는 방향과 물체가 움직이는 방향이 같으면 그 사이의 각 $\theta = 0°$이고, $\cos 0° = 1$이므로 자연히 $w = FS$가 됩니다. 하지만 실제로는 ㉯처럼 바닥이 기울어져서 물체가 힘의 방향과 다르게 움직이는 경우가 많습니다. 그러면 가한 힘의 일부만 물체가 실제로 움직이는 방향에 쓰이므로 이 점을 반영하여 $\cos \theta$를 곱해주는 것입니다.

그림 ㉰에서 보듯 가방을 든 사람이 작용하는 힘은 중력의 반대 방향, 곧 수직 방향입니다. 하지만 사람이 나아가는 방향은 앞쪽, 곧 수평 방향입니다. 힘의 방향과 이동 방향이 서로 직각이고, $\cos 90° = 0$이므로, 물리학의 관점에서 보면 이 사람이 한 일은 0입니다. 그러나 짐을 들어 옮겨주는 일꾼에게 이를 이유로 수고비를 주지 않을 수는 없겠지요. 물론 가방을 들고 앞으로 갈 때 공기 저항을 이겨내며 움직이는 것, 첫 걸음을 떼는 순간 가방이 앞쪽으로 가속되는 것, 목적지에 도착하여 멈춰 설 때 감속이 일어나는 것은 물리학적인 일이지만 모두 여기의 논점을 벗어난 것들이므로 자세한 논의는 생략합니다.

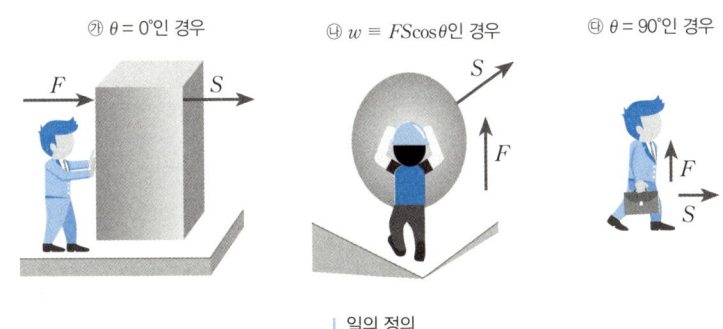

| 일의 정의

Force와 Power(2)

"Force"와 "power"는 일상적으로 비슷하지만 물리에서는 구별되는 개념이라고 했는데 조금 더 살펴보겠습니다. "일"에 대해 말할 때는 우선 "얼마나 많이 했느냐?" 즉, "일의 양"이 중요합니다. 하지만 "얼마나 빨리 했느냐?"와 같이 "일의 속도"가 중요한 경우도 많습니다. 예를 들어, 자동차로 고속도로에 들어설 때 운전자는 앞뒤를 살핀 후 가속 페달을 밟아 차를 빠르게 가속시킵니다. 대략 10초 전후로 안전 운행 속도인 100km/h 정도에 이르면 가속을 멈추고 일정한 속도로 몰고 가지요. 그런데 가속 과정이 10초가 아니라, 1분이나 1시간, 또는 극단적으로 100년 정도 걸렸다고 합시다. 그렇더라도 물리학적으로는 동일한 일을 한 것입니다. 하지만 일상적으로는 아무런 가치가 없지요. 이렇게 "일의 양"도 중요하지만, "일의 속도"가 더 중요한 경우가 많습니다. "일의 속도"가 바로 "일률", 즉 power입니다. 정의는 "시간당 얼마의 일을 했느냐?", 즉 "일/시간"입니다. 국제단위계에 따른 일률의 기본 단위는 와트(watt)이므로 "1W≡1J/s"인데, 이 기호는 증기기관의 효율을 크게 높인 와트(James Watt, 1736~1819)의 이름에서 따왔습니다.

W는 실제로 사용하기에 좀 작은 양이므로 일상생활에서는 대개 "kW"나 "마력(hp, horse power)"을 씁니다. kW의 정의는 "1kW≡1,000W"로 명확하지만, 1hp의 정의는 여러 가지입니다. 보통 1hp≡746W가 쓰이는데, 이 정도의 양으로 정한 것은 18세기에 "한 마리의 말이 비교적 오랫동안 꾸준히 일할 때 초당 평균 얼마의 일을 하느냐?"를 측정한 데서 유래했습니다. "말이 순간적으로 발휘하는 최대의 힘"이 아니라는 데 유의해야 합니다. 아무튼 1hp는 550lb(파운드)의 물체를 초당 1ft(피트)로 움직이는 일률

에 해당합니다. 보통 승용차는 약 100마력의 "힘"을 내므로, 오늘날 일반인은 예전 귀족보다 훨씬 호사스런 생활을 누리는 셈입니다. "약 100마력의 힘"에서 힘은 일률을 뜻합니다. 곧 "이 차는 힘이 좋다"고 말할 때의 힘은 force가 아니라 power입니다. 그러나 "그 씨름 선수는 힘이 장사다"라고 할 때 힘은 force입니다.

(2) 에너지

"energy"라는 용어는 그리스어 "에네르기아energeia"에서 유래했으며, 아리스토텔레스의 저작에서 처음 쓰인 것으로 보입니다. 대략 "일, 활동, 작용"이란 뜻이지만 당시의 관념은 추상적이어서 지금의 뜻과는 많이 다릅니다. 과학적인 에너지 개념의 실마리를 제공한 사람은 라이프니츠입니다. 그는 물체의 질량과 속도의 제곱을 곱한 값이 일정하게 유지된다고 생각했는데, 이는 "에너지보존법칙"의 원형입니다. 하지만 그는 이것을 "활력"이란 뜻의 "비스 비바vis viva"라고 불렀습니다. 라이프니츠의 개념을 아리스토텔레스의 용어와 결합하여 "energy"라는 용어를 처음 사용한 사람은 영국의 과학자 영(Thomas Young, 1773~1829)으로 1807년의 일입니다. 다만 이때 에너지는 오늘날의 "운동에너지"에 해당하고, 그 원어 "키네틱에너지kinetic energy"는 영국의 과학자 켈빈(William Kelvin, 1824~1907)이 만들었습니다. "위치에너지"의 원어 "퍼텐셜에너지potential energy"는 영국의 과학자 랭킨(William Rankine, 1820~1872)이 1853년에 만들었습니다.

운동에너지

"에너지는 일을 할 수 있는 능력"이란 말을 조금 바꾸면 "일은 물체가 가진 에너지의 변화량"이 됩니다. 물체의 에너지가 감소했다면 물체가 일을 한 것이고, 물체의 에너지가 증가했다면 외부에서 그 물체에게 일을 해 준 것입니다. $w = FS$이므로 일을 하려면 다른 물체에 힘 F를 가할 능력이 있어야 합니다. 다른 물체에 힘을 가할 능력이 있으려면 가속법칙에서 보았듯 운동량을 가져야 합니다. 운동량의 변화량이 힘으로 나타나기 때문입니다. 결국 "운동하는 물체는 에너지를 갖는다"는 뜻이 됩니다.

운동하는 물체는 언제까지 일을 할 수 있을까요? 운동하는 물체는 에너지를 갖는다는 말을 뒤집어보면 운동하지 않는 물체, 곧 정지한 물체에는 에너지가 없다는 말이 됩니다. 따라서 운동하는 물체는 그 운동이 서서히 줄어들어 마침내 완전히 정지할 때까지 일을 할 수 있습니다. 이처럼 운동하는 물체가 가진 "일을 할 수 있는 능력", 곧 운동하는 물체가 가진 에너지를 "운동에너지"라고 합니다.

운동에너지의 크기

운동하는 물체가 가진 에너지는 얼마나 될까요? "일은 물체가 가진 에너지의 변화량"이라고 했습니다. 이 말은 일과 에너지를 서로 맞바꿀 수 있다는 뜻입니다. 결국 ㉮운동에너지는 속도 v로 운동하는 물체가 정지할 때까지 할 수 있는 일의 양과 같고, 이는 ㉯정지해 있는 물체에 힘을 가하여 속도가 v로 될 때까지 해준 일의 양과 같습니다. 따라서 속도 v로 움직이는 물체의 운동에너지는 ㉯를 구하면 됩니다.

㉯에서 일을 구하려면 $w = FS$를 쓰면 됩니다. 가속법칙에 따르면 $F = ma$이므로 남은 것은 S, 곧 이동만 구하면 됩니다. 하지만 문제가 있습니다. "거리=속도×시간"을 쓰면 될 것 같지만, 속도가 자꾸 변한다는 겁니다. 처음에는 속도가 0인데 힘을 가하는 동안 속도가 점점 증가하여 v에 도달하니까요. 이 문제점은 "속도=가속×시간"이란 점을 이용하면 해결됩니다. 예를 들어 속도가 1초에 10m/s씩 계속 증가한다고 하면 (곧 가속이 10m/s²라면) 10초 후에는 그 속도가 100m/s가 됩니다. 표로 나타내면 다음과 같습니다. (가속의 단위는 m/s²입니다. "속도=가속×시간"이므로 "가속=속도÷시간"이 됩니다. 속도의 단위는 m/s이므로 이것을 한 번 더 "초(second)"로 나누어주면 m/s²이 됩니다.)

	0초	1초	2초	3초	4초	5초	6초	7초	8초	9초	10초
속도(m/s)	0	10	20	30	40	50	60	70	80	90	100
거리(m)	0	5	20	45	80	125	180	245	320	405	500

위 표의 "거리"는 "평균속도"를 이용하여 구했습니다. 예를 들어 0초에서 1초 사이를 보면 처음에는 속도가 0이지만 1초 때는 10m/s이므로 그간의 평균속도는 5m/s라 할 수 있고, 따라서 1초 동안의 이동은 5m입니다. 다른 구간도 같습니다. 예를 들어 4초에서 5초 사이의 평균속도는 45m/s이고, 따라서 거리는 45m가 됩니다. 시간(x축)과 거리(y축) 사이의 관계를 그래프로 나타내봅시다.

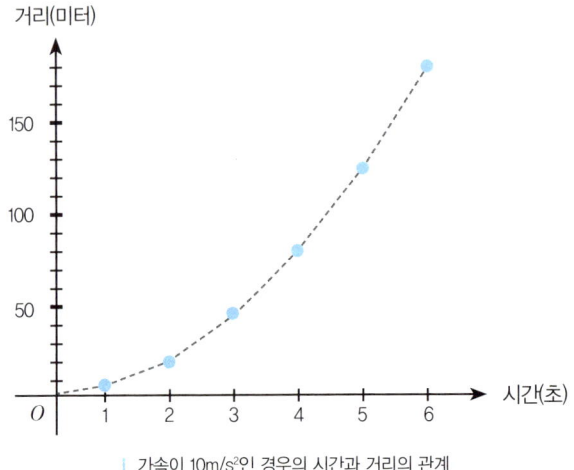

| 가속이 10m/s²인 경우의 시간과 거리의 관계

위 그래프는 짧은 "직선"들을 연결하여 그렸는데, 전체적으로 어떤 느낌이 드나요? 크게 보면 "포물선", 곧 공이나 돌 같은 물체를 공중에 던졌을 때 지나가는 길을 보여주며, 바로 2차식의 그래프입니다. 다시 말해 가속(a)과 거리(S)의 관계는 $S = at^2/2$이라는 2차식으로 표현됩니다. 예를 들어 6초에 대해 계산하면 $S = 10 \times 6^2 \div 2 = 180\text{m}$로서 위 표의 결과와 일치합니다. 이제 움직이는 물체의 운동에너지를 구할 수 있습니다. $w = FS$라는 식에 $F = ma$와 $S = at^2/2$를 대입하면 다음과 같습니다.

$$w = ma \cdot \frac{1}{2}at^2 = \frac{1}{2}ma^2t^2 = \frac{1}{2}m(at)^2 = \frac{1}{2}mv^2$$

즉, 질량이 m인 물체가 속도 v로 운동할 때 갖는 운동에너지는 $mv^2/2$입니다.

운동하는 물체의 운동에너지를 얻는 동안 좀 복잡한 과정을 거쳤습니다. 사실 수학적 지식을 조금만 활용하면 훨씬 간단하면서도 훨씬 깊은 이해에 도달할 수 있습니다. 여기에 필요한 수학이 바로 "적분 integration"입니다. 뺄셈이 덧셈의 역산이듯, 적분은 미분의 역산입니다.

지금껏 운동량·일·에너지에 대한 이야기를 통해 물리학을 배우는 중에 수학적 도움이 필요하다는 점을 깨닫게 되었습니다. 따라서 더 진행하기 전에 앞으로 필요한 수학을 잠시 공부하고 넘어가려고 합니다. 앞에서 지적했듯, 더 높은 수준의 수학을 쓰지 않더라도 겨우겨우 설명할 수는 있지만, 설명이 도리어 더 복잡하고 어려워집니다. 차라리 필요한 수학을 정복해버리는 편이 힘도 덜 들고, 더 깊게 이해하는 길입니다. 여기서 수학을 배워 두면 물리뿐 아니라 다른 곳에서도 반드시 쓸모가 있으므로 전체적으로 이익이 됩니다. 다음 장에서 살펴볼 수학 분야는 "벡터"와 "미분"과 "적분"입니다.

쉼터   국제단위계

중국을 처음 통일한 진시황(秦始皇, BC259~210)은 영토뿐 아니라 도량형度量衡도 통일했습니다. 프랑스에서는 1789년 프랑스혁명 이후 이른바 미터법metric system을 내세워 단위를 통일했습니다. 이처럼 단위의 통일은 예로부터 새롭게 하나된 사회에서 상징적으로나 실질적으로나 그 필요성이 매우 큰 일이었습니다. 최근에는 다양한 언어와 민족들로 이루어진 유럽이 통합의 기치를 내걸고 유럽연합EU, European Union을 세운 뒤 화폐를 "유로화euromoney, €"로 통일한 바 있습니다. 미터법은 오늘날 "국제단위계SI"라는 체계로 발전했는데, "SI"는 프랑스어 "Système international d'unités"의 약자입니다. 영어로는 "International System of Units"라고 하는데, 프랑스가 아니라 영국이 미터법의 제정을 주도했더라면 국제단위계의 약자는 "IS"가 되었겠지요.

국제단위계에는 7개의 "기본 단위"가 있습니다. 비록 7개뿐이지만, 또는 7개뿐이어서 다행이기도 하지만, 아무튼 이것으로 과학에 나오는 모든 "물리량"의 단위가 표현되므로 "단위의 원자"라고 해도 좋을 것입니다. 물리량physical quantity이란 "자연계를 이해하기 위하여 측정의 대상으로 삼은 양"입니다. 아리스토텔레스가 쓴 『피지카Physica』라는 책을 『자연학』이라고 옮기듯 원칙적으로는 물리량도 "자연량*"이라고 부르는 게 옳을 것입니다. 꼭 물리학뿐 아니라 자연과학 전반에서 두루 사용되는 양들이니까요.

물리량은 정의상 측정할 수 있어야 합니다. 예를 들어 "사과의 무게"는 자연과학적 측정 대상이므로 물리량이지만 "사랑의 무게"는 정서적 또는 심리학적 측정 대상이므로 물리량이 아닙니다. 물론 물리량에도 "광도光度"처럼 나중에 편입된 것이 있으므로 과학이 발달하면 언젠가는 사랑의 무게도 물리량이 될 수 있을지 모르겠습니다. 그럴 경우 낭만·신비·스릴 등이 격감하여 삭막하고 메마르게 여겨지기도 하겠지요. 하지만 가끔씩 누군가의 사랑을 간절히 확인하고 싶은 때는 좋을 수도 있겠고요. 한편 물리량에는 스칼라와 벡터 말고 다른 것들도 있는데, 여기서 더 다루지 않겠지만 이 모두는 더 넓은 개념인 텐서tensor로 포괄됩니다.

국제단위계는 과학계는 물론 일상적으로도 가장 많이 쓰이지만 상황에 따라 적절하게 환산된 단위가 사용되기도 합니다. 이 책에서는 되도록 국제단위계를 사용하겠습니다. 국제단위계에 따르면 힘의 기본 단위는 "뉴턴newton"이며 "N"으로 나타냅니다. 운동법칙을 정립한 뉴턴의 이름을 붙이는 데 이보다 좋은 자리는 없겠지요. 참고로 인명에서 따온 단위의 이름은 소문자로 쓰고 기호는 대문자로 씁니다. 힘은 가속법칙에 의해 $F = ma$이므로 그 단위는 질량과 가속의 단위를 곱하면 됩니다. 속도는 거리를 시간으로 나눈 것이므로 단위는 "미터/초", 곧 m/s입니다. 가속은 속도가 시간에 따라 변하는 정도이므로 단위는 속도를 시간으로 나눈 것, 곧 m/s^2입니다. 국제단위계에서 1N은 1kg의 물체를 $1m/s^2$의 가속으로 움직이는 데 필요한 힘으로 정의합니다. 따라서 $F = ma$에 위에서 구한 것들을 넣으면 "$1N \equiv 1kg \cdot m/s^2$"이 됩니다.

국제단위계에 대한 기초적인 이해는 말 그대로 과학의 근본에 관한 것이므로 매우 중요한데, 우리나라에서는 이를 소홀하게 다루는 게 아쉽습니다. 아래에 가장 최근의 내용을 표로 요약했습니다. 당장은 생소하더라도 차분히 읽어보고, 기회가 닿을 때마다 더 깊이 이해해가기 바랍니다. 더 자세한 내용은 "한국표준연구원KRISS"과 "미국국립표준기술연구원NIST"의 홈페이지에서 찾아볼 수 있습니다.

물리량	단위의 이름	단위의 기호	각 물리량 한 단위의 정의
길이 length	meter	m	빛이 진공에서 299,792,458분의 1초 동안 나아가는 거리(1983년).
질량 mass	kilogram	kg	1889년에 승인된 킬로그램 원기(原器)의 질량(1901년).
시간 time	second	s	0K(절대영도)에서 정지한 세슘-133 원자의 바닥상태에 있는 두 초미세준위 사이에서 방출되는 전자파가 9,192,631,770번 진동하는 데에 걸리는 시간(1997년).
전류 electric current	ampere	A	원형 단면의 넓이가 거의 0이고 길이가 무한대이며 진공 중에 1미터 간격으로 나란히 놓인 두 직선 도체에서 길이 1미터당 1천만분의 2뉴턴의 힘을 발생시키며 일정하게 흐르는 전류(1948년).
온도 temperature	kelvin	K	물의 삼중점 열역학적 온도의 273.16분의 1 (2005년).
물질량 amount of substance	mole	mol	결합하지 않고 정지한 바닥상태 탄소-12의 0.012kg에 들어있는 탄소 원자의 수만큼 모인 물질의 양(1980년).
광도 luminous intensity	candela	cd	어떤 방향에 대한 입체각당 복사강도가 683분의 1와트이고 초당 진동수가 540조인 단색광 광원의 이 방향에 대한 광도(1979년).

제4장

수학여행

교양과학 책에서는 되도록 수식을 쓰지 말아야 합니다. 영국의 유명한 물리학자 호킹(Stephen Hawking, 1942~)도 누군가 "수식이 하나씩 추가될 때마다 독자는 절반씩 줄어든다"고 귀띔을 해서 『시간의 역사A Brief History of Time』에 수식을 전혀 쓰지 않았다고 합니다. 단 하나 예외가 바로 $E = mc^2$이었습니다. 그는 책에서 이 식을 가끔 인용했지만 수식을 쓰지 않기로 했으므로 유도 과정까지 설명할 수는 없었습니다. 이 책은 $E = mc^2$의 유도과정을 보이고자 하므로 최소한의 수식을 써야 합니다. 다행히 별로 어렵지 않습니다. 여기서 설명하는 수학은 대략 고교 2학년 수준이지만 중학생도 따라갈 수 있도록 쉽게 풀어썼습니다. 기억이 가물가물한 일반인은 물론, 이 내용을 처음 접하는 사람이라도 큰 어려움 없이 읽을 수 있을 것입니다. 내용은 독자적으로 재구성했으므로 아는 사람도 복습 삼아 읽어보기를 권합니다.

1. 벡터

(1) 벡터의 기본 개념

강을 헤엄쳐서 건너려면 건너편 목표점을 향해 똑바로 헤엄쳐서는 안 됩니다. 강물이 흐르는 속도를 고려하여 목표점보다 조금 위를 향해 헤엄쳐야 합니다. 이런 예는 많습니다. 축구를 하면서 공을 멀리 차려고 할 때 바람이 옆에서 분다면 바람이 불어오는 쪽으로 약간 기울여 찹니다. 물건을 당겨서 옮기려는데 바닥이 기울어져 있으면 그만큼 반대쪽을 향해 당겨야 똑바로 움직입니다. 벡터의 개념은 사람은 물론 동물도 본능적으로 이해합니다. 새가 하늘을 날 때 바람이 불면 목표점으로 곧장 향하지 않고 몸을 바람이 부는 쪽으로 조금 기울여서 날아가지요. 벡터에 관한 수학은 이런 문제들을 다루기 위해 고안되었으며, 이를 배우면 그런 현상들을 정확히 이해하면서 올바로 처리할 수 있습니다.

스칼라와 벡터

스칼라scalar는 크기만 가진 물리량, 벡터vector는 크기와 방향을 가진 물리량을 가리킵니다. "Scalar"는 크기를 뜻하는 "scale"에서 유래한 말로, 길이, 넓이, 부피, 질량, 온도, 에너지, 일, 열량 등이 있습니다. 반면 벡터는 힘, 전기장, 자기장, 중력장 등입니다. "Vector"는 "운반하다"라는 뜻의 라틴어 "vehere"에서 유래했는데, 이는 "차량·열차·선박·비행기 등 운송 수단"을 총칭하는 "vehicle"의 어원이기도 합니다.

그런데 무엇을 나를 때는 "어디로?"라는 방향이 중요합니다. 그래서 "크기와 방향이 벡터의 2대 속성"입니다. 방향은 "화살이 놓인 상태", 크기는 "화살의 길이"로 나타내면 되므로 벡터의 직관적인 이해에는 화살이 제격입니다. 따라서 벡터에 대한 학습은 거의 "화살법*"으로 시작하지요. 한편 벡터를 수학적으로 다룰 때는 "성분법*"을 쓰는 게 편리한 때가 많습니다. 상황에 따라 화살법과 성분법을 상호보완적으로 이용하면 됩니다. 성분법이란 아래 그림처럼 벡터를 나타내는 화살의 시작점을 좌표계의 원점에 놓고 끝점의 성분을 표시하는 방법입니다.

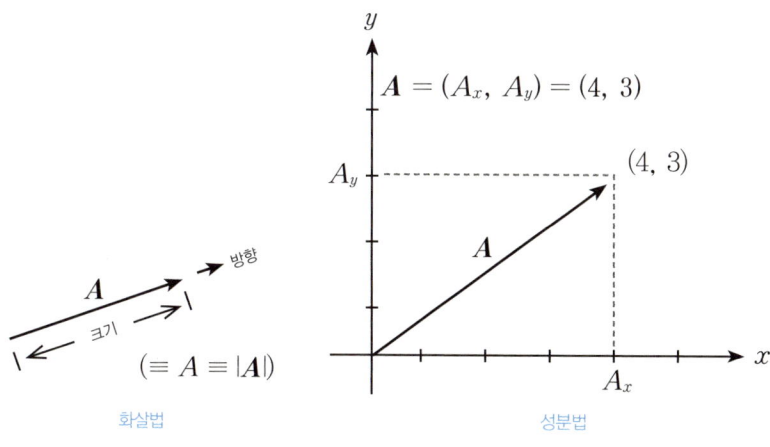

| 벡터를 나타내는 두 가지 방법

벡터의 표기

벡터는 $\vec{A}$와 $\vec{a}$처럼 문자 위에 화살표를 쓰거나 A와 a처럼 두꺼운 글씨체bold type로 나타냅니다. 옛날에는 화살표 방식을 더 많이 썼지만 오늘날에는 주로 두꺼운 글씨체로 표기합니다. 이 책에서도 두꺼운 글씨체로 표기하겠습니다. 벡터 A의 "크기"는 스칼라이므로 크기만 가리킬 때는 보통 글씨체로 "A"라고 쓰는데 "$|A|$"와 같이 나타내기도 합니다. 유의할 것은 벡터의 "성분"도 스칼라라는 점입니다. 따라서 위 그림의 성분법에서, 벡터 자체는 두꺼운 글씨체, 벡터의 성분은 보통 글씨체로 나타냈습니다.

(2) 벡터의 연산

스칼라에는 사칙연산이 있습니다. 스칼라와 마찬가지로 벡터도 수학적으로 사용하려면 필요한 연산들을 정의해야겠지요. 스칼라에서 쓰던 연산이 그대로 활용되면 좋을 것입니다. 하지만 벡터에는 나름의 특성이 있어서 100% 그대로 활용되지는 않고, 스칼라의 연산을 조금 변형하여 아래와 같이 정합니다.

벡터의 덧셈

화살법에 따르면 두 벡터의 덧셈은 아래 그림과 같이 두 벡터의 시작점을 일치시켜 평행사변형을 만들고, 그 대각선을 두 벡터의 합으로 정의하는데 이를 "평행사변형법"이라고 합니다. 평행사변형법에 대한 최초의 명확한 서술은 뉴턴의 『프린키피아』에 나옵니다. 그는 어떤 물체에 두 힘이 다른 방향으로 가해질 경우, 두 힘을 평행사변형의 두 변에 대응시키면 합력은 대각선으로 구해진다고 썼습니다. 이 방법은 직관적으로 명백합니다. 따라서 뉴턴이 처음 기술하기는 했지만 정확한 유래는 분명하지 않습니다. 또한 뉴턴은 실질적으로는 벡터를 다루었지만 그 개념을 정립한 것은 아니었습니다. "Vector"와 "Scalar"라는 이름은 19세기에 들어서야 쓰였고, 벡터에 대한 대략적 체계가 완성된 것은 20세기 초의 일입니다.

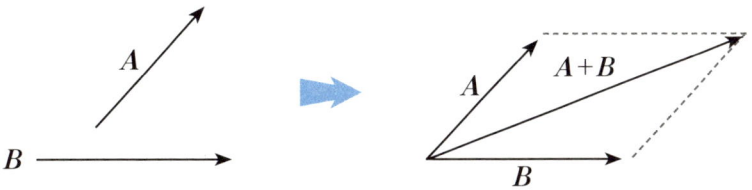

| 평행사변형법에 의한 두 벡터의 덧셈

벡터가 세 개 이상 있으면 먼저 두 개의 벡터를 더하고, 그 합에 다른 벡터를 더하는 과정을 반복하면 되는데, 최종적인 결과는 더하는 순서에 상관없이 일정합니다. 한편 성분법에 따르면 두 벡터의 덧셈은 "각 성분끼리의 합"으로 정의합니다.

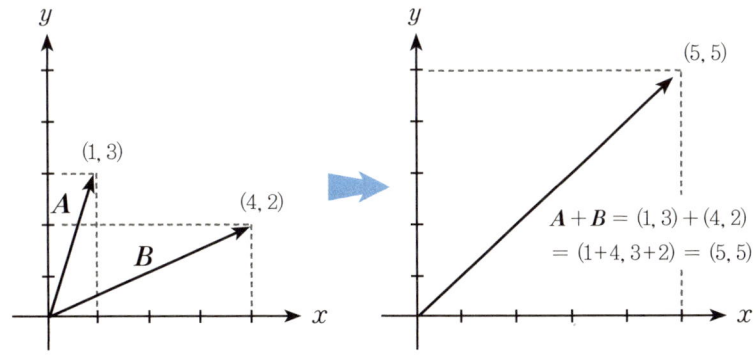

| 성분법에 의한 두 벡터의 덧셈

성분법을 식으로 나타내면 다음과 같습니다.

$$A + B \equiv (A_x + B_x,\ A_y + B_y)$$

평행사변형법은 직관적 이해에는 좋지만 계산하기에는 불편합니다. 반면 성분법은 계산하기 편하고, 셋 이상의 벡터를 더하기가 훨씬 간단하며, 덧셈의 결과가 더하는 순서에 상관없다는 점도 자연스럽게 이해됩니다. 따라서 수학적으로 자유롭게 다루는 데는 성분법이 더 좋습니다.

벡터의 뺄셈

벡터의 뺄셈은 "A에서 B를 뺀다는 것은 A에 $-B$를 더하는 것과 같다"는 점을 이용합니다. $-B$는 B와 크기는 같지만 방향이 반대인 벡터입니다. 따라서 화살법에 의하면 벡터의 뺄셈은 빼는 벡터를 반대 방향으로 배치하여 만든 평행사변형의 대각선이 됩니다.

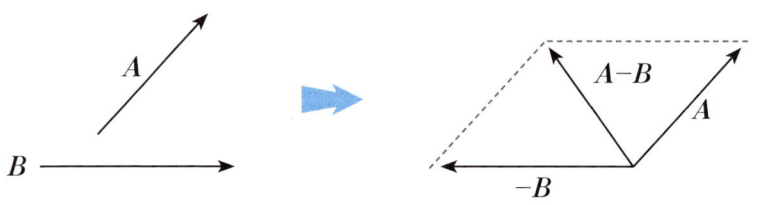

| 평행사변형법에 의한 두 벡터의 뺄셈

성분법을 써서 벡터의 덧셈과 뺄셈을 한꺼번에 나타내면 다음과 같습니다.

$$A \pm B \equiv (A_x \pm B_x,\ A_y \pm B_y)$$

벡터의 곱셈

스칼라는 곱셈이 하나밖에 없고, 구구단을 쓰면 모두 해결됩니다. 그러나 벡터는 상수곱·내적內積·외적外積·직적直積 등 여러 가지 곱셈이 있습니다. 이 책에서는 상수곱과 내적만 알면 충분합니다.

벡터의 상수곱

벡터의 상수곱은 벡터의 방향은 그대로 두고 크기만 변화시키는 것입니다. 곧 "벡터의 신축"이라고 할 수 있는데, 화살법으로 나타내면 아래와 같습니다.

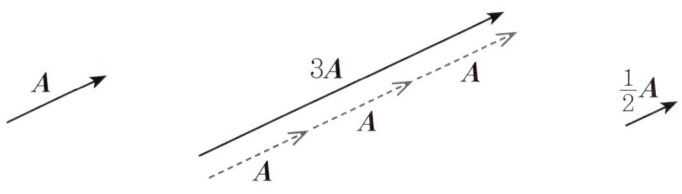

| 화살법으로 나타낸 벡터의 상수곱

성분법에 의하면 다음의 식으로 정의됩니다.

$$aA \equiv (aA_x,\ aA_y)$$

벡터의 내적

벡터의 상수곱은 별다른 기호가 필요 없습니다. 하지만 다른 곱셈들은 서로 구별할 필요가 있으며, 그중 내적은 점($\cdot$)으로 나타냅니다. 내적은 영어로 "inner product", 또는 점~dot~을 그 기호로 쓰기 때문에 "dot product"라고 합니다. 화살법에 의하면 벡터의 내적은 다음 식으로 정의됩니다.

$$A \cdot B \equiv |A||B|\cos\theta = AB\cos\theta$$

$|A|$와 $|B|$ 그리고 A와 B는 각각 벡터 A와 B의 "크기"를 나타내며, θ는 두 벡터가 이루는 각입니다. 따라서 벡터 내적의 정의 자체는 그다지 특별한 것도 어려운 점도 없습니다. 그렇다면 무엇 때문에 이런 것을 만들었을까요? 이에 대해서는 벡터 내적의 수많은 용도 가운데 "일"과 "직교 관계"를 통해 그 중요성을 파악하면 좋습니다. "직교 관계"란 "두 벡터가 직각으로 교차하는 관계"를 말합니다. 먼저 일에 대한 그래프부터 보는데, 혹시 코사인~cosine~의 정의가 궁금하다면 그 다음 그림을 참조하면 됩니다.

벡터의 내적은 두 벡터의 방향이 일치할 때($\theta = 0°$) 최대이고, 각이 벌어지면 그 값이 점차 줄어 서로 직각($\theta = 90°$)일 때 0이 됩니다. 직각을 넘어서면 음의 값으로 증가하여 정반대 방향($\theta = 180°$)일 때 음의 값으로 최대가 됩니다. 내적의 의미는 일과 연관시켜 이해하면 좋습니다. 두 벡터를 힘(F)과 이동(S)으로 놓은 뒤, $0 \leq \theta < 90°$이면 내적의 값이 양수이므로 일을 "한" 것(대상을 밀어낸 것)이고 $90° < \theta \leq 180°$이면 내적의 값이 음수이므로 일

을 "받은" 것(대상에 의해 밀려난 것)으로 풀이하면, 일의 개념과 잘 합치됩니다.

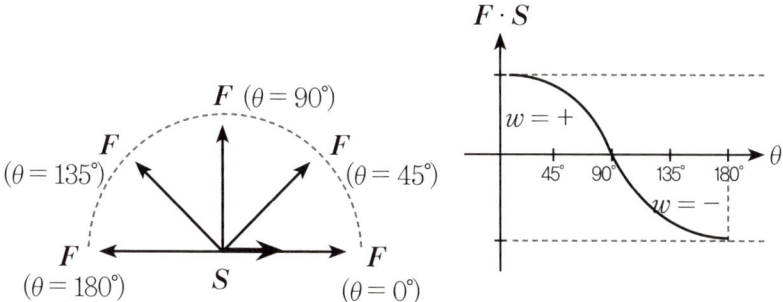

| 벡터의 내적에 대한 이해

$\cos\theta \equiv a/r$로 정의합니다. 여기서 r은 반지름, a는 반지름의 x축 성분, θ는 반지름과 x축 사이의 각을 나타냅니다. 이 정의에 따라 코사인 함수의 그래프를 그리면 오른쪽 그림과 같습니다.

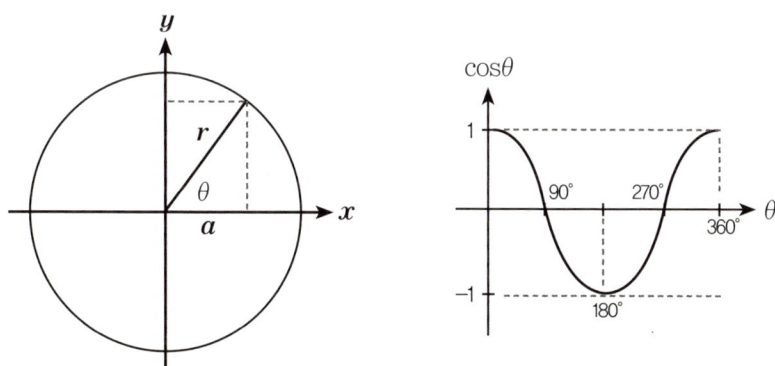

| 코사인의 정의와 그래프

그림에서 보듯 두 벡터가 직각을 이루면 내적은 0이 되는데, 이것이 바로 "직교 관계"의 특징입니다. 곧 직교 관계는 내적이 0이라는 사실로 판정할 수 있습니다. 직교 관계는 단순하지만 뜻밖에도 응용성이 매우 넓습니다. 하지만 이 책의 주제와는 별 관계가 없으므로 참고로만 알아두면 되겠습니다.

앞에서 왜 일의 정의를 그냥 $w \equiv FS$로 만족하지 않고 $w \equiv \boldsymbol{F} \cdot \boldsymbol{S} = FS\cos\theta$로 수정했을까요?" 이미 눈치 챈 사람도 있을 테지만, 아래 그림을 보면 그 이유를 확실히 이해할 수 있습니다. 먼저 왼쪽 그림을 보면 "$F\cos\theta$"는 "힘 F의 수평 방향 알짜 힘"입니다. "힘 F의 전체 크기 중 수평 방향으로 작용하는 크기"라는 뜻입니다. 오른쪽 그림처럼 수레를 끄는 힘의 방향이 수레가 나아가는 방향과 다르면 수레를 "실제로" 끄는 데 기여한 "알짜" 힘만 고려해야 하므로 일의 정의를 위와 같이 수정한 것입니다.

힘 F의 전체 크기 중 수레가 움직이는 수평 방향으로 기여한 "알짜 힘"의 크기는 $F\cos\theta$입니다. 이에 따라 일을 $w = F\cos\theta \times S = FS\cos\theta = \boldsymbol{F} \cdot \boldsymbol{S}$로 정의했습니다.

| 일을 벡터의 내적으로 정의한 이유

흥미롭게도 위 내용은 "내적"이라는 이름의 유래이기도 합니다. 표현을 조금 바꾸면 $F\cos\theta$는 "F의 S 방향 성분"이라고 할 수 있습니다. 조금 더 바꾸면 "S에 내포된 F의 부분"이라고 할 수 있으며, "내적"은 바로 이를 가리킵니다. F와 S가 서로 수직이면 직관적으로 "S에 내포된 F의 부분"이 0입니다. 내적의 식으로는 $F\cos\theta = 0$이므로 F와 S의 내적이 0, 곧 $F \cdot S = 0$이 됩니다.

지금까지 화살법에 따라 벡터의 내적을 살펴보았습니다. 성분법에 따르면 "벡터의 내적 ≡ 각 성분끼리의 곱의 합"으로 나타내지고, 식으로 쓰면 다음과 같습니다.

$$A \cdot B \equiv A_x B_x + A_y B_y$$

이 결과가 화살법으로 정의한 $AB\cos\theta$의 결과와 같다는 점은 조금 신기하게 느껴질 수도 있습니다. 증명도 어렵지 않지만 좀 딱딱하므로 생략하고, 내적 문제를 두 가지 방법으로 풀어 확인하는 것으로 대신하겠습니다.

[예제] $A = (1, 2)$, $B = (4, 2)$, 일 때, 두 벡터의 내적을 구하시오.
[풀이] 먼저 성분법에 의하면 $A \cdot B = 1 \cdot 4 + 2 \cdot 2 = 8$이 나옵니다.

화살법에 따라 계산하려면 두 벡터 사이의 각을 알아야 합니다. 피타고라스 정리Pythagorean theorem로 A와 B의 크기를 구하면 각각 $\sqrt{1^2 + 2^2} = \sqrt{5}$와 $\sqrt{4^2 + 2^2} = 2\sqrt{5}$입니다. 그리고 A와 y축 사이의 $\cos\theta = 2/\sqrt{5}$이므로 $\theta = \cos^{-1}(2/\sqrt{5}) = \cos^{-1}(0.89443) = 26.565°$입니다(인터넷

에서 "삼각함수표"를 검색하거나, 컴퓨터 또는 휴대용 계산기를 이용하여 구하면 됩니다). 그런데 삼각형의 닮음에 비춰보면 이 각은 B와 x축 사이의 각과 같습니다. 따라서 두 벡터 사이의 각은 $90 - 2 \cdot 26.565 = 36.87°$입니다. 이제 내적을 구하면 $A \cdot B = \sqrt{5} \times 2\sqrt{5} \times \cos 36.87° = 10 \times 0.8 = 8$이 됩니다. 이 문제는 성분법에 의한 계산이 간단합니다. 하지만 언제나 그런 것은 아니므로 상황에 따라 편한 방법을 사용하면 됩니다.

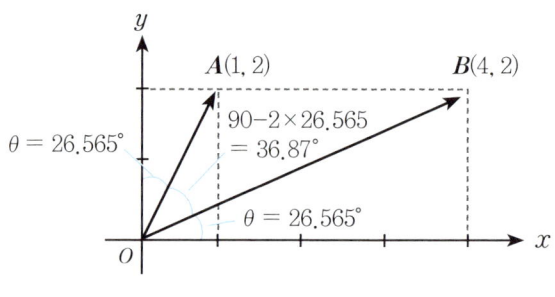

| 벡터의 내적을 화살법으로 구하기

벡터의 나눗셈

스칼라와 달리 벡터에는 나눗셈이 없습니다. 그런데 "벡터로 나누기"는 없지만 "상수로 나누기"는 가능합니다. "상수로 나누기"는 "벡터의 상수곱"에서 상수에 분수를 대입한 것에 불과하기 때문입니다.

- 벡터를 상수로 나누기 : $A \div a = A \times \dfrac{1}{a} = \left(\dfrac{A_x}{a}, \dfrac{A_y}{a} \right)$
- 벡터를 벡터로 나누기 : $\dfrac{A}{B}$: 이런 나눗셈은 없습니다.

요약

이해의 편의를 위하여 이상의 내용을 표로 요약했습니다.

벡터 연산	화살법	성분법
덧셈	두 벡터를 양변으로 하는 평행사변형의 대각선	성분끼리의 합
뺄셈	뺄 벡터를 반대 방향으로 놓아 만든 평행사변형의 대각선	성분끼리의 차
상수곱	방향은 그대로 두고 길이만 상수 배만큼 늘인다.	성분들의 상수 배
내적	두 벡터의 크기와 사잇각의 코사인 값을 곱한 값	성분끼리의 곱의 합
나눗셈	"상수로 나누기"는 역수를 곱하는 "상수곱"과 같다. "벡터로 나누기"라는 나눗셈은 없다.	

쉼터 "속도"와 "속력"

스칼라와 벡터의 예를 들면서 "속도"와 "속력"은 언급하지 않았습니다. 물리뿐 아니라 일상적으로도 기본적인 물리량이지만 분류에 문제가 있기 때문입니다. 현재 교육 과정에서 "속력"은 스칼라, "속도"는 벡터로 분류합니다. 그런데 이렇게 나누면 일상 어법과 모순됩니다. 교통 법규에 "속도위반"이란 게 있습니다. 제한속도가 80km/h인 도로를 100km/h가 넘게 달리면 속도위반으로 단속 대상이 됩니다. 그런데 이때 속도는 "얼마나 빠른가?"만 따질 뿐 "어디로 가는가?"는 따지지 않지요. 일상용어로는 속도를 스칼라로 보는 겁니다. 그런데 학교에서는 "속도는 벡터, 속력은 스칼라"라고 배웁니다. 이렇게 학술용어와 일상용어가 다를 때는 일상용어를 옳다고 봐야 합니다. 논리는 단순합니다. "속도"에 쓰인 "도"의 한자는 "度"인데, 온도·각도·밀도·농도·고도·강도·경도硬度·경도經度·위도緯度·순도·염기도·산성도·도수 등 이 글자가 들어간 많은 과학용어가 스칼라입니다. 사실 "度"는 단순히 어떤 "정도"나 "수준"을 나타낼 뿐 방향과는 전혀 무관한 용어이므로 스칼라를 나타내는 데 적절합니다. 반면 "속력"에 쓰인 "력"의 한자는 "力"인데, 이 글자가 들어간 중력·전기력·자기력 등은 벡터입니다. 무엇보다 "力"과 동의어인 "힘"이 바로 벡터입니다. 어감도 마찬가지입니다. 영어에서는 일상용어에 가

92

까운 "speed"는 스칼라, 전문용어에 가까운 "velocity"는 벡터입니다. 일상생활에서 "제한속도"를 "speed limit", "속도계"를 "speedometer"라고 합니다. 우리도 일상용어인 "속도"를 스칼라, 전문용어인 "속력"을 벡터로 써야 마땅합니다.

교과 과정도 수정해야 합니다. 속도라는 개념은 워낙 기본적이므로 초등학교부터 배우며, 이후 고교에서 벡터를 배울 때까지 "속도 = 거리 ÷ 시간"으로 생각합니다. 그러나 벡터를 배운 뒤에는 "자, 이때까지 본의 아니게 잘못 가르친 게 하나 있다. 속도는 실은 벡터이므로 이제까지 써온 속도란 말은 대부분 속력으로 불러야 옳다"며, 잘못 아닌 잘못을 자백해야 합니다. 이토록 기본적인 문제가 왜 아직 고쳐지지 않았는지 의문이 들 것입니다. 이 사례는 "심리적 관성"이라 할 "타성"이 얼마나 고집스러운지 잘 보여줍니다. 하지만 희망이 없지는 않습니다. 가끔 도로 표지판의 영문 표기가 잘못되었다면서 수정 작업을 하는데, 비용이 많이 들지만 꾸준히 고쳐가더군요. 훨씬 중요하고도 간단한 속도와 속력을 바꾸는 일에도 그런 노력을 하면 됩니다. 교재를 펴내는 출판사들과 협력하면 적은 비용으로 어렵지 않게 고칠 수 있습니다. 얼마간 혼란은 있겠지만 순리로 가는 것이므로 곧 안정될 것이며, 그 정도 혼란은 어이없는 관행을 방치하면서 계속 겪어야 할 정신적 수난에 비하면 미미한 손해에 불과합니다.

2. 미분

> 미적분의 정립은 인류 역사상 가장 위대한 지적 성취 중 하나이다. 그리고 20세기 초의 약 30년 동안 물리학에서 이루어진 미적분의 활용은 수학사상 가장 중요한 응용일 것이다.
> — 미국 수학교사협의회

> 상식과 달리 미적분은 이른바 고등수학의 절정이 아니라 시작이다.
> — 모리스 클라인(Morris Kline, 1908~1992)

뉴턴이 최고의 수학자로도 꼽히는 이유는 미적분calculus을 처음 개발한 업적에 있다고 했습니다. 미적분을 이해한다는 것은 인생 최고의 지적 축복입니다. 미적분을 맛보지 못한다면 다른 면에서 아무리 행복해도 궁극적으로는 불행한 사람에 지나지 않습니다. 그런데 미적분의 실마리는 지극히 소박합니다. 흔히 "미적분은 어렵다", "그 어려운 것을 배운들 어디에 써먹나?" "잘난 수학자들의 지적 유희일 뿐이다"라고 하지만 이는 크나큰 오해입니다. 미적분은 골치 아프고 해괴한 공식의 모임이 아닙니다. 우주의 본질인 "변화change"라는 관념을 절묘하게 포착하고 그 전모를 논리적으로 체계화하여 우주에 대한 인간의 시각을 혁신한 위대한 사상체계입니다. "사상체계"라는 표현이 좀 생경하게 들릴지 모르겠습니다. '사상'은 대개 인문학적 관념체계를 뜻하는 말로 쓰이니까요. 하지만 수론·함수론·원자론·진화론·양자론·상대론 등 자연과학의 이론도 그 맥락이 우주의 심오한 내면에 이르는 것들은 사상이라 부르기에 부족함이 없습니다. 미적분은 여러 자연과학 이론들의 초석을 이루기에 더욱 그러합니다. 이 절과 다음 절에서 미적분의 가장 기초적인 사항들을 이야기합니다. 어렵지 않고 매우 소박하지만 이 정도로도 미적분의 참맛을 만끽할 수 있습니다. 내용을 이해한 후, 문제들은 반드시 직접 풀어 확실히 정복하기 바랍니다.

(1) 미분의 기본 개념

미분의 본질은 변화율

"미분적분학微分積分學"은 "미분학"과 "적분학"을 합한 말로, 줄여서 "미적분학" 또는 "미적분"이라고 합니다. 뉴턴과 라이프니츠가 각각 독립적으로 개발해서 모두 그 창시자로 인정받습니다. 미적분을 수학 역사상 최대의 업적으로 꼽는 사람이 많을 정도로 수학과 과학 전반에 걸친 영향력이 심대합니다. 미분differentiation과 적분integration은 서로 역산 관계입니다. 역산 관계란 "덧셈과 뺄셈" 또는 "곱셈과 나눗셈"처럼 어떤 계산을 한 결과에 다른 계산을 하면 처음으로 돌아오는 관계를 말합니다. 미분과 적분의 대상은 함수인데, 어떤 함수를 미분했다가 적분하거나, 적분했다가 미분하면 본래 함수가 나옵니다.

　미분의 독특한 중요성은 "변화율"이라는 정보를 알려준다는 것입니다. 이 정보가 중요한 이유는 세상에서 진정으로 정지한 현상은 없고 모든 게 끊임없이 변화하기 때문입니다. "아니, 왜 변하지 않는 게 없어? 예를 들어 삼각형의 내각의 합이 180도라는 법칙은 아무리 오랜 세월이 흘러도 변치 않는데?"라고 할 수 있습니다. 그러나 "삼각형"이나 "법칙"은 "현실의 실체"가 아닙니다. "현실의 삼각형"은 "삼각형 모양을 한 물체"이지 "삼각형 자체"가 아닙니다. "현실적 실체로서의 물체"는 단 하나의 예외도 없이 모두 변화합니다. "법칙"이 실체가 아니라는 점은 더 이해하기 쉽습니다. 그러고 보면 "만물은 추상적인 불변의 법칙들 속에서, 또는 그런 법칙들을 둘러싸고 끊임없이 변한다"고도 할 수 있습니다. 그런데 바로 이 변화에 대한 정보를 미분이 알려준다고 하니 중요할 수밖에 없지 않은가요!

정역학과 동역학

　다보탑을 세운다고 생각해봅시다. 세월이 흐르면서 많은 변화를 겪겠지만 짧은 시간 동안은 변하지 않는다고 여길 수 있습니다. 이 상황에서 각 부분이 어떤 힘을 받으며, 어떻게 하면 그 힘을 버텨내면서 구조를 유지할 수 있는지 미리 알아야 합니다. 이처럼 어떤 물체가 정지해 있다고 가정하고 그 역학적 관계를 밝히는 학문을 정역학 statics 이라고 합니다. 이제 마차를 제작한다고 생각해봅시다. 마차의 목적은 움직이는 것이므로 움직일 때 미치는 여러 힘을 알아내고 그에 맞추어 구조를 설계해야 합니다. 이처럼 어떤 물체가 움직이는 상황을 분석하면서 그 역학적 관계를 밝히는 학문을 동역학dynamics이라고 합니다.

앞서 벡터의 "크기"를 계산하는 데 썼던 피타고라스정리를 생각해봅시다. 기하 전체를 통틀어 가장 유명하고 중요한 정리로, 그 용도도 매우 넓습니다. 이에 따르면 직각삼각형의 세 변 사이에는 $a^2 + b^2 = c^2$이라는 관계가 성립합니다. 그런데 이 관계는 정지한 삼각형에 대한 관계, 곧 정역학적 관계입니다. 피타고라스의 생존 연대는 대략 BC 570~495년으로 여겨집니다. 과학이 17세기 들어 제대로 출발한 데 비해 수학의 역사는 아주 오래된 것입니다. 과학의 출발이 늦어진 이유 중 하나는 바로 동역학적 관계의 발견이 늦었다는 데 있습니다. 이 동역학적 관계의 핵심이 바로 고전역학의 토대인 운동법칙입니다.

미적분의 유래도 아득한 고대로 거슬러 올라갑니다. 아르키메데스가 3대 수학자 가운데 한 사람으로 꼽히는 것도 미적분의 원형이라 할 이론을 내놓았기 때문입니다. 하지만 그 이론은 대부분 도형의 넓이나 부피 등 정역학적 관계에 적용되었습니다. 동역학적 관계를 다룰 이론이 아직 나타나지 않았던 거지요. 미적분이 뉴턴에 의해 정식으로 개발되고 꽃피운 것은 논리적 필연입니다. 운동법칙을 발견한 뒤 제대로 활용하려면 미적분의 사용이 필수적이었기 때문입니다. 운동이란 바로 "위치의 변화"입니다. 따라서 변화율을 따지는 수학적 도구의 개발이 병행되어야 했던 것입니다. 편의상 구분했지만 정역학과 동역학은 모두 "역학mechanics"이며, 내용도 긴밀히 얽혀 있습니다. 과학의 진정한 출발점은 관성법칙과 낙하법칙 등을 과학적으로 연구한 갈릴레오로부터 촉발된 "운동이라는 변화에 대한 동역학적 연구"라는 사실을 분명히 새기고 넘어갑시다.

"변화"의 수학적 표현

미분의 본질이 "변화율"이라 했는데 이를 이해하려면 "변화"가 무엇인지 알아야 합니다. 변화는 "처음과 나중 사이에 차이가 있다"는 말입니다. 의미는 단순하지만 그 차이를 어떻게 나타낼 것인가가 중요합니다. 수학에서는 차이를 항상 "나중에서 처음을 뺀 것"으로 나타냅니다.

차 差 difference : $\Delta x \equiv x_f - x_i$

이 식은 참으로 간결합니다. 이 간결한 정의로 변화라는 심오한 개념을 포섭할 수 있다는 사실은 생각할수록 놀랍습니다. 그러나 그 의미를 진정으로 음미하려면 미적분에 대한 이해가 병행돼야 하므로 뒤로 미루고 몇 가지만 짚고 넘어가겠습니다.

첫째, 수학이나 과학에서는 "변화 = 변화량 = 차이 = 차"로 여기는데, 주로 "차"라는 용어를 씁니다. 물론 상황에 따라 용어가 달라지기도 하지만 본질적으로는 모두 같은 개념입니다.

둘째, 원칙적으로 "차"는 "처음 – 나중"과 "나중 – 처음"의 두 가지로 정의할 수 있습니다. 처음에 누군가가 후자로 정의했고, 이것이 고착되어 쓰일 뿐 다른 이유는 없습니다. "전류의 방향"이나 "우측통행"의 문제와 마찬가지입니다.

셋째, Δ는 그리스 문자로 델타 delta 라고 읽습니다. 발음에서 알 수 있듯이 "차"라는 뜻의 영어 "difference"에서 유래했는데 D나 d를 쓰지 않은 이유는 수학의 다른 곳에서 D와 d가 이미 쓰이기 때문입니다. 한편 아래첨자로 쓰인 f와 i는 각각 final 나중의 과 initial 처음의 에서 따왔습니다.

"변화율"의 수학적 표현

> 수학의 무대는 집합이고 주인공은 함수이다. — 고중숙

이제 "변화율"을 정의할 차례입니다. "변화"는 하나의 대상이 변한 것을 나타내지만 "변화율"은 "변화들의 비율"을 말하므로 두 가지 대상이 필요합니다. 여기서 수학의 주인공 격인 "함수函數 function"라는 개념이 나옵니다. 간단히 말하면 "함수는 독립변수와 종속변수 사이의 단가대응 單價對應 관계"입니다. 변화율은 "두 변화 사이의 비율"인데, 함수는 "두 변수 사이의 관계"입니다. 따라서 "변화율 ≡ 종속변수의 변화 ÷ 독립변수의 변화"라는 정의가 자연스럽게 떠오릅니다. 수식으로 표현하면 다음과 같습니다.

$$변화율 \equiv \frac{\Delta y}{\Delta x}$$

극한과 미분

"변화율"까지 알았으니 미분의 개념까지는 마지막 한 고비가 남았습니다. 바로 극한limit입니다. 극한이란 개념의 필요성은 변화율의 식을 다음 그림과 비교해보면 이해할 수 있습니다. 먼저 왼쪽 그림을 보면 Δx와 이에 대응하는 Δy의 간격이 상당히 큽니다. 이때는 변화율을 얻는 데 별 어려움이 없으며 흔히 "평균변화율"이라고 합니다. 그림에서 보듯 구간의 첫 부분과 나중 부분의 변화율이 다르지만 $\Delta y / \Delta x$로 구한 결과는 구간 전체의 평균에 해당하기 때문입니다. 평균변화율은 계산하기 쉽지만

각 부분의 변화율을 정확히 반영하지 못합니다. 미세하고 정확한 변화율을 알려면 오른쪽 그림처럼 변화율 식의 분모와 분자를 점점 줄여야 합니다. 그런데 이 과정에는 한계가 있습니다. 수학에 "0으로 나누기"라는 계산은 없으므로(흔히 이를 $x/0$로 쓰고 "불능"이라고 합니다) Δx를 완전히 0으로 만들어서는 안 되기 때문입니다.

그러므로 "어떤 값에 일치하지는 않지만 한없이 가까이 다가가는 과정"을 상정해야 합니다. 이것이 바로 "극한" 또는 "극한 과정"의 개념입니다. 극한 과정을 통해 얻은 변화율을 "순간변화율"이라고 하는데, 이 순간변화율이 바로 "미분"입니다. 미분이란 말 자체가 "미소한微 부분들 사이의 나누기分"라는 뜻입니다. 다만 "직접 나누는" 게 아니라 "비율의 극한을 찾는" 것이라는 점에 유의하기 바랍니다.

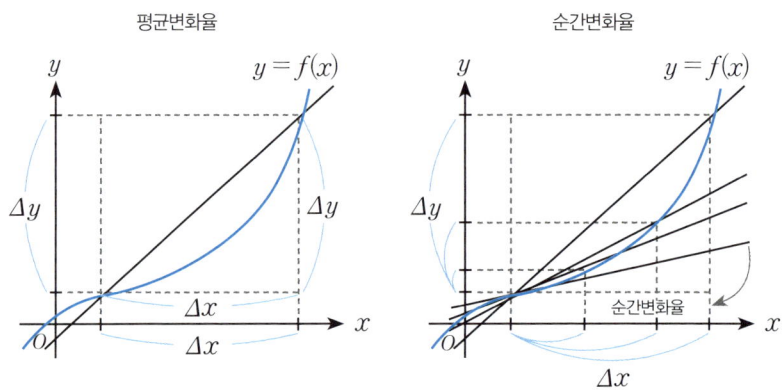

| 평균변화율과 순간변화율

(2) 미분의 의미

미분의 수학적 표현

"미분은 순간변화율"로 정의했는데, 이를 수학적으로 표현하고 이해하기 위해 예제를 하나 풀어보겠습니다. 미분의 수학적 표현에서 극한 과정은 "한계"라는 뜻을 가진 "limit"의 첫 세 글자를 따서 $\lim_{x \to a}$와 같이 나타내고, "limit x to a"라고 읽으며 "x가 a에 무한히 다가설 때"라고 이해합니다. 함수는 보통 $f(x)$로 쓰고 $x = a$에서의 미분을 $f'(a)$나 $\dfrac{dy}{dx}$로 나타내면 식은 다음과 같습니다.

$$f'(a) \equiv \frac{dy}{dx} \equiv \lim_{\Delta x \to 0} \frac{\Delta y}{\Delta x} \equiv \lim_{\Delta x \to 0} \frac{f(a + \Delta x) - f(a)}{\Delta x}$$

Δx의 Δ는 대문자이고 dx와 dy의 d는 소문자라는 점에서 대략 Δ와 d를 각각 "거시적 변화"와 "미시적 변화(또는 미소 변화)"를 나타내는 기호로 삼았다고 보면 됩니다. 앞서 "차"를 설명할 때 "d"가 다른 곳에 이미 쓰인다는 말은 이것을 가리킵니다.

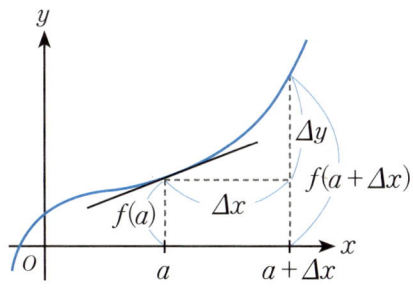

| $x = a$에서의 미분값

미분의 4가지 표기법

미분을 $f'(a)$와 dy/dx로 나타낸 것은 각각 라그랑주와 라이프니츠의 표기법입니다. $f'(a)$를 "에프 다시dash 에이"라고 읽는 사람이 많은데 "에프 프라임prime 에이"라고 읽어야 옳습니다. 대쉬는 빼기 기호인 "−"보다 두 배쯤 길게 "—"라고 씁니다. 뉴턴은 미분을 $\dot{y}$와 같이 점을 찍어 나타냈습니다. 오늘날 이 기호는 독립변수가 시간인 경우, 곧 "시간에 대한 미분"에 주로 사용합니다. 스위스의 수학자 오일러는 Df라는 기호를 개발했는데, 이 표기법은 미분방정식differential equation을 푸는 데 아주 유용합니다. 앞서 "차"를 설명할 때 "D"가 다른 곳에 이미 쓰인다는 말은 이것을 가리킵니다. 이 책에서는 라그랑주와 라이프니츠의 표기법만 쓰기로 합니다.

[예제] $f(x) = x^3$일 때 $x = 2$에서의 미분을 구하시오.

[풀이] 위의 식에 주어진 함수와 $a = 2$를 대입하여 계산합니다. 정의에 따라 쓰면 다음과 같습니다.

$$f'(2) = \lim_{\Delta x \to 0} \frac{f(2 + \Delta x) - f(2)}{\Delta x} = \lim_{\Delta x \to 0} \frac{(2 + \Delta x)^3 - 2^3}{\Delta x}$$

분자를 전개하면 다음과 같습니다.

$$f'(2) = \lim_{\Delta x \to 0} \frac{2^3 + 3 \cdot 2^2 \cdot \Delta x + 3 \cdot 2 \cdot (\Delta x)^2 + (\Delta x)^3 - 2^3}{\Delta x}$$

분자에서 맨 앞의 2^3과 맨 끝의 -2^3은 상쇄되어 사라지고 다음만 남습니다.

$$f'(2) = \lim_{\Delta x \to 0} \frac{3 \cdot 2^2 \cdot \Delta x + 3 \cdot 2 \cdot (\Delta x)^2 + (\Delta x)^3}{\Delta x}$$

분자를 Δx로 묶고, Δx로 분모와 분자를 약분하면 아래와 같습니다.

$$\begin{aligned} f'(2) &= \lim_{\Delta x \to 0} \frac{\Delta x \{3 \cdot 2^2 + 3 \cdot 2 \cdot (\Delta x) + (\Delta x)^2\}}{\Delta x} \\ &= \lim_{\Delta x \to 0} \{3 \cdot 2^2 + 3 \cdot 2 \cdot \Delta x + (\Delta x)^2\} \end{aligned}$$

이제 미분의 핵심 단계인 $\Delta x \to 0$이라는 극한을 취하면 위 마지막 식의 괄호 안에 있는 둘째와 셋째 항은 사실상 0이 되므로 아래와 같이 처리하여 답을 얻습니다.

$$f'(2) = 3 \cdot 2^2 + 3 \cdot 2 \cdot 0 + 0^2 = 3 \cdot 2^2 = 12.$$

미분의 첫 예제를 풀어본 감상이 어떤가요? 생각보다 쉽지 않은가요? 다시 강조하지만 미분의 기본은 결코 어렵지 않습니다. 위 문제는 숙달되면 다음과 같이 간결하게 일사천리로 풀 수 있습니다.

$$\begin{aligned} f'(2) &= \lim_{\Delta x \to 0} \frac{f(2 + \Delta x) - f(2)}{\Delta x} \\ &= \lim_{\Delta x \to 0} \frac{(2 + \Delta x)^3 - 2^3}{\Delta x} \\ &= \lim_{\Delta x \to 0} \frac{2^3 + 3 \cdot 2^2 \cdot \Delta x + 3 \cdot 2 \cdot (\Delta x)^2 + (\Delta x)^3 - 2^3}{\Delta x} \\ &= \lim_{\Delta x \to 0} \{3 \cdot 2^2 + 3 \cdot 2 \cdot \Delta x + (\Delta x)^2\} \\ &= 3 \cdot 2^2 = 12. \end{aligned}$$

미분과 도함수

위 예제에서는 처음부터 $a = 2$를 대입하여 구했습니다. 하지만 다음과 같이 식부터 먼저 계산한 다음 수는 맨 나중에 대입하는 방법도 있습니다. 이렇게 하려면 미분의 정의 식을 다음과 같이 쓰면 됩니다.

$$f'(x) \equiv \lim_{\Delta x \to 0} \frac{\Delta y}{\Delta x} \equiv \lim_{\Delta x \to 0} \frac{f(x + \Delta x) - f(x)}{\Delta x}$$

이 식은 x에 어떤 수를 대입하기 전까지는 함수의 형태입니다. 이 함수를 "본래의 함수에서 도출된 새로운 함수"라는 뜻에서 "도함수 導函數 derivative"라고 합니다. 보통 "미분한다"고 하면 "어떤 함수를 미분해서 최종적인 값을 구한다"라는 뜻도 있지만 "도함수를 구한다"라는 뜻도 있습니다. 어떤 뜻인지는 상황과 문맥에 따라 구별하면 됩니다. 도함수의 의미를 확실히 이해하기 위해 위의 예제에서 ㉮도함수를 먼저 구하고 ㉯마지막 단계에서 수를 대입하는 방식으로 다시 풀어보겠습니다.

[예제] $f(x) = x^3$일 때 $x = 2$에서의 미분을 구하시오.

[풀이] 먼저 도함수를 구하면 다음과 같습니다.

$$\begin{aligned} f'(x) &= \lim_{\Delta x \to 0} \frac{f(x + \Delta x) - f(x)}{\Delta x} \\ &= \lim_{\Delta x \to 0} \frac{(x + \Delta x)^3 - x^3}{\Delta x} \\ &= \lim_{\Delta x \to 0} \frac{x^3 + 3 \cdot x^2 \cdot \Delta x + 3 \cdot x \cdot (\Delta x)^2 + (\Delta x)^3 - x^3}{\Delta x} \\ &= \lim_{\Delta x \to 0} \{3 \cdot x^2 + 3 \cdot x \cdot \Delta x + (\Delta x)^2\} \\ &= 3x^2. \end{aligned}$$

곧 $f(x) = x^3$라는 함수의 도함수는 $f'(x) = 3x^2$입니다. 이 도함수에 $x = 2$를 대입하면 "$x = 2$에서의 미분값"으로 12를 얻습니다.

도함수를 먼저 구하고 수를 대입하는 두 단계를 거치므로 번잡해 보이지만 실제로는 대부분 이 방법을 씁니다. 여러 가지 함수에 대한 도함수가 공식화되어 있어 일일이 구하지 않아도 간편하게 계산할 수 있기 때문입니다. 한 예로 $f(x) = x^n$인 경우 그 도함수는 $f'(x) = nx^{n-1}$로 공식화되어 있습니다. 위 문제에서는 x^3에 이 공식을 적용하여 $3x^2$을 얻고, $x = 2$를 대입하면 바로 12라는 값을 얻을 수 있습니다.

미분의 기하적 의미

이제 미분의 의미를 생각해보겠습니다. 결론부터 말하면 미분의 "기하적 의미"는 "접선의 기울기"입니다. 다음 그림을 보면 쉽게 이해할 수 있습니다. "기하적 의미"란 쉽게 말해 "그림을 통한 이해"라는 뜻입니다. 미분의 기하적 의미는 아래 그림을 머릿속에 넣어 두면 쉽게 잊히지 않을 것입니다. 그림 · 그래프 · 표 등을 이용한 시각적 이해와 암기는 매우 유용합니다. 시각적으로 기억된 것은 쉽사리 잊히지 않기 때문입니다. 아인슈타인도 모든 문제를 가능한 시각적으로 파악하려고 많은 노력을 기울였습니다. 그의 최대 업적이라고 할 일반상대성이론은 우주의 시공을 기하적으로 탐구해 낸 걸작품입니다.

그림에서 Δx가 큰 경우 $f(x)$와 $f(x + \Delta x)$를 잇는 직선은 함수의 곡선 부분을 가르고 지나가므로 할선割線 secant이라고 합니다. 그러나 Δx가 점점 작아져 0에 접근하면 할선은 결국 접선接線 tangent이 됩니다. 할선이든 접선이든 $\Delta y/\Delta x$는 그 직선의 기울기를 나타냅니다. 하지만 접선의 경우 순간변화율로 미분에 해당합니다. 따라서 미분의 기하적 의미는 함수상 한 점에서 접선의 기울기입니다.

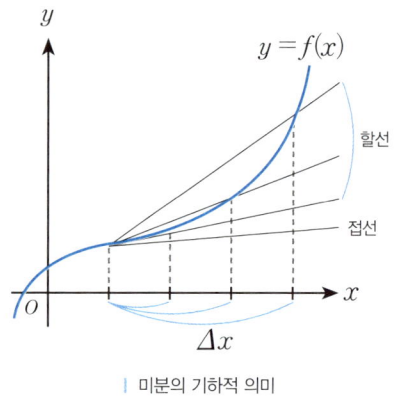

| 미분의 기하적 의미

미분이 "접선의 기울기"를 뜻한다면 함수의 (뾰족하지 않고 매끄러운) "극대와 극소에서는 미분이 0"이라는 사실을 금방 알 수 있습니다. 이 간단한 사실은 미분의 응용에서 가장 중요하고 널리 쓰이는 성질입니다. 극대極大는 다음 그림에서 보듯 x가 증가함에 따라 함수값이 증가하다가 감소하는 곳($x = a, c$)이며, 반대로 극소極小는 감소하다가 증가하는 곳($x = b, d$)을 가리킵니다. 극대와 극소의 접선은 수평선이므로 기울기는 0입니다. "극대 · 극소"의 사전적 의미는 "극히 큰 것, 극히 작은 것"이지만, 수학에서 "극대 · 극소"라 할 때 "극"은 "극한 과정"의 "극"을 뜻합니다. 즉, 극대[소]점의 왼쪽에서는 x가 증가[감소]하면서 함수도 계속 증가[감소]하지만, 결국 $x = a, c [x = b, d]$를 지나면서 $f(a)[f(b)]$라는 극한값을 초과하지[밑돌지] 못하고 다시 감소[증가]하게 되므로 $x = a, c [x = b, d]$에

서 함수값을 극대[극소]라고 부릅니다.

한편 $x=e$와 $x=f$의 함수값도 각각 극대와 극소입니다. 하지만 이처럼 뾰족한 곳의 접선은 그림에 보듯 하나가 아니라 무수히 그을 수 있으며, 이런 경우 그 점에서 "미분이 존재하지 않는다"라고 합니다. 이런 곳이 극대 또는 극소인지를 판정하는 데는 미분이 아닌 다른 방법을 써야 합니다. 다행히 실질적으로 중요한 거의 모든 문제에서 극대·극소는 미분이 존재합니다.

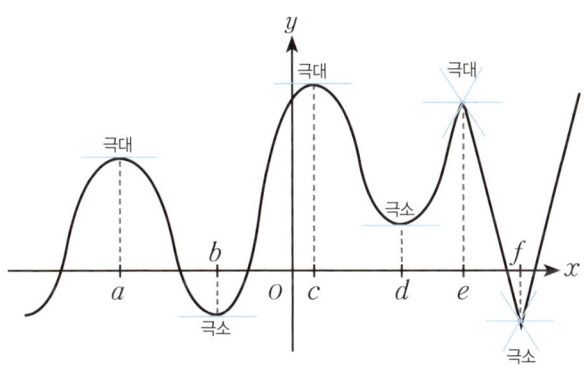

| 극대와 극소에서의 미분

미분의 해석적 의미

해석적 의미란 어떤 개념을 말로 적절히 풀이하는 것입니다. 시각적 이해는 중요하지만 모든 게 시각적으로 이해되는 것은 아닙니다. 상황에 따라서는 해석적 의미도 잘 활용해야 합니다. 미분의 해석적 의미는 "순간변화율"입니다. 순간이란 물론 Δx가 거의 0인 상황, 곧 $\Delta x \to 0$인 상황입니다. 일상적으로 순간이라 하면 "극히 짧은 시간"을 가리키지만, 여기서 Δx는 꼭 시간에 한정되는 게 아닙니다. 즉, 미분의 해석적 의미를 "미소微小변화율"이라고 할 수도 있습니다. 일반적으로는 최초의 출발점으로 돌아가 "두 변화 사이의 비율", 곧 "모든 변화율"을 미분의 가장 본질적인 의미로 파악해야 합니다. 따라서 전체적으로 "모든 변화율"과 "순간변화율"을 포괄하면서 세상을 조망하는 관점이 바로 미분이라고 하겠습니다.

"현상의 순간변화율"이라는 미분의 해석적 의미를 구체적인 예를 통해 살펴봅시다. 대표적인 예로 속도를 들 수 있습니다. "속도 ≡ 거리÷시간"이라는 정의에서 보듯, 속도는 "비율"에 속하며, 특히 "㉮시간에 대한 거리의 순간변화율"이므로, 미분의 개념이 적용된 사례입니다. 한편 앞에서 "속도의 시간적 변화가 가속"이고 "운동량의 시간적 변화는 힘"이라고 했습니다. 그래서 "가속 = 속도÷시간"이라고 쓰기도 했지요. 이것들은 "㉯가속은 속도의 순간변화율"이고 "㉰힘은 운동량의 순간변화율"이라고 고치면 더 정확하게 이해할 수 있습니다. 곧 속도와 가속과 힘의 정의는 모두 아래와 같은 미분식들로 나타내면 더욱 좋습니다.

$$㉮\ v \equiv \frac{ds}{dt}, \quad ㉯\ a \equiv \frac{dv}{dt}, \quad ㉰\ F \equiv \frac{dP}{dt}.$$

(3) 미분표

미분을 구할 때 도함수를 이용하는 편이 간편하며, 여러 함수의 도함수가 공식화되어 있다고 했습니다. 이렇게 정리한 표를 "미분표 table of derivatives"라고 하는데, 인터넷에서 쉽게 구할 수 있습니다. 몇 가지 기본적인 것들을 정리했으므로 잘 익혀두기 바랍니다.

함수	도함수
① $y = x^n$	$y' = nx^{n-1}$
② $y = a$	$y' = 0$
③ $y = \sin x$	$y' = \cos x$
④ $y = \cos x$	$y' = -\sin x$
⑤ $y = e^x$	$y' = e^x$
⑥ $y = fg$	$y' = f'g + fg'$
⑦ $y = af$	$y' = af'$

① 은 n이 자연수일 때는 물론 소수나 음수나 0일 때도 성립합니다.

② 는 "상수의 미분은 0"이라는 뜻입니다. $y = a$라는 상수의 그래프는 x축에 평행한 수평선이고, 수평선은 기울기가 0이란 점에서 쉽게 알 수 있습니다. 다른 방식으로 $y = a$는 $y = ax^0$로 쓸 수 있는데, 여기에 ①을 적용하면 $y' = 0x^{-1}$이므로 0이 된다고 설명할 수도 있습니다.

③ 과 ④의 사인함수와 코사인함수는 이처럼 서로 바뀌면서 무한히 미분할 수 있다는 점에서 아주 편리합니다. 코사인함수를 미분할 때는 부호의 변화가 동반된다는 점을 유의하기 바랍니다.

⑤ 는 "본래 함수와 도함수가 같은 함수"라는 점에서 특이한데, 바로 이 점 때문에 모든 함수 가운데 응용 범위가 가장 넓습니다. e는 "오일러수 Euler's number"라는 무리수로 그 값은 2.718281828459045……로 무한히 계속됩니다(어림값은 2.7 뒤에 1828이 2번 되풀이된다고 외우면 쉽습니다).

⑥ 은 "함수곱의 미분"이며 아래에서 살펴봅니다.

⑦ 은 "상수곱의 미분"이며 역시 아래에서 살펴봅니다.

이 밖에도 많은 공식이 있습니다. 중고교와 대학에서 접하는 거의 모든 함수의 도함수가 공식화되어 있으므로 학자나 연구자가 아니라면 도함수를 정의로부터 직접 유도하는 경우는 사실상 없습니다. 이런 공식들이 어떻게 유도되는지에 대한 궁금증도 덜고, 나중에 쓰일 공식을 미리 알아두는 것도 좋을 것으로 생각되어, "함수곱의 미분"을 도함수의 정의에서 직접 유도해보겠습니다("상수곱의 미분"도 이로부터 나옵니다). 조금 번잡할 뿐 어려운 것은 없으므로 연습 삼아 한 번씩 해보기 바랍니다.

(4) 함수곱의 미분

함수곱과 상수곱*

"함수곱"은 "함수에 함수가 곱해진 함수"를 말합니다. 이에 대한 미분은 다음과 같습니다.

함수곱의 미분 : $y = f(x)g(x)$이면
$$y' = f'(x)g(x) + f(x)g'(x)$$

말로 옮기면 "한 함수는 그대로 둔 채 다른 함수만 미분하고, 이어서 반

---

* '함수곱'은 '곱함수'라고도 합니다. '함수곱'으로 쓴 까닭은 '상수곱'과 어울리게 하려는 것입니다. '함수곱'은 '곱함수'로 불러도 차이가 없지만, '상수곱'은 '곱상수'로 부르면 의미가 다르게 느껴지므로 '함수곱과 상수곱'으로 통일했습니다(85쪽에서는 '상수곱'을 '상수와 벡터의 곱'이란 뜻으로도 썼습니다). 나중에 '합성함수'의 미분도 배우는데, 이때는 '합성함수와 곱함수'라고 하는 게 더 낫습니다. 이 책에서는 '함수곱'을 쓰지만 일반적으로는 '곱함수'라고 불러도 무방합니다.

대로 한 다음, 그 둘을 합한다"가 됩니다. 더 간단히 쓰면 다음과 같으며, 실제로는 이렇게 외우는 게 편합니다.

함수곱의 미분 : $y = fg$이면 $y' = (fg)' = f'g + fg'$

이 공식에 따르면 "상수와 함수의 곱"을 뜻하는 "상수곱", 곧 $y = af(x)$인 경우의 미분은 a라는 상수를 함수로 볼 경우 $y' = (a)'f(x) + af'(x)$가 됩니다. 그런데 상수의 미분은 0이므로 첫째 항은 0이고, 따라서 $y' = af'(x)$가 됩니다. 곧 "상수곱"의 미분은 상수는 그대로 두고 함수만 미분하면 됩니다.

상수곱의 미분 : $y = af$이면 $y' = af'$

함수곱 미분 공식의 유도

도함수의 정의 $y'(x) \equiv \lim_{\Delta x \to 0} \frac{\Delta y}{\Delta x} \equiv \lim_{\Delta x \to 0} \frac{y(x + \Delta x) - y(x)}{\Delta x}$ 을 이용하기 위해 Δy를 먼저 구합니다.

$$\Delta y = y(x + \Delta x) - y(x)$$
$$= f(x + \Delta x)g(x + \Delta x) - f(x)g(x)$$

여기서 약간의 트릭trick을 씁니다. "$f(x)g(x + \Delta x)$"라는 항을 한번 뺀 다음 다시 더하는데, 이렇게 하면 전체적으로는 아무 영향도 없지만, 식

자체는 다음과 같이 바뀝니다.

$$\Delta y = f(x + \Delta x)g(x + \Delta x) - f(x)g(x + \Delta x)$$
$$+ f(x)g(x + \Delta x) - f(x)g(x)$$
$$= g(x + \Delta x)\{f(x + \Delta x) - f(x)\} + f(x)\{g(x + \Delta x) - g(x)\}$$

나머지 과정은 다음과 같습니다.

$$y' = \lim_{\Delta x \to 0} \frac{\Delta y}{\Delta x}$$
$$= \lim_{\Delta x \to 0} g(x + \Delta x)\left\{\lim_{\Delta x \to 0} \frac{f(x + \Delta x) - f(x)}{\Delta x}\right\}$$
$$+ f(x)\left\{\lim_{\Delta x \to 0} \frac{g(x + \Delta x) - g(x)}{\Delta x}\right\}$$
$$= g(x)f'(x) + f(x)g'(x)$$
$$= f'(x)g(x) + f(x)g'(x)$$

확실히 이해하기 위해 간단한 예제를 하나 풀어보겠습니다.

[예제] $y = (3x^2 + 2)\sin x$를 미분하시오.

[풀이] $(3x^2 + 2)$라는 함수와 $\sin x$라는 함수가 곱해진 것이므로 함수곱의 미분 공식을 사용합니다.

$$y' = \{(3x^2 + 2)\}'\sin x + (3x^2 + 2)(\sin x)'$$

여기에 ①과 ②와 ③의 공식을 적용하면 결과는 다음과 같습니다.

$$y' = (6x + 0)\sin x + (3x^2 + 2)\cos x$$

x의 차수에 대해 정리하면 아래와 같은 답을 얻습니다.

$y' = 3x^2 \cos x + 6x \sin x + 2\cos x$

3. 적분

"미적분"이라는 용어가 만든 선입관 때문인지, 학교에서 편의상 미분을 먼저 배우기 때문인지 흔히 "미분이 적분보다 앞선다"고 여깁니다. 하지만 역사적으로는 적분이 미분보다 훨씬 앞섭니다. 적분은 고대 그리스의 에우독소스(Eudoxus, BC408?~355?)가 개발한 실진법悉盡法, method of exhaustion에서 유래했습니다. 실진법이란 어떤 도형의 넓이를 구할 때 무한히 작은 조각으로 나눈 뒤 더하는 방법인데, 아르키메데스가 더욱 발전시켰으며, 근세에 이탈리아의 수학자 카발리에리(Bonaventura Cavalieri, 1598~1647)가 발표한 "카발리에리원리Cavalieri's principle"로 계승되어 나중에 적분법의 발견으로 이어졌습니다.

미분의 흔적은 아르키메데스의 연구에서 찾을 수 있지만 실질적인 발전은 근대에 들어서야 시작되었는데, 그중 프랑스의 수학자 페르마(Pierre Fermat, 1601?~1665)가 특히 유명합니다. 그는 여러 곡선의 최대와 최소 및 접선을 얻는 방법을 개발했는데, 사실상 미분과 동등합니다. 나중에 뉴턴은 미분에 대한 자신의 초기 아이디어는 페르마가 접선을 얻는 방법에서 유래했다고 썼습니다. "미분과 적분은 역산 관계"라고 했는데, 수학에서는 이를 "미적분의 기본정리 fundamental theorem of calculus"라고 하며 뉴턴의 스승인 배로(Isaac Barrow, 1630~1677)가 실질적으로 증명했습니다. 이 정리 덕분에 여러 함수들의 적분을 그 역산인 미분을 통해 쉽게 구할 수 있게 되었습니다.

(1) 적분의 기본 개념과 의미

적분의 기본 개념

적분積分, integration은 "부분分을 더한다積"는 뜻인데, 말 자체가 적분의 개념을 잘 보여줍니다. 미분이 미소한 부분들로 "나누기"라면, 적분은 미소한 부분들의 "더하기"입니다. 적분의 개념을 설명할 때는 적분의 표기를 보면서 이야기하는 게 좋습니다.

$$\text{적분의 표기}: \int f(x)dx, \qquad \int_a^b f(x)dx$$

두 가지 표기 중 첫 번째를 부정적분不定積分, 두 번째를 정적분定積分이라고 합니다. 차이는 정적분의 경우 "적분구간", 곧 "$x=a$에서 $x=b$까지 더한다"라는 구간을 써준다는 데 있습니다. 적분구간의 표시를 제외하면 "적분 기호 $\int$"와 "피적분 함수 $f(x)$"와 "미소 변화 dx" 등 세 가지 요소로 되어 있습니다. 적분 기호 $\int$는 "인티그럴integral"이라고 읽습니다. 라이프니츠가 합을 뜻하는 "sum"의 첫 글자인 s를 위아래로 길게 늘여서 만들었습니다. 결국 적분의 본질은 우리가 너무나 잘 아는 덧셈에 불과합니다. 더하는 대상은 바로 "피적분 함수와 미소 변화량의 곱", 곧 "$f(x)dx$"입니다.

적분의 기하적 의미

미분은 변화율과 기울기라는 해석적 의미와 기하적 의미가 있습니다. 적분은 적절한 해석적 의미가 없지만 선명한 기하적 의미가 있습니다. 그것은 "주어진 적분구간에서 함수와 x축 사이의 넓이"입니다. 적분의 기하적 의미를 나타내는 아래 그림도 역시 시각적으로 잘 이해해두기 바랍니다.

짙은 음영으로 나타낸 작은 직사각형들에서 $f(x)$와 dx는 각각 세로와 가로에 해당합니다. 따라서 이 둘의 곱, 곧 "$f(x)dx$"는 작은 직사각형의 "넓이"입니다. 이 작은 넓이들을 적분구간 a에서 b까지 합하면 구간 $a \leq x \leq b$에 걸친 함수 $f(x)$와 x축 사이의 총 넓이가 나옵니다(옅은 음영으로 나타낸 부분).

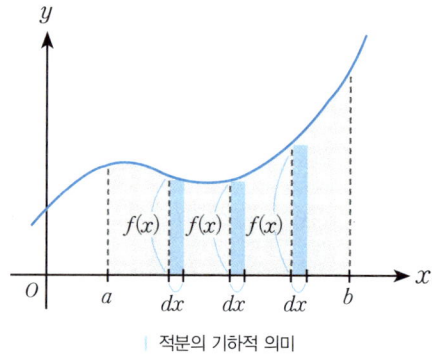

| 적분의 기하적 의미

(2) 미적분의 기본정리

미분과 적분은 서로 역산이라고 했습니다. 딱딱한 증명은 생략하고, 실제 문제를 통해 미분과 적분의 관계를 파악해보겠습니다. 나아가 정적분과 부정적분의 의미도 살펴보겠습니다.

적분상수

$Y_1 = x^2 + 1$이라는 함수를 봅시다. 앞서 배운 미분 공식을 이용하여 미분하면 $y = 2x$라는 함수가 나옵니다. 그런데 $Y_2 = x^2 + 2$라는 함수를 미분해도 $y = 2x$라는 함수가 나옵니다. 그리고 $Y_3 = x^2 + 3$이라는 함수를 미분해도 $y = 2x$라는 함수가 나옵니다. 다시 말해서 C를 임의의 상수라고 할 때 일반적으로 $Y = x^2 + C$라는 함수를 미분하면 모두 $y = 2x$라는 함수가 나옵니다. 미적분의 기본정리는 미분과 적분이 서로 역산이라는 것입니다. 따라서 다음과 같이 요약할 수 있습니다.

$$y = 2x \xrightleftharpoons[\text{미분}]{\text{적분}} Y = x^2 + C$$

즉, 미적분의 역산 관계는 "$2 + 3 = 5$"와 "$5 - 3 = 2$"처럼 정확한 역산 관계는 아니고 C만큼 불확실성이 있습니다. 따라서 어떤 함수를 적분할 때는 끝에 C라는 상수를 덧붙이는데 이것을 "적분상수"라고 합니다.

정적분과 부정적분

적분의 기하적 의미는 함수와 x축 사이의 넓이라고 했습니다. 이때 구체적인 넓이를 구할 구간, 곧 "적분구간"을 정하지 않은 것을 부정적분, 정한 것을 정적분이라고 합니다. 실제 계산을 보면 쉽게 이해할 수 있는데, 아래 식에서 보듯 적분구간은 적분 기호와 대괄호의 위아래에 덧붙여 씁니다.

[예제] $1 \leq x \leq 3$에서 $y = 2x$와 x축 사이의 넓이를 구하시오.

[풀이] $y = 2x$를 그냥 적분하는 식 $\int 2x dx$와 그 결과인 $Y = x^2 + C$를 부정적분이라고 부릅니다. 문제가 요구하는 넓이(A)는 아래와 같은 정적분으로 구합니다. 여기서 "$[Y]_a^b \equiv Y(b) - Y(a)$" 입니다.

$$A = \int_1^3 2x dx = [x^2 + C]_1^3$$
$$= (3^2 + C) - (1^2 + C) = 9 + C - 1 - C = 9 - 1 = 8.$$

위에서 보듯 정적분을 계산할 때 적분상수는 상쇄되어 없어집니다. 그러므로 실제로는 적분상수를 생략하고 다음과 같이 계산합니다.

$$A = \int_1^3 2x dx = [x^2]_1^3 = 3^2 - 1^2 = 9 - 1 = 8.$$

(3) 적분표

앞서 보았듯 정적분은 부정적분을 구한 뒤 구체적인 적분구간을 넣고 계산하는 것에 불과합니다. 따라서 "적분한다"는 말은 보통 "부정적분을 구한다"는 뜻으로 여겨집니다. 그런데 미적분의 기본정리 덕분에 여러 함수들의 적분을 일일이 계산할 필요 없이, 이미 알려진 미분을 이용하여 거꾸로 구하면 됩니다. 이렇게 모은 적분들을 정리한 표를 적분표 integral table라고 하며, 인터넷에서 쉽게 구할 수 있습니다.

앞에서 제시한 미분표에 나온 것들로 만든 적분표를 수록했습니다(미분표의 ⑥과 ⑦은 곧 설명할 부분적분과 관련되므로 생략했습니다). 이 함수들의 적분은 모두 부정적분 형태로 쓸 수 있지만, 구체적인 계산상의 문제 때문에 정적분의 형태로 제시된 것도 있습니다. 이 책의 수준에서는 이 정도로 충분합니다.

함수	적분
① $y = x^n$	$\int x^n dx = \dfrac{x^{n+1}}{n+1} + C$
② $y = a$	$\int a\, dx = ax + C$
③ $y = \sin x$	$\int \sin x\, dx = -\cos x + C$
④ $y = \cos x$	$\int \cos x\, dx = \sin x + C$
⑤ $y = e^x$	$\int e^x dx = e^x + C$

(4) 부분적분

부분적분의 일반식

부분적분 integration by parts 은 미분에서 보았던 "함수곱 미분"의 역산인데, 응용 범위가 아주 넓은 중요한 기법입니다. 함수곱의 미분 공식 $(fg)' = f'g + fg'$의 양변을 적분하면 다음과 같습니다.

$$\int (fg)' \, dx = \int f'g \, dx + \int fg' \, dx$$

그런데 좌변은 fg를 미분했다가 적분한 것이므로 다시 fg가 됩니다. 따라서 아래와 같이 고쳐 쓸 수 있습니다.

$$fg = \int f'g \, dx + \int fg' \, dx$$

이 식을 조금 고쳐서 다음과 같이 쓰고, 이 식을 "부분적분(공식)"이라고 부릅니다.

$$\int fg' \, dx = fg - \int f'g \, dx$$

부분적분의 간이식

부분적분의 일반식도 그다지 복잡하지는 않습니다. 그러나 흔히 f와 g를 각각 u와 v로 바꾸고

$$\int uv'\,dx = uv - \int vu'\,dx$$

이것을 더욱 압축한 다음 식으로 암기하는 게 보통입니다.

$$\int u\,dv = uv - \int v\,du$$

부분적분의 간이식은 "인유디비는 유비마인비디유"로 암기하면 편합니다. "인"과 "마"는 각각 "인티그럴"과 "마이너스"의 첫 글자입니다. 사실 이렇게 기계적으로 외우는 것은 좋은 태도라고 할 수 없고, 잘 암기되지도 않습니다. 따라서 그 배경을 상기하면서 외우는 게 좋습니다. 그 배경은 함수곱의 미분을 적용한 다음 식에 있습니다.

$$(uv)' = uv' + vu'$$

이것을 구체적으로 쓰면 다음과 같습니다.

$$\frac{d(uv)}{dx} = u\frac{dv}{dx} + v\frac{du}{dx}$$

양변에 dx를 곱해주고 정리하면 다음과 같습니다. 이처럼 미분 기호를 마치 분수처럼 다룰 수 있다는 게 라이프니츠 표기법의 큰 장점입니다.

$$d(uv) = u\,dv + v\,du$$
$$u\,dv = d(uv) - v\,du$$

끝으로 양변을 적분하면 위의 간이식이 나옵니다.

$$\int u\,dv = \int d(uv) - \int v\,du = uv - \int v\,du$$

부분적분은 "함수곱의 미분"을 이용한 것으로, 대략 "함수곱의 적분"을 다루는 기법이라고 할 수 있습니다. 적분할 문제가 함수곱의 모습이라고 해서 언제나 부분적분으로 다룬다는 뜻은 아니고, 가장 먼저 시도할 기법으로 보면 됩니다. 해결되면 그것으로 끝이고, 해결되지 않으면 다른 방법을 찾아가면 됩니다.

[예제] $\int xe^x dx$를 구하시오.

[풀이] 문제의 함수가 x와 e^x라는 두 함수의 곱으로 되어 있으므로 일단 부분적분을 시도합니다. 적분구간이 주어지지 않았으므로 부정적분까지만 구하면 됩니다. 부분적분의 공식에서 알 수 있듯 u와 dv는 우리의 선택에 달려 있는데, 그 기준은 "미분하기 쉬운 것을 dv"로 하는 것입니다. 그런데 e^x는 미분을 해도 다시 자신이 되므로 가장 미분하기 쉬운 함수이며, 따라서 이것을 dv로 삼습니다. 곧 $de^x/dx = e^x$이므로 $e^x dx = de^x$이고, 이를 문제의 식에 대입하면 다음과 같이 됩니다.

$$\int xe^x dx = \int x(e^x dx) = \int x\,de^x$$

마지막 식은 $\int u\,dv$의 형태이므로 부분적분의 식을 적용하면 다음과 같은 답이 나옵니다(여기에서 $u=x$이므로 $du=dx$입니다).

$$\int xe^x dx = \int x\,de^x = xe^x - \int e^x dx = xe^x - e^x + C.$$

4. 하나만 더 : 합성함수 미분

본래 이것은 미분에 넣어야 합니다. 하지만 미분 이야기가 너무 길어지면 흥미를 잃을까 염려되어 끝으로 돌렸습니다. 미분과 적분에 관한 종합적인 이해를 돕고자 관련 예제를 풀면서 마무리하겠습니다.

합성함수의 개념

합성함수composite function는 "함수 안의 함수 안의 함수 ……"라는 구조를 가진 함수입니다. 실제로는 대부분 2단계에서 그칩니다. $y = \sin 3x$ 라는 함수를 봅시다. $t = 3x$로 놓으면 $y = \sin t$가 됩니다. 생각해보면, $y = \sin t$에서 y는 t의 함수이고, $t = 3x$에서 t는 다시 x의 함수이므로, 2단계의 구조를 가진 합성함수입니다. 식으로는 $y = y(t(x))$로 나타냅니다. 다단계의 합성함수는 $y = y(t(u(v\cdots z(x)\cdots))$로 나타내는데, 대부분 2단계에서 그치므로 이처럼 복잡한 표기를 쓸 일은 별로 없습니다.

합성함수 미분

합성함수 미분은 라이프니츠의 표기법을 이용하면 쉽게 얻을 수 있습니다. $y = y(t(x))$와 같이 2단계의 합성함수인 경우, 우리가 바라는 dy/dx는 다음과 같은 연쇄율chain rule로 나타내집니다.

$$\frac{dy}{dx} = \frac{dy}{dt}\frac{dt}{dx}$$

"연쇄"는 "사슬"이란 뜻입니다. 사슬의 각 고리는 앞의 고리와 뒤의 고리를 이어주는 역할을 합니다. 그런데 중간 고리를 제거하고 앞뒤 고리를 바로 이을 수도 있습니다. 위 식에서 dt는 dy와 dx사이에 끼여 있지만 약분으로 제거할 수 있으므로 중간 고리의 역할을 하며, 이때 t를 "중간변수*"라고 합니다. 그러므로 dy/dx를 구하려면,

㉮ y를 중간변수 t에 대해 미분하고(곧 dy/dt를 구하고)
㉯ 중간변수 t를 x에 대해 미분하고(곧 dt/dx를 구하고)
㉰ 이렇게 구한 ㉮와 ㉯를 곱해주면 됩니다.

더 복잡한 다단계의 합성함수도 마찬가지 방식으로 처리합니다.

$y = y(t(u(v \cdots z(x) \cdots)))$이면 $\dfrac{dy}{dx} = \dfrac{dy}{dt}\dfrac{dt}{du}\dfrac{du}{dv} \cdots \dfrac{dz}{dx}$.

이제 $y = \sin 3x$를 미분해보겠습니다. $t = 3x$로 놓으면 $y = \sin t$가 되므로 $\dfrac{dy}{dt} = \cos t = \cos 3x$입니다. 그리고 $t = 3x$이므로 $\dfrac{dt}{dx} = 3$입니다. 따라서 답은 다음과 같이 두 결과를 곱해서 얻습니다.

$$\frac{dy}{dx} = \frac{dy}{dt}\frac{dt}{dx} = \cos 3x \cdot 3 = 3\cos 3x.$$

종합 예제 — 합성함수 미분과 부분적분이 결합된 예

[예제] $\int xe^{3x}dx$를 구하시오.

[풀이] 문제의 함수가 x와 e^{3x}라는 두 함수의 곱으로 되어 있으므로 일단 부분적분을 시도합니다. 미분하기 편한 것을 dv로 삼는데, 여기서도 지수함수 e^{3x}을 택하여 dv를 만듭니다. 그런데 e^{3x}는 $t = 3x$라는 중간변수를 가진 합성함수이므로 $\frac{de^{3x}}{dx} = \frac{de^t}{dt}\frac{dt}{dx} = e^t \cdot 3 = e^{3x} \cdot 3 = 3e^{3x}$ 이고, 따라서 $e^{3x}dx = \frac{1}{3}de^{3x} = d\left(\frac{1}{3}e^{3x}\right) = dv$가 됩니다. 이것을 대입하면 문제의 식은 $\int xd\left(\frac{1}{3}e^{3x}\right)$이므로 부분적분을 적용할 수 있습니다.

$$\int xe^{3x}dx = \frac{1}{3}xe^{3x} - \int \frac{1}{3}e^{3x}dx = \frac{1}{3}xe^{3x} - \frac{1}{9}e^{3x} + C.$$

[검산] 옳게 풀었는지 확인해봅시다. 위에서 ① xe^{3x}를 적분해서 ② $\frac{1}{3}xe^{3x} - \frac{1}{9}e^{3x} + C$를 얻었으므로 거꾸로 ②를 미분하면 ①이 나와야 합니다.

$$\begin{aligned}\frac{d②}{dx} &= \frac{d}{dx}\left(\frac{1}{3}xe^{3x} - \frac{1}{9}e^{3x} + C\right) \\ &= \frac{d}{dx}\left(\frac{1}{3}xe^{3x}\right) - \frac{d}{dx}\left(\frac{1}{9}e^{3x}\right) + \frac{dC}{dx}\end{aligned}$$

위 마지막 식의 세 항을 뒤의 것부터 처리합니다.

㉮ $\frac{dC}{dx}$는 상수의 미분이므로 0입니다.

㉯ $-\dfrac{d}{dx}\left(\dfrac{1}{9}e^{3x}\right)$는 $t=3x$로 놓은 합성함수 미분으로 해결합니다.

$$-\dfrac{d}{dx}\left(\dfrac{1}{9}e^t\right) = -\dfrac{1}{9}\dfrac{de^t}{dx}$$

$$= -\dfrac{1}{9}\dfrac{de^t}{dt}\dfrac{dt}{dx} = -\dfrac{1}{9}\cdot e^t \cdot 3 = -\dfrac{1}{3}e^{3x}$$

㉰ $\dfrac{d}{dx}\left(\dfrac{1}{3}xe^{3x}\right)$는 함수곱의 미분과 $t=3x$로 놓은 합성함수 미분으로 해결합니다.

$$\dfrac{d}{dx}\left(㉠\dfrac{1}{3}xe^{3x}\right) = \dfrac{1}{3}\dfrac{d}{dx}(㉡xe^{3x})$$

$$= \dfrac{1}{3}\{㉢(x)'e^{3x} + ㉣x(e^{3x})'\}$$

$$= \dfrac{1}{3}(e^{3x} + 3xe^{3x}) = \dfrac{1}{3}e^{3x} + xe^{3x}$$

㉠의 1/3은 상수이므로 그냥 앞으로 꺼내면 되고, ㉡은 x와 e^{3x}의 함수곱이므로 ㉢과 ㉣의 두 항으로 분리되고, ㉣의 e^{3x}는 합성함수이므로 그 미분은 ㉯를 참조하여 해결합니다.

㉮㉯㉰의 세 결과를 더하면 $\dfrac{d㉢}{dx} = xe^{3x} = ①$이 나오므로 옳게 풀었음이 확인됩니다.

딱딱한 수학을 공부하느라 수고가 많았습니다. 이 단계까지 이르렀다면 상당한 보람을 느낄 것입니다. 막연히 어렵다고 여겼던 상대성이론도 이 정도 수준의 수학으로 이해할 수 있습니다. 앞으로도 수식이 조금씩 나오기는 하지만 이렇게 많이 나오지는 않으며, 내용도 그리 어렵지 않습니다.

쉼터

우리 교육 과정의 통합과 개혁

　미적분의 기본을 이해하고 난 감상이 어떤가요? 미적분은 절륜의 수학적 도구입니다. 처음 접한 사람은 이 말이 마음에 와 닿지 않을 수 있습니다. 하지만 앞으로 많은 문제를 대할수록, 그리고 목표점인 $E = mc^2$에 다가설수록 절실히 깨닫게 될 것입니다. 미적분은 "실로 이 우주의 본질이라고 할 '변화'라는 관념을 절묘하게 포착하고 그 전모를 논리적으로 체계화하여 우주에 대한 인간의 시각을 혁신한 위대한 사상체계"라고도 했습니다. 미적분의 "도구"적 측면이 아닌 "목적"적 측면을 강조한 셈이지요. 미적분의 전체적인 면모는 단순한 수단이나 도구에 머무는 것이 아니라 우주의 본질에 닿아 있는 "사상"이라고 할 수 있습니다. 따라서 미적분을 이해한다는 것은 우주의 구성과 운행을 이해하는 길로 나아가는 것입니다. 저는 누구나 미적분을 배우게 되기를 바랍니다.

　한때 문과 교과과정에서 미적분을 제외시킨 적이 있습니다. 다행히 이제는 다시 배우지만 돌이켜보면 참으로 어이없는 일입니다. 미적분을 대체할 더 중요한 주제가 있을까요? 그런 게 있다면 지금 당장 그것부터 배우고 싶습니다. "미적분이 어려울 뿐 아니라 문과 분야에서는 응용성이 좁다"는 생각에서 그런 것 같지만 얼마나 잘못된 생각인지 조금만 생각해

보면 알 수 있습니다. "속도"에 대해 생각해봅시다. 우리는 걷거나 뛰거나 차를 타고 이동할 때 언제나 속도를 느끼며 무의식적으로 "계산"합니다. 매 "순간" 이동 "거리"를 측정하고 "순간에 대한 거리의 변화율"을 계산하여 "속도"를 얻어내는 무의식적 계산이 바로 "미분"입니다. "이 속도로 가면 목적지까지 얼마면 닿겠다"는 계산도 하는데, 이것은 바로 속도의 시간에 대한 "적분"입니다. 미적분은 결코 어려운 게 아니라 무의식적으로 흔히 처리하는 계산에 속하며, 일상생활에 깊이 침투해 있습니다. 그렇다면 미적분을 본격적으로 배워 올바로 응용하면 더욱 좋지 않을까요?

보다 근본적인 문제를 생각해봅시다. 우리는 몇십 년간 고교 과정을 문과와 이과로 나누어 가르쳤습니다. 이것이 옳은 일일까요? 그렇지 않습니다. 반드시 철폐해야 할 구시대의 잔재입니다. 최근 문·이과 구별을 철폐하기로 결정된 것은 참으로 다행입니다. 그러나 실질적인 통합을 위해서는 그 의의를 잘 이해하고 구현하려는 노력이 이어져야 합니다. 왜 문·이과를 통합해야 할까요? 오늘날의 세계는 옛날에 비해 매우 다채롭습니다. 어린 학생들이 짧은 기간 동안의 공부로 세상을 판단하고 진로를 정한다는 게 아주 어렵습니다. 옛날에는 고교 졸업 후 바로 사회에 진출하는 일이 많았기 때문에 고교 때 진로를 확정하는 게 타당했습니다. 하지만 오늘날에는 고교 2년쯤에 미리 진로를 확정하기보다는 1년이라도 더 넓게 공부하여 대략 진로를 찾은 뒤 대학에 들어가면서 확정하는 게 바람직합니다. "1년 더 공부해서 결정한들 얼마나 달라질까?"라고 생각할지 모릅니다. 하지만 "오뉴월 하룻볕이 무섭다"는 속담처럼 청소년기의 1년은 신체적으로는 물론 정신적으로도 큰 성장을 이루는 시기입니다. 또한 평균 수명이 크게 늘어났습니다. 한 세대 전만 해도 평생 여러 직업을 갖기가 어려웠지만, 이제는 평생 하나의 직업만 고수하기가 어렵습니다. 긴 생애를 고려하여 한창 공부할 청소년기에 폭넓은 소양을 쌓는 것이 필수적입니다.

시대적 상황과 함께 사회의 "양극화 현상"도 고려해야 합니다. 오늘날 양극화는 전 세계적인 이슈이며, 우리 사회도 예외가 아닙니다. 대표적인 것은 경제적 양극화로 갈수록 빈부의 격차가 커지는 데 따른 부작용이 심각합니다. 신분 차이에 의한 양극화, 지역감정에 의한 양극화, 남북분단에 따른 정치적 양극화, 대기업과 중소기업의 양극화, 정규직과 비정규직의 양극화, 선택과 집중에 따른 양극화도 문제입니다. 빼놓을 수 없는 것은 고교 교육을 문과와 이과로 분리하는 데 따른 "사고의 양극화"입니다. 이 문제는 제기된 적이 별로 없지만 매우 중요하며 반드시 해소해야 합니다. 오늘날 고교 교육은 거의 보편화되어 있습니다. 세계 최고의 교육열 위에 꽃핀 고교 교육의 보편화로 사회의 공동의식이 형성되어야 하는데, 문과와 이과의 분리는 오히려 양극화의 출발점이 됩니다. 학생들은 아직 어린 나이에 세상을 두 갈래로 나누어 보는 시각을 갖게 되고, 한창 서로 어울려야 할 나이에 사고의 단절을 느끼고 교제에 어려움을 겪습니다. 부정적인 영향은 대학은 물론 사회생활까지 이어집니다. 인문계는 이공계가 "인문학적 상상력이 빈곤하다"고 폄하하고, 이공계는 인문계가 "과학적 소양이 부족하다"고 깎아내립니다. 서로 상대방의 노력을 촉구하는데, 생각해보면 어이가 없습니다. 애초에 기회를 박탈하듯 나누었다가 나중에는 빼앗았던 것들을 각자 알아서 갖추라니 말입니다. 고교 교과과정과 입시에서 인적·물적 낭비도 엄청나지만 눈에 보이지 않는 폐해는 가늠하기 어려울 정도로 큽니다. 고교 시절에 이분법적 사고를 습득하면 이후 모든 현상에 대해 의식적 또는 무의식적으로 이런 사고를 하게 됩니다. 수많은 양극화를 해소하려고 노력하기보다 자연스럽게 받아들이고 포기하거나, 심지어 더욱 깊게 몰아갈 수 있습니다. 그 결과 사회 곳곳에서 많은 갈등과 낭비가 초래되겠지요.

고교 과정의 통합은 이런 폐해를 해소하기 위한 좋은 출발점입니다. 현재 제도적·형식적으로는 통합했을지라도 실질적·내용적으로는 부족한 점이 많습니다. 진정한 통합을 이루려면 과학 교재도 이전 것들을 단순히 합쳐 놓을 게 아니라, 내용을 유기적으로 엮어 체계적인 과학적 사고의 틀을 갖출 수 있도록 재편해야 하는데 아직 이런 단계에 미치지 못합니다. 또한 공부에 몰입할 고교 교과 과정에 견고한 기초에 해당하는 수학·과학 교과를 과감히 늘리는 한편 대학이나 사회에 진출해서도 충분히 보완할 수 있는 인문·사회 분야는 많이 줄여야 하는데 단순히 과목 수에 얽매여 균등하게 편성하는 우를 범하고 있습니다. 각 과목의 내용도 실생활과 동떨어진 것들은 삭제하고, 학문적으로 깊은 내용은 대학 과정으로 돌리며, 현대를 살아가는 데 실질적인 도움이 되도록 경제·법률·건강(의료)·컴퓨터 등의 내용을 보완해야 합니다. 대학 또한 올바른 통합의 관점에서 재편해야 합니다. 예를 들어 "행정학"이라는 분야를 봅시다. 우리는 행정학을 정치나 법 계통이라고 생각하는 경향이 있습니다. 하지만 행정은 그 못지않게 기능과 효율의 측면이 강합니다. 다시 말해 이공계의 지식도 아주 많이 필요한데 인문계의 울타리에 가두는 게 타당한가요? 반대로 "수학"을 봅시다. 엄밀히 말하면 수학의 대상인 "수"는 물질이 아닙니다. 물리·화학·생물 등 자연과학과 본질적으로 다른 측면이 있습니다. 또한 상경계는 다른 어떤 과목보다 수학이 중요합니다. 이것을 이과의 틀에 짜 맞추어 넣는 것은 불합리합니다. 진화론이나 상대론이나 양자론은 어떻습니까? 인문학적 함의가 과학적 내용 못지않게 풍부하고 심오합니다. 배움과 논의의 장을 널리 개방하려면 대학의 조직을 유연하게 하고, 전공을 다양화하며, 교수들의 학문 교류와 학생들의 전공 선택이 자유로워야 합니다.

영국의 케임브리지는 자그마한 대학 도시입니다. 하지만 케임브리지 대학교라는 초일류 대학 덕분에 전 세계적으로 유명한 지성의 도시로 손꼽히지요. 그런데 1959년에 『두 문화 Two Cultures』를 펴낸 찰스 스노우(Charles Snow, 1905~1980)는 이 작은 도시의 세계적 지식인들이 과학과 인문학의 두 부류로 나뉘어 서로 모르는 듯 살아간다고 비판했습니다. 영국은 선진국이지만 우리가 잘못된 전철까지 답습할 이유는 없습니다. 돌이켜 보면 제2차 세계대전 후 제국주의 열강의 식민 지배를 받은 국가 중 우리는 유일하게 가난을 벗어나 다른 나라를 도울 수 있는 지위에 오르게 되었습니다. 그 원동력은 다름 아닌 교육이었습니다. 이러한 장점을 살려, 개인 차원에서 알차고 풍부한 소양을 조화롭게 갖추어 행복한 삶을 일구고, 사회 및 국가 차원에서는 하루빨리 선진국의 반열에 올라 인류 번영에 기여하기를 기원합니다.

제5장 물리학의 역사

지금까지 물리학과 수학의 기초를 다졌습니다. 잠시 페이스를 조절하고 앞으로 나아갈 길을 점검할 겸, 오늘날 물리학이 어떻게 분류되는지 살펴보고 넘어가겠습니다.

물리학의 분류

물리학은 크게 고전물리학 classical physics과 현대물리학 modern physics으로 나눕니다. 시대적 경계는 양자역학이 태어난 1900년입니다. 이 연도는 외우기도 쉬우므로 꼭 기억해두기 바랍니다. 과학을 공부하면서 중요한 연도를 몇 가지 외워두면 전반적 흐름과 체계를 머릿속에 그리는 데 큰 도움이 됩니다. 『프린키피아』가 발간된 1687년, 프랑스 혁명이 일어난 1789년, 아인슈타인이 특수상대성이론과 일반상대성이론을 발표한 1905년과 1915년 등입니다. 물리학의 분류를 대략 연대순으로 배열하면 아래와 같습니다.

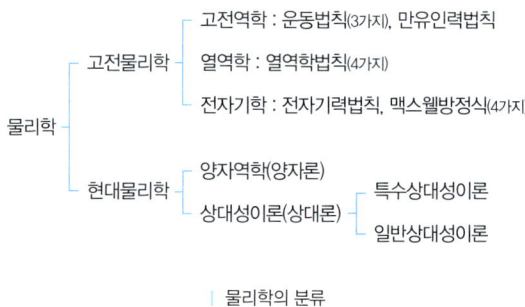

| 물리학의 분류

고전물리학

고전물리학은 고전역학classical mechanics에서 출발했으며, 운동법칙과 만유인력법칙은 모두 뉴턴의 『프린키피아』에 처음 발표되었습니다. 따라서 『프린키피아』가 나온 1687년 7월 5일을 "고전물리학의 생일"이라고 봐도 좋을 것입니다. 고전물리학을 포함하는 근대과학은 언제부터 시작되었을까요? 견해가 다양하지만 저는 코페르니쿠스가 『천구의 회전에 대하여On the Revolutions of the Celestial Spheres』를 펴낸 1543년으로 봅니다. 이때부터 1687년까지는 144년이나 되므로 고전역학은 힘겨운 난산 끝에 태어난 셈입니다. 그 지난한 과정을 보여주는 인물로 이탈리아의 철학자 브루노(Giordano Bruno, 1548~1600)가 있습니다. 그는 지동설과 이단적인 종교관을 옹호했다는 죄목으로 종교재판을 받고 1600년에 화형에 처해졌습니다. 이후 갈릴레오와 데카르트를 비롯한 과학자들이 지동설을 쉽게 주장하지 못하는 등 과학은 많은 시련을 겪습니다. 1543년은 근대 해부학의 창시자인 벨기에의 베살리우스(Andreas Vesalius, 1514~1564)가 『인체의 구조에 대하여On the Fabric of the Human Body』라는 획기적인 저서를 펴낸 해이기도 합니다. 그는 이 책을 통해 고대 그리스의 의사 갈레노스(Klaudios Galenos, 131?~201?)가 펴낸 『갈레노스 전집』의 오류들을 바로잡았습니다. 한 해에 물리학과 생물학이라는 다른 분야에서 혁신적 대작이 나왔다는 사실은 과학이 본격적으로 발전할 조짐을 보인 것입니다. 따라서 1543년을 "근대과학의 시점"으로 잘 새겨두기 바랍니다.

코페르니쿠스부터 뉴턴 사이에는 갈릴레오, 케플러, 데카르트 등이 많은 기여를 했습니다. 뉴턴은 이들의 연구를 토대로 출발했으므로 "거인들의 어깨에 섰다"라는 그의 말이 가리키는 거인들은 대략 이들입니다. 뉴턴 이후에는 오일러(Leonhard Euler, 1707~1783), 라그랑주(Joseph Lagrange, 1736~1813), 라플라스(Pierre Laplace, 1749~1827), 해밀턴(William Hamilton, 1805~1865) 등이 계승하여 19세기 말에 고전물리학을 완성했으며, 그 바탕 위에서 1900년에 양자역학이 새 시대를 열었습니다.

고전물리학의 두 번째 분야인 열역학thermodynamics은 이름이 암시하듯 산업혁명을 계기로 출발했습니다. 즉, "석탄을 태워 얻는 '열'로 '힘'을 발휘하여 일을 하는 증기기관을 어떻게 가장 효율적으로 가동할 것인가?"라는 의문이 열역학의 출발점이었습니다. 주요 인물은 카르노(Nicolas Carnot, 1796~1832), 줄(James Joule, 1818~1889), 클라우지우스(Rudolf Clausius, 1822~1888), 켈빈(William Kelvin, 1824~1907), 깁스(Josiah Gibbs, 1839~1903), 볼츠만(Ludwig Boltzmann, 1844~1906) 등입니다. 열역학은 우리 주제와 직접적인 관련은 없지만 그 의의가 매우 크고, 네 가지 기본법칙의 내용은 아주 간명하므로 뒤에서 잠시 살펴보겠습니다.

셋째 분야인 전자기학electromagnetism은 고전역학과 함께 특수상대성이론의 양대 연원입니다. 고대로부터 알려진 전기와 자기는 처음에는 별개의 현상으로 여겨졌지만 전자기학이 발달하면서 본질적으로 하나의 현상임이 밝혀졌습니다. 주요 인물은 쿨롱(Charles Coulomb, 1736~1806), 볼타(Alessandro Volta, 1745~1827), 앙페르(André-Marie Ampère, 1775~1836), 옴(Georg Ohm, 1789~1854), 패러데이(Michael Faraday, 1791~1867), 맥스웰(James Maxwell, 1831~1879), 헤르츠(Heinrich Hertz, 1857~1894) 등입니다. 맥스웰의 이름을 딴 맥스웰방정식은 특수상대성이론의 직접적인 계기가 되었습니다. 맥스웰방정식도 뒤에서 간단히 살펴보겠습니다.

현대물리학

고전물리학은 200년이 넘도록 수많은 자연현상에 적용되어 빛나는 성과를 거두었지만 서서히 그 근원에 중대한 결함이 존재한다는 점이 밝혀졌습니다. 이를 극복하는 과정에서 1900년에 양자역학quantum mechanics, 1905년에 상대성이론theory of relativity이 태어납니다. 양자역학과 상대성이론을 합쳐 현대물리학modern physics이라고 합니다. 현대물리학의 생일은 독일의 물리학자 플랑크(Max Planck, 1858~1947)가 "빛의 에너지는 최소 단위 에너지의 자연수 배로 되어 있다"라는 "양자가설"을 제시한 1900년 12월 14일이라고 할 수 있습니다. 이 가설은 "물질"의 최소 단위가 "원자"이듯, "에너지"의 최소 단위는 "양자量子 quantum"라는 뜻입니다. 별것 아닌 것 같지만 실제로는 매우 놀라운 생각으로 여기서 양자역학이 탄생합니다. 양자역학은 이 책의 주제가 아니지만 부록에서 간략하게 살펴보겠습니다.

상대성이론은 다시 특수상대성이론special theory of relativity과 일반상대성이론general theory of relativity으로 나눕니다. 모두 아인슈타인이 제창했으며 전자는 1905년, 후자는 1915년에 발표되었지요. 특수상대성이론은 "등속계"에 적용되는데 아인슈타인은 이를 미흡하게 여겼습니다. 그래서 10년의 세월을 더 바쳐 등속계를 포함하여 보편적인 "가속계"에 적용할 일반상대성이론을 개발했습니다. 결국 일반상대성이론은 특수상대성이론을 포괄하므로 논리적으로는 "상대성이론" 하나면 족합니다. 하지만 때로는 나누는 게 편합니다. $E = mc^2$은 특수상대성이론에서 유도되므로 이 책에서는 주로 특수상대성이론에 대해 이야기합니다. 하지만 일반상대성이론도 부록에서 잠깐 살펴보겠습니다.

양자역학은 "양자론", 상대성이론은 "상대론"이라고 줄여서 부르기도 합니다. 굳이 따진다면 "양자론·상대론"이란 말은 철학적인 의미를 비롯한 여러 가지 부수적인 영향을 포괄한다는 점에서 과학적 이론 자체를 주로 가리키는 "양자역학·상대성이론"이라는 말보다 의미가 더 넓다고 하겠습니다.

현대물리학의 통일

양자론과 상대론은 현대물리학의 양대 기둥입니다. 하지만, 두 가지 이론을 동등하게 평가할 수는 없습니다. 상대론은 거의 아인슈타인 혼자의 업적이지만, 양자론은 20세기 초반의 약 30년에 걸쳐 30여 명의 탁월한 과학자들의 업적이 어우러진 결과입니다. 실제로 양자론의 세계는 상대론의 세계보다 훨씬 심오하고 방대합니다. 따라서 현대물리학은 양자론이라는 큰 기둥과 상대론이라는 작은 기둥이 떠받치는 약간 기형적인 모습의 건물이라고 할 수 있습니다.

또 하나 중대한 문제가 있습니다. 특수상대성이론은 고전물리학에서 고전역학과 전자기학 사이에 나타난 모순을 해결하고 통합한 것이었습니다. 고전역학과 전자기학의 "통일론unified theory"이었지요. 거슬러 올라가

| 약간 기형적인 현대물리학

보면 전자기학도 전기학과 자기학의 통일론이었습니다. 현대물리학의 상대론과 양자론 사이에도 근본적인 모순이 있는데, 이것을 논리적으로 매끄럽게 해결할 통일의 실마리는 아직 찾지 못했습니다. 새로운 통일론의 정립은 현대물리학의 가장 중요하고도 어려운 연구 대상의 하나입니다. 해결한다면 노벨상은 물론, 뉴턴이나 아인슈타인과 비슷한 영예를 얻으리라 여겨지기에 수많은 과학자들이 도전하고 있습니다.

"계"에 대하여

쉼터

> 계는 "①유기적인 연결 조직체" 또는 "②관찰의 대상"이지만 엄밀히는 "③관찰의 주체와 대상"이다. ― 고중숙

상대성이론에는 특수상대성이론과 일반상대성이론의 두 가지가 있는데 각각 등속계와 가속계에 적용된다고 했습니다. 일상적으로 학계, 문화계, 정치계, 경제계, 언론계, 종교계, 법조계, 체육계, 음악계, 미술계 등 "계"라는 용어를 자주 씁니다. 학계는 자연과학계, 인문과학계, 사회과학계 등으로 나뉘고, 자연과학계는 다시 수학계, 물리학계, 화학계, 생물학계 등으로 나뉘고, 그 아래는 좌표계, 실수계, 운동계, 정지계, 분자계, 원자계, 동물계, 식물계, 생태계, 지구계, 태양계, 은하계 등으로 확장됩니다.

"계"의 한자어는 "界"와 "系"의 두 가지입니다. 과학계 · 문화계 · 경제계 등에는 界를 쓰고, 좌표계 · 생태계 · 태양계 등에는 系를 씁니다. 혼란스러울 뿐 아니라 꼭 나눌 필요가 있는지 의문입니다. 굳이 따진다면 界는 "넓게 펼쳐진 범위"라는 "수평적" 어감이 강한 반면, 系는 "계통적 체계"라는 "수직적" 어감이 강한 것 같습니다. 그러나 좌표계 · 생태계 ·

태양계 등도 기본적으로는 어떤 세계를 나타냅니다. 또 계통적·수직적인 체계 안의 각 분야도 모두 나름대로 중요하다는 점에서는 수평적으로 평등하다고 볼 수 있습니다. 界로 써도 될 것을 굳이 系로 쓴 것은 권위주의적 사회의 유물은 아닐까요? 민주평등사회의 이상에 맞춰 "界"로 통합하면 어떨까요. 영어로 "界"는 "system", "系"는 "frame"으로 볼 수 있습니다. 그러나 "系"로 쓰는 "좌표계, 생태계, 태양계"도 "coordinate system, ecosystem, solar system"과 같이 system으로 나타내는 반면, frame은 관성계(inertial frame, 등속계와 동의어)나 가속계accelerated frame와 같이 아주 일부에서만 제한적으로 쓰입니다. 사실 inertial frame과 accelerated frame도 inertial system과 accelerated system으로 쓰기도 합니다. 界나 系로 나누어 번역하는 system이 모두를 포괄합니다. 영어 용법에 비춰보더라도 界로 통합하는 게 낫다고 여겨집니다. 다행히 한글로 쓰면 자연스레 "계"로 통일됩니다. 차라리 "계"는 "界와 系를 아우르는 순수한 우리말"로 간주하는 게 어떨까 싶기도 합니다.

기본적인 의미부터 생각해봅시다. 계라는 말을 들으면 단일한 대상이 아니라 여러 요소들이 어떤 조직을 이룬다는 관념이 가장 먼저 떠오릅니다. "생태계"라면 산과 들과 강과 바다가 있고, 그 속에 수많은 동식물이 살고, 우리 인간도 그 구성원의 하나라는 생각이 떠오릅니다. "순환계"라고 하면 심장, 동맥, 정맥, 모세혈관, 혈액 등이 유기적인 관계 속에 혈액을 순환시키는 조직체라는 그림이 떠오릅니다. 따라서 일단 "①계는 유기적인 연결 조직체"라고 보면 좋겠고, 일상적으로는 이 의미로 충분합니다. 그런데 "유기적 조직체" 가운데 그 자체만 독립적으로 살아가는 것은 하나도 없습니다. 순환계는 심장에서 동맥으로 혈액이 나와 모세혈관과 정맥을 거쳐 심장으로 돌아갑니다. 이것만 보면 독립된 체계인 것 같지만 산소와 양분을 날라야 하므로 호흡계 및 소화계와 긴밀한 관계를 맺고 있습니다. 그 작용을 조절하려면 신경계도 필요합니다. 이 모든 조직을 지탱하려면 뼈와 근육이 필요하고, 흩어지지 않게 하려면 질긴 피부로 감싸야 합니다. 결국 하나의 동물이라는 계가 만들어지는데, 이 개체도 혼자 살아갈 수 없습니다. 짝을 짓고, 무리를 이루고, 더 큰 생물계에서 다른 종들과 수많은 관계를 맺고 살아갑니다. 세상은 수많은 계들이 방대한 체계를 이루며, 이 모두가 모여서 만들어진 최대의 계를 "우주 universe"라고 합니다.

계의 범위가 이처럼 넓으므로 체계적으로 분류하는 방법이 필요한데, 분류법 또한 다양합니다. 이 책은 자연과학에 관하여 얘기하므로 일단 "계 = 물질계 + 비물질계"로 나누어 봅시다. 이렇게 나누고 보면 자연과학은 대략 물질계를 다루는 학문이라고 말할 수 있습니다. 물질계는 다시 크기에 따라 대략 다음과 같이 분류할 수 있습니다.

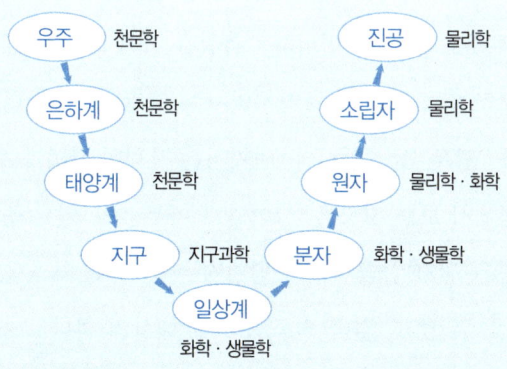

| 물질계의 분류

물질계를 나누어 놓고 보면 한 가지 의문이 떠오릅니다. 앞에서 "계는 유기적인 연결 조직체"라고 했습니다. 우주에서 분자까지는 유기적인 연결 조직체라는 게 그런 대로 수긍이 가지만, 원자 이하는 그냥 낱개의 단위일 뿐 어떤 조직체라고 보기는 어려운데, 이것들도 계라고 할 수 있을까요? 여기서 소립자 elementary particle는 내부 구조가 없는 순수한 입자, 즉 전자와 쿼크 quark 등을 가리킵니다. 이쯤에서 계를 새롭게 정의하여 "②계는 우리의 관찰 대상"으로 이해하는 게 바람직합니다. 이렇게 보면 원자보다 작은 낱개의 단위도 자연스럽게 계에 속합니다. 곧 "계는 우리의 관찰 대상"이라는 정의는 "계는 유기적인 연결 조직체"라는 정의보다 적용 범위가 더 넓습니다. 여기서 "관찰"은 "관측·측정·실험"을 포괄하는 말이며, 더 넓게는 "경험"과 동의어입니다. 예를 들어 철학에서 "경험주의"는 "관찰·관측·측정·실험 등의 경험을 통해 진리를 찾고자 하는 사상"이라고 보면 됩니다.

그런데 이처럼 계를 관찰 대상으로 보아도 문제가 생길 수 있는데, 바로 진공 vacuum입니다. 말 그대로 풀이하면 진공은 "진짜로 비어 있는 곳"이므로 "아무것도 없는 곳"입니다. "관찰을 하려 해도 할 대상이 없는 곳"이란 뜻이므로 진공은 계에 포함시켜서는 안 될 것 같습니다. 과연 진공은 계일까요? 답은 "Yes"입니다. 여기서는 자세히 살펴볼 수 없지만 양자역학의 관점에서 보면 진공은 "그야말로 아무 것도 없는 곳"이 아닙니다. 오히려 진공은 뭔가가 끊임없이 펼쳐지는 곳이며, 따라서 "말 그대로의 진공"은 있을 수 없고, 결국 진공도 관찰 대상의 하나로 계에 속합니다. 계를 관찰 대상으로 볼 때 문제가 생기는 경우는 진공 외에도 하나가 더 있습니다. 진공과 정반대의 지위에 있는 "우주"입니다. 우주를 말 그대로 풀이하면 "생각할 수 있는 모든 것을 포괄하는 곳"이므로, "우주 이외의 곳"은 있을 수 없습니다. 그런데 "계는 우리의 관찰 대상"이라면 관찰하는 "주체"로서 우리는 관찰의 "대상"에서 벗어나 있어야 합니다. 그러나 우주 이외의 곳은 있을 수 없으므로 우리는 우주를 관찰의 대상으로 삼을 수 없습니다. 과연 우주는 계일까요? 진공의 경우와 달리 대답은 "Yes"이기도 하고, "No"이기도 합니다. 두 가지 서로 다른 관점이 있기 때문이지요. 먼저 "No"라는 관점부터 봅시다. 과학에는 "열역학"이란 분야가 있는데 이름대로 "열과 일 사이의 관계"를 주로 다룹니다. 이론적으로는 물론 각종 열기관(증기기관·내연기관·제트엔진 등 연료가 가진 열량을 일로 바꾸는 기관)에 적용되므로 실용적으로도 매우 중요합니다. 열역학에서는 우주를 계와 환경으로 나눕니다(우주=계+환경). 예를 들어 열기관의 경우, 계는 열기관의 내부, 환경은 열기관을 둘러싼 모든 것을 가리키며, 계와 환경을 합쳐서 우주라고 부릅니다. 열역학의 관점에 따르면 관찰자는 언제나 환경에 있으면서 계를 관찰하므로, 계로부터는 벗어나 있지만 환경마저 벗어날 도리는 없습니다. 곧 관찰자는 우주 안의 환경에서 계를 관찰할 뿐 우주 밖으로 나가 우주를 관찰할 수는 없으므로 우주는 계라고 볼 수 없습니다. 하지만 현대 천문학의 관점에서는 우주도 계에 속합니다. 여기서 현대 천문학이란 이른바 빅뱅Big Bang을 인정하는 견해를 뜻합니다. 빅뱅이론은 우주가 약 138억 년 전에 소립자보다 더 작은 극미의 공간에서 빅뱅과 함께 태어나 현재의 크기로 커졌으며 현재도 계속 팽창한다고 봅니다. 최근에는 우리 우주 외에 다른 우주도 얼마든지 있을 수 있다는 견해도 나옵니다. 따라서 우리는 비록 우주 안에 살지만 최초의 탄생부터 현재를 거쳐 미래에 이르도록 우주 전체를 관찰 대상으로 삼는 셈입니다. 곧 빅뱅이론에 따르면 우주도 관찰 대상이므로 계의 일종입니다.

계 이야기는 여기서 끝나지 않습니다. 이제 아주 미묘한 점을 하나 생각해보겠습니다. 처음에 "①계는 유기적인 연결 조직체"라고 했는데, 이것도 일상적으로는 충분하지만 그 이상을 포괄하기 위해 "②계는 관찰 대상"이라고 정의했습니다. 여기에는 "관찰의 주체와 대상이 구별된다"는 전제가 깔려 있습니다. 하지만 엄밀히 말하면 관찰의 주체와 대상을 명확히 구별할 수는 없습니다. 어떤 환자의 체온을 측정한다고 합시다. 환자의 체온과 체온계의 온도가 처음부터 우연히 일치하지 않는 한, 체온계를 환자의 몸에 댐으로써 체온이 극히 미세하나마 달라진다고 봐야 합니다. 다시 말해서 관찰의 주체가 관찰이라는 행위를 하면 이 행위로 인해 대상의 성질이 영향을 받는다는 뜻입니다. "그냥 가만히 보기만 할 수도 있지 않은가? 체온도 비접촉 체온계로 재면 되지 않나?"고 할 수 있습니다. 그러나 "본다"는 행위도 대상에서 나오는 빛을 보는 것이며, 이 빛으로 인해 대상이 교란됩니다. 비접촉 체온계도 환자의 몸에서 나오는 에너지를 이용하므로 환자의 상태는 그만큼 달라집니다. 미세한 측정과 달리 영향이 매우 큰 경우도 있습니다. 예컨대 자동차가 충돌할 때 얼마나 안전한지 알아보는 충돌시험에서는 자동차가 박살이 나며, 의약품의 효능을 시험하기 위해 동물이나 환자에게 투약하는 경우 좋은 면으로든 나쁜 면으로든 극적인 효과가 나타날 수 있습니다. 중요한 점은 영향이 크건 작건 관찰에 의해 대상이 교란되는 현상을 피할 도리가 없다는 사실입니다. 그러므로 엄밀히 말하면 "관찰의 주체와 대상을 명확히 구별할 수는 없다"는 결론이 나옵니다. 따라서 계를 가장 정확히 정의하자면 주체도 계에 포함하여 "③계는 관찰의 주체와 대상"이라고 해야 합니다. 하지만 ③의 정의는 이론적으로는 몰라도 실제적으로는 불편한 경우가 많습니다. 따라서 꼭 필요한 경우를 제외하고는 ②로 만족하는데, 대략 구분하자면 일상적인 관찰에서는 ②의 정의를 적용하고, 파괴실험이나 매우 섬세한 실험에서는 ③의 정의를 고려해야 한다고 보면 되겠습니다. 이런 내용은 "주체와 객체의 얽힘 또는 분리불가능성"이라는 진지한 명제로 철학이나 양자역학에서 흥미롭게 논의되는데, 더 자세한 이야기는 각자의 탐구에 맡기겠습니다.

제6장

변화와 보존(I)
운동량과 에너지

과학은 변화와 불변의 탐구이다. 변화는 불변을 싸고돈다. ― 고중숙

세 가지 운동법칙 가운데 가속법칙은 관성법칙을 포괄하므로 실질적으로 운동법칙은 가속법칙과 작용반작용법칙 두 가지라고 했습니다. 두 가지 법칙은 중요한 점에서 서로 대조적입니다. 가속법칙은 변화를 대표하지만, 작용반작용법칙은 불변을 대표한다는 점이 바로 그것입니다. 곧 힘은 모든 변화의 원인이지만, 작용반작용법칙은 모든 변화에 내포되어 있는 불변 가운데 하나인 "운동량보존법칙"을 암시합니다.

과학에는 많은 보존법칙이 있습니다. 그중 "에너지보존법칙"은 "운동량보존법칙"과 함께 "2대 보존법칙*"이라고 할 정도로 중요합니다. 우리의 목표인 특수상대성이론에서 아인슈타인이 추구한 것도 곧 "변화 속의 불변"이었습니다. 어떤 의미에서 "과학은 변화와 불변을 찾는 탐구"라고 할 수 있습니다.

한편 고전물리학의 중요한 분야 중 하나인 열역학에도 보존을 나타내는 "제1법칙"과 변화를 나타내는 "제2법칙"이 있습니다. 이들은 실로 우주의 운명을 결정하는 법칙이라고 할 수 있습니다. 열역학에는 이밖에 "제0법칙"과 "제3법칙"이 있는데 전체적으로 운동법칙 못지않게 중요합니다. 과학적 내용과 철학적 의미 모두 심오하고도 흥미롭지만 놀랍게도 기본 아이디어는 간명하므로 함께 살펴보겠습니다.

1. 운동량보존법칙

운동량보존법칙의 유도

운동량보존법칙은 작용반작용법칙으로부터 유도되는데 간단히 설명하면 이렇습니다. 두 물체가 충돌하면 같은 크기의 힘이 반대 방향으로 작용하므로 두 힘을 합하면 0이 됩니다. 그런데 힘은 운동량의 순간변화율, 곧 운동량의 미분이므로 거꾸로 힘을 적분하면 운동량이 나옵니다. 앞에서 배웠듯 0을 적분하면 상수가 나옵니다. 상수란 일정한 값을 갖고 변하지 않는 수입니다. 따라서 작용과 반작용에 상관없이 운동량은 항상 일정합니다. 이 유도 과정을 보면 미적분의 위력이 정말 대단합니다. 이것을 미적분이 아닌 다른 방식으로 접근하면 설명하기도 어렵고 이해하기도 어렵습니다. 식으로는 다음과 같이 씁니다.

운동량보존법칙 : $m_1 v_1 + m_2 v_2 = m_1 v_1' + m_2 v_2'$

한편 여러 항의 덧셈은 "$\sum$"로 나타내기도 합니다. 이것도 적분 기호처럼 "sum"에서 나왔는데, "s"에 해당하는 그리스 문자 시그마sigma의 대문자입니다. 시그마를 이용하면 위 식의 우변을 모두 좌변으로 이항하여 간단하게 쓸 수 있습니다(아래 첨자 i는 1, 2, …로 이 식에서 고려하는 대상의 개수만큼 쓰면 됩니다).

운동량보존법칙 : $\sum m_i v_i = 0$

충돌 전 두 물체는 각각 $m_1 v_1$과 $m_2 v_2$의 운동량을 갖습니다. 충돌 순간에는 작용반작용법칙이 성립합니다. 충돌 후에는 속도가 달라지므로 운동량도 달라져 각각 $m_1 v_1{'}$과 $m_2 v_2{'}$의 운동량을 갖습니다. 이처럼 충돌 전후에 각 물체의 운동량은 달라지지만 계 전체의 운동량은 항상 일정합니다.

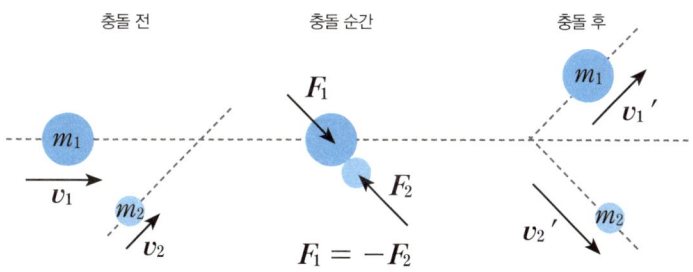

| 작용반작용법칙과 운동량보존법칙의 관계

그림에서 충돌 전에는 서로 작용하는 힘이 없으므로 작용반작용법칙이 적용될 여지가 없고, 충돌 후에도 그렇습니다. 작용반작용은 충돌 순간에만 일어나는 현상이며, 이때 두 물체에 작용하는 힘의 크기는 같되 방향은 반대입니다. 그러나 운동량은 충돌 전이나 충돌한 순간이나 충돌

후나 항상 일정합니다. 운동량보존법칙은 작용반작용법칙에서 유도되지만 적용 범위는 고전역학을 넘어섭니다. 고전역학은 20세기 들어 상대론과 양자론에 의하여 크게 수정되지만 운동량보존법칙은 상대론과 양자론이 적용되는 영역에서도 여전히 성립합니다. 작용반작용법칙과 운동량보존법칙은 각각 순간의 법칙과 영원의 법칙이라 하겠는데, 특히 후자가 전자에서 유도된다는 점은 "순간에서 영원으로"라는 표현으로 함축할 수 있겠습니다.

각운동량보존법칙

운동량보존법칙과 에너지보존법칙은 매우 중요하지만 에너지와 달리 운동량의 관념은 직관적으로 와 닿지 않는다는 점이 아쉽습니다. 그런데 운동량보존법칙과 실질적으로 동등하면서 시각적으로 선명하고 일상적으로 쉽게 경험할 수 있는 것이 있습니다. 바로 "각운동량보존법칙"입니다. 운동량보존법칙이 "직진운동*"에 적용되는 데 비해 각운동량보존법칙은 회전운동에 적용된다는 차이가 있을 뿐입니다. 각운동량은 물체의 질량 m에 접선 방향의 속도 v와 회전반지름 r을 곱한 mvr로 나타냅니다. 따라서 각운동량보존법칙은 다음과 같이 쓸 수 있습니다.

---

* 거의 모든 자료에서 "직진(直進)"을 "병진(竝進)"으로 씁니다. 하지만 병진은 "함께 간다"라는 뜻이어서 둘 이상의 입자가 운동할 때라면 모를까 하나의 입자가 운동할 때는 쓸 수 없는 말입니다. 그 원어인 "translation"은 대략 "이동(trans)+위치(lation)"로 풀이되는 단어로 "함께"라는 뜻은 없습니다. 또한 "차가 직진한다", "빛은 직진성을 갖는다" 등에서 보듯 직진은 누구나 잘 알고 많이 쓰는 용어인 반면, 병진은 특별한 경우가 아니면 거의 쓰지 않습니다. 게다가 물리학에서는 본래 세상의 모든 운동을 "직진", "회전", "진동" 셋으로 분류하며, 그중 직진은 회전이나 진동 없이 "똑바로 움직이는 운동"을 뜻합니다. 그러므로 논리적으로나 직관적으로 직진운동이라고 부르는 게 타당합니다.

각운동량보존법칙 : $\sum m_i v_i r_i = 0$

각운동량보존법칙을 잘 보여주는 예로 흔히 피겨스케이팅 선수의 회전 연기를 듭니다. 아래 그림에서 보듯 피겨스케이팅 선수가 제자리에서 회전할 때 팔을 길게 뻗으면 천천히 돌지만 그 상태에서 팔을 움츠려 몸에 붙이면 회전 속도가 증가하여 빠르게 돌게 됩니다. 각운동량 mvr이 일정하려면, 몸의 질량 m은 일정하므로 회전 반지름 r이 줄어들 때 회전 속도 v가 증가하기 때문입니다.

| 피겨스케이팅과 각운동량보존법칙

2. 에너지보존법칙

에너지보존법칙의 역사

에너지라는 말의 유래인 "energeia"는 고대 그리스 시대에도 쓰였지만 의미는 오늘날과 달랐습니다. 라이프니츠는 오늘날과 비슷한 개념을 떠올렸지만 "활력(vis viva)"이라 불렀습니다. 이러한 용어와 개념은 19세기 중반 들어 비로소 결합되었고, 이 무렵 에너지·일·열·빛·전기·자기 등이 서로 변환되는 "한 관념의 다른 구현"이라는 사실이 밝혀졌습니다. 또한 에너지는 모습이 변할 수 있지만 창조되거나 소멸되지 않는다는, 즉 "에너지는 보존된다"는 개념이 싹텄습니다. 이런 생각의 선구자는 톰슨(Benjamin Thompson, 1753~1814), 그로브(William Grove, 1811~1896), 마이어(Julius Mayer, 1814~1878), 줄(James Joule, 1818~1889), 헬름홀츠(Hermann Helmholtz, 1821~1894) 등이었습니다.

- 톰슨(1798년) : 대포의 포신을 깎는 작업에서 열이 많이 발생하는 것을 보고 열은 일과 같다는 생각을 했습니다. 이 마찰열만으로 물을 끓여 사람들을 놀라게 했으며, 열이 원소의 일종이라는 종래의 설을 반박했습니다. 하지만 에너지보존법칙의 관념에는 이르지 못했습니다.
- 마이어(1841년) : 열대지방 사람이 상처를 입었을 때 흘리는 피의 색깔이 유럽인보다 더 선명한 붉은 색이라는 점을 발견했습니다. 그는 열대지방은 기온이 높아 체온을 유지하는 데 많은 에너지가 필요하지 않으므로 산소 소모량이 적고, 따라서 피에 산소가 더 많아 선명한 붉은 색을 띤다고 추측했습니다. 이를 토대로 "에너지는 창조되거나 소멸되지 않는다"는 에너지보존법칙을 최초로 밝혔습니다.
- 줄(1843년) : "얼마의 일이 얼마의 열에 해당하는가?"라는 일과 열 사이의 양적 관계, 곧 "일의 열당량" 또는 "열의 일당량"을 처음 측정했습니다. 신혼여행 중에 폭포의 위와 아래에서 수온을 측정하여 위치에너지가 열로 바뀐다는 사실을 보이려고 했다는 일화로도 유명합니다. 하지만 이 시도에서 뚜렷한 온도차를 관측하지는 못했습니다.
- 그로브(1844년) : 일·열·빛·전기·자기 등이 모두 에너지의 다른 모습이라고 주장했습니다. 오늘날 다른 의미의 에너지보존, 곧 에너지 위기를 해소할 중요한 방법의 하나로 여겨지는 연료전지 fuel cell 를 처음 개발했습니다.
- 헬름홀츠(1847년) : 선구자들과 자신의 업적을 종합하여 에너지보존법칙을 확립했습니다. 마이어의 업적을 인용하지 않아 표절의 의혹을 사기도 했습니다.

이렇게 발견 및 발전된 에너지와 에너지보존법칙은 그 철학적인 의미로 많은 인기를 끌어 물리학뿐 아니라 다른 분야에도 영향을 미쳤습니다. 특히 정신분석학의 창시자인 프로이트(Sigmund Freud, 1856~1939)가 리비도libido라는 "정신적 에너지"의 운동으로 인간의 정신 활동을 설명한 것은 유명합니다.

(1) 역학적 에너지보존법칙

에너지에는 빛, 소리, 열, 전기, 자기, 화학, 수력, 풍력, 원자력 등 여러 가지가 있습니다. 고전역학에서 주로 다루는 "운동에너지kinetic energy"와 "위치에너지potential energy"를 "역학적 에너지mechanical energy"라고 부릅니다. 에너지보존법칙을 처음 배울 때 접하는 가장 흔한 예인 "높은 건물에서 물체를 떨어뜨리면 어떻게 되는가?"라는 질문을 통해 "역학적 에너지보존법칙"을 알아봅시다.

중력과 무게

높은 건물에서 물체를 떨어뜨리려면 일단 물체를 가지고 올라가야 합니다. 이때 지구의 중력이 작용합니다. 중력은 만유인력과 같으며, "거리의 제곱에 반비례하고 질량의 곱에 비례한다"고 했습니다. 식으로 쓰면 다음과 같은데, G는 중력상수gravitational constant 라고 하며 값은 약 6.67×10^{-11} N·m/kg²입니다.

중력(만유인력) : $F = G\dfrac{m_1 m_2}{r^2}$

한편 가속법칙에 따르면 힘은 $F = ma$로서 물체를 가속하는 능력입니다. 그런데 지구는 자유롭게 낙하하는 모든 물체에 9.81m/s²인 "중력가속 g를 가합니다. 따라서 질량 m인 물체를 당기는 지구의 중력은 mg가 되는데, 이것을 물체의 "무게weight"라고 합니다.

무게와 질량

흔히 "내 몸무게는 60킬로그램이다"라는 식으로 말하는데, 이는 사실 "질량mass"을 가리킵니다. 정확히 말하려면 "무게weight"는 질량에 중력가속 g를 곱해야 합니다. 하지만 일상적으로 쓰기에 불편하므로 "kg중"·"kgf kilogram-force" 같은 단위를 사용하여 몸무게는 "60킬로그램중" 또는 "60킬로그램포스"와 같이 말합니다. 이것도 여전히 불편합니다. 따라서 실제로는 이런 단위를 사용한다는 묵시적 전제 아래 그냥 "나는 60킬로다"라고 하지요. 참고로 정식 국제단위인 "뉴턴"을 쓸 경우 몸의 질량이 60kg이면 "몸무게"는 $60\text{kg} \times 9.81\text{m/s}^2 = 588.6\text{kg}\cdot\text{m/s}^2 = 588.6\text{N}$이 됩니다.

중력가속은 지구상의 위치에 따라 다릅니다. 지구의 자전으로 인한 원심력 때문에 적도에서는 극지보다 작으며, 높은 산으로 가면 지구 중심과의 거리가 멀어지므로 줄어듭니다. 그래서 몸의 질량은 일정하더라도 몸무게는 위치에 따라 변합니다. 물론 지구상에서 그 차이는 알아차리기 어려울 정도로 작습니다. 하지만 다른 천체로 옮겨간다면 이야기는 달라집니다. 예를 들어 달에서는 중력이 지구의 1/6 가량에 불과하므로 몸무게도 그만큼 줄어 붕붕 날듯 뛰어다닐 수 있을 것입니다. 반면 목성의 중력은 2.5배가량이므로 뛰기는커녕 그냥 서있기도 힘들 것입니다.

위치에너지

어떤 물체를 높은 건물로 갖고 올라가려면 지구가 당기는 힘보다 더 큰 힘으로 물체를 옮겨야 합니다. 건물의 높이를 h라고 하면 그 높이까지 올리는 데 필요한 최소한의 일은 $w = FS = mgh$가 됩니다.

이 물체를 떨어뜨리면 지구의 중력이 당겨서 h만큼 떨어지는데, 이 낙하 중에 중력이 하는 일도 mgh입니다. 다시 말해서 높이 h의 위치에 있는 질량 m인 물체는 mgh만큼의 일을 할 수 있는 잠재력을 갖는데, 이를 "위치에너지 potential energy"라고 합니다.

역학적 에너지보존법칙

위치에너지와 운동에너지를 역학적 에너지라고 합니다. "역학적 에너지보존법칙"을 이야기할 때는 당연히 다른 에너지는 관여하지 않는다고 전제합니다. 아래 그림에서 지상에서 건물 꼭대기까지 운동에너지와 위치에너지의 합은 항상 일정하다는 것을 알 수 있습니다. 물체의 운동에너지와 위치에너지는 서로 "변환"되기는 하지만 그 합은 일정하게 "보존"되며, 이 관계를 역학적 에너지보존법칙이라고 합니다.

물체를 아래로 떨어뜨릴 때 위치에너지는 운동에너지로 바뀌고, 반대로 위로 던질 때 운동에너지는 위치에너지로 바뀝니다. 그러나 전체 과정에서 두 에너지의 합은 항상 일정하게 보존됩니다.

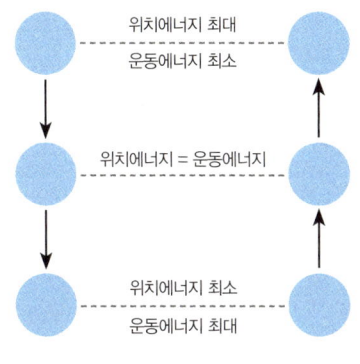

| 역학적 에너지보존법칙

퍼텐셜에너지는 잠재적인 잠재력

"위치에너지"를 영어로 "퍼텐셜에너지 potential energy"라고 합니다. 이 용어는 특이합니다. 에너지는 일을 할 수 있는 능력, 즉 일을 할 수 있는 잠재력입니다. 그런데 potential에는 "잠재적인"이란 뜻이 있으므로 결국 "일을 할 수 있는 잠재적인 잠재력"이라는 중복적인 표현이 됩니다. 하지만 이 표현은 동어반복이라기보다 오히려 퍼텐셜에너지의 본질을 잘 설명해줍니다. 운동에너지는 곧바로 일로 변환되는 반면, 퍼텐셜에너지는 직접 일을 할 수 없고 운동에너지로 바뀐 뒤에야 비로소 일을 할 수 있기 때문이지요.

이 점은 위 그림에서 쉽게 알 수 있습니다. 물체가 건물 꼭대기에 있으면 퍼텐셜에너지를 갖지만 그대로는 직접 일을 할 수 없습니다. 떨어져 땅에 충돌할 때에야 비로소 일을 합니다. 다시 말해서 퍼텐셜에너지는 일을 하기 전에 먼저 운동에너지로 바뀌어야 합니다. 즉, 역학적 에너지가 일로 변하려면 "퍼텐셜에너지의 비축(물체를 꼭대기로 올리기) → 운동에너지로의 변환(물체를 떨어뜨리기) → 일의 수행(땅에 충돌)"이라는 3단계를 거쳐야 합니다.

(2) 일반적 에너지보존법칙

역학적 과정이 끝난 후

역학적 에너지보존법칙 이야기는 물체가 땅에 닿는 장면에서 끝납니다. 땅에 닿으면 건물 꼭대기에서 비축되었던 위치에너지는 모두 소진되지만 물체의 속도는 최대이므로 운동에너지도 최대가 됩니다. 그 이후는 어떻게 될까요? 물체가 땅에 충돌하여 몇 번 튀다가 움직임을 멈추면 운동에너지도 0이 됩니다. 그러면 물체는 처음에 얻은 위치에너지는 물론 그것이 변환된 운동에너지도 모두 잃고 마는데, 그동안 얻었던 에너지는 어디로 간 것일까요? 이 단계에는 다른 에너지들이 개입합니다. 우선 물체가 땅에 충돌하는 순간 소리가 납니다. 물체가 가진 운동에너지의 일부가 소리에너지로 바뀌는 거지요. 또한 충돌로 인해 운동에너지의 일부가 열에너지로 바뀌어 물체와 땅의 온도가 올라갑니다. 바닥이 아주 딱딱해서 불꽃이 튄다면 운동에너지의 일부가 빛에너지로도 바뀝니다. 마지막으로 바닥에 구덩이가 생기는 등 변형이 일어날 텐데, 이는 운동에너지가 바닥을 이루는 물질에 대해 행한 일이 됩니다.

충돌 때문에 물체와 땅의 온도가 올라간다면 실감이 안 날지도 모르겠습니다. 하지만 줄의 일화에 나오는 폭포수처럼 온도차가 너무 적어서 측정이 어려울 수는 있지만 온도차가 생긴다는 것은 분명합니다. 미국 애리

조나 주에 있는 배린저 운석공Barringer Crator은 지름 1,200미터, 깊이 170미터 가량의 커다란 구덩이입니다. 컴퓨터 모의실험에 따르면 약 5만 년 전 지름 50미터 가량의 운석이 초당 12.8킬로미터의 엄청난 속도로 충돌해서 생겼다고 합니다. 그런데 운석 자체는 충돌 때 거의 기화되어 극히 일부만 잔재로 발견됩니다. 이처럼 규모와 상관없이 물체가 충돌할 때는 에너지의 일부가 열로 변환됩니다. 미국 남북전쟁 당시 링컨 대통령이 이끄는 북군이 결정적인 승리를 거둔 게티즈버그 전투Battle of Gettysburg의 유물을 전시한 박물관에는 총탄 두 개가 우연히 서로 충돌하여 맞붙어 버린 것이 전시되어 있습니다. "당시 이곳의 전투가 얼마나 치열했는지 잘 보여준다"는 설명이 붙어 있지만 물리학적으로는 충돌 시 발열 현상이 얼마나 치열할 수 있는지를 잘 보여주는 예라고 하겠습니다.

| 배린저운석공(출처 https://en.wikipedia.org/wiki/Meteor_Crater)과 게티즈버그 전투에서 맞붙은 총알 (출처 http://thisweekinthecivilwar.com/?p=495)

에너지보존법칙도 영원의 법칙

이런 식으로 변환된 에너지의 총합은 본래 그 물체가 가졌던 역학적 에너지의 총합과 같습니다. 이 과정에서 에너지는 변환될 뿐 소멸되는 것은 조금도 없습니다. 소리나 빛이나 열로 바뀐 에너지도 주변 공기와 땅에 전해지고, 그 뒤에도 다른 곳으로 널리 퍼져갈 뿐 결코 없어지지 않습니다. 한마디로 전체 에너지는 영원불멸입니다. 에너지보존법칙이란 이러한 전체적 과정의 에너지가 보존된다는 뜻입니다. 역학적 에너지보존법칙은 편의상 그중 일부만 따로 관찰한 것에 불과하지요.*

예제 아래 그림처럼 2kg인 물체 A가 20m/s의 속도로 수평으로 나아가다가 정지해 있는 4kg의 물체 B와 충돌했습니다. 그 뒤 A는 수평방향에 대해 30°만큼 위쪽으로, B는 60°만큼 아래쪽으로 나아갔습니다. 충돌 전후 각 물체의 운동량과 에너지를 구하시오.

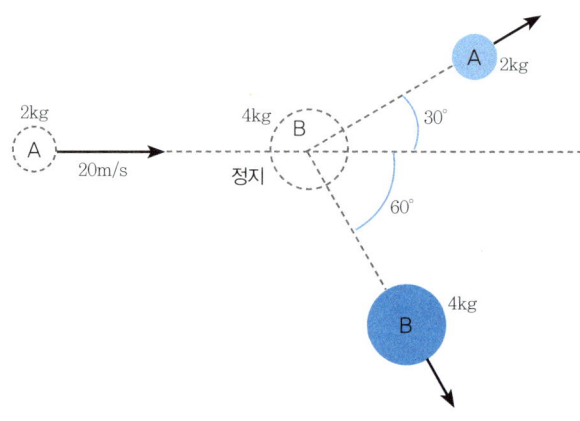

---

* 역학적 에너지보존법칙은 "보존력(conservative force)"에서만 성립합니다. 질량 m인 물체를 들고 1층에서 10층까지 올라갈 때, 비상사다리로 곧장 올라가든, 계단을 타고 왔다갔다하면서 올라가든, 물체에 투입되는 일의 양은 mgh로 모두 같습니다. 이처럼 행하는 일의 양이 경로에 상관없이 일정한 경우의 힘을 보존력이라고 하는데, 중력과 전기력과 용수철의 탄성력을 대표적인 예로 들 수 있습니다.

　공기의 저항이나 마찰력을 고려하면 문제는 달라집니다. 높이는 같더라도 경로가 다르면 공기의 저항이나 마찰력이 달라지므로 행하는 일의 양도 달라집니다. 그래서 각종 저항력이나 마찰력을 "비보존력(non-conservative force)"이라고 합니다. 비보존력이 개입하면 역학적 에너지보존법칙은 성립하지 않습니다. 그러나 어떤 경우에도 일반적인 에너지보존법칙은 항상 성립합니다.

(가) 운동량

충돌 전에 A는 $2 \times 20 \mathrm{kg \cdot m/s} = 40 \mathrm{kg \cdot m/s}$의 운동량을 갖지만, B는 정지해 있으므로 B의 운동량은 0입니다. 따라서 그 총합은 $40 \mathrm{kg \cdot m/s}$이며, 방향은 수평 방향입니다. 운동량보존법칙에 따르면 충돌 전후 운동량의 총합은 일정하므로 이를 이용하여 충돌 후 각 물체의 운동량을 계산합니다. 알아둘 것은 운동량은 벡터이므로 x축과 y축 성분이 각각 보존된다는 점입니다.

수평 방향 : $40 = 2 \times v_A{'} \cos 30° + 4 \times v_B{'} \cos 60°$
수직 방향 : $0 = 2 \times v_A{'} \sin 30° + 4 \times v_B{'} \sin 60°$

이 두 식을 풀면 $v_A{'} = 10\sqrt{3}$ m/s이고 $v_B{'} = 5$m/s 이므로, 충돌 후 A와 B는 각자의 진행 방향으로 각각 $20\sqrt{3}$ kg·m/s와 20kg·m/s의 운동량을 가집니다. 이 두 운동량의 합을 평행사변형법으로 구하면 아래 그림에서 보듯 수평 방향으로 40kg·m/s입니다. 따라서 운동량이 충돌 전후에 일정함이 확인됩니다.

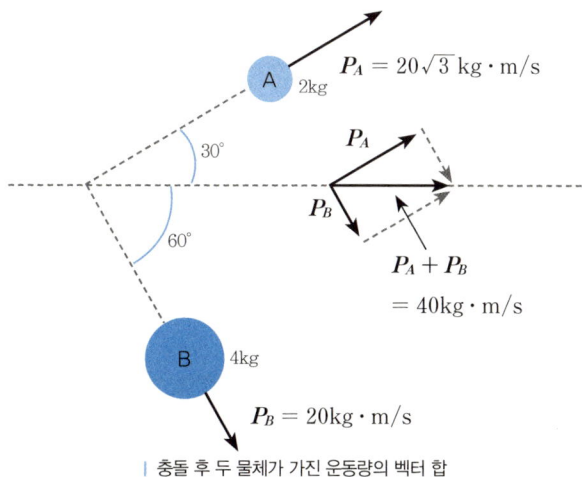

| 충돌 후 두 물체가 가진 운동량의 벡터 합

(나) 에너지

문제에서 중력이나 전기력 등의 영향은 없으므로 위치에너지는 고려할 필요가 없습니다. 충돌 전에는 A만 움직이므로 총 에너지는 A의 운동에너지와 같습니다.

$$\frac{1}{2}mv^2 = \frac{1}{2} \times 2\text{kg} \times (20\text{m/s})^2 = 400\text{kg} \cdot \text{m}^2/\text{s}^2 = 400\text{J}.$$

에너지는 스칼라이므로, 충돌 후 각 물체가 갖는 운동에너지도 위와 같이 구합니다.

$$\text{충돌 후 A의 운동에너지} = \frac{1}{2} \times 2\text{kg} \times (10\sqrt{3} \text{ m/s})^2 = 300\text{J}.$$

$$\text{충돌 후 B의 운동에너지} = \frac{1}{2} \times 4\text{kg} \times (5\text{m/s})^2 = 50\text{J}.$$

충돌 후 운동에너지의 총합은 350J로 충돌 전보다 50J만큼 감소했습니다. 언뜻 충돌 전후에 에너지보존법칙은 성립하지 않는다고 생각할 수 있으나 그렇지 않습니다. 위 계산에서는 충돌 후의 운동에너지만 구했기 때문입니다. 앞서 에너지보존법칙을 설명할 때 물체가 충돌하면 크건 작건 열이 발생한다고 했습니다. 여기서도 운동에너지 감소분의 일부가 열에너지로 바뀌며, 그 밖에 소리나 빛에너지로도 바뀝니다. 이 문제에 주어진 정보만으로는 다른 에너지들을 정확히 구할 수는 없습니다. 하지만 충돌 전후의 모든 에너지의 총합은 일정하며, 이 문제에서도 일반적 에너지보존법칙은 당연히 성립합니다.

탄성충돌과 비탄성충돌

위 문제와 같이 충돌 전후의 "운동에너지"가 보존되지 않는 경우를 "비탄성충돌inelastic collision"이라고 합니다. 그리고 운동에너지가 다른 에너지로 누출되지 않고 온전히 보존되면 "탄성충돌elastic collision"이라고 합니다. 한편 운동량보존법칙은 탄성충돌이든 비탄성충돌이든 언제나 성립합니다. 흔히 당구공의 충돌이 탄성충돌에 가깝다고 합니다. 하지만 물체끼리 충돌하면 미세하나마 소리·열·빛 등으로 에너지가 빠져나가므로 일상적인 충돌은 모두 비탄성충돌입니다. 진짜 탄성충돌은 오직 소립자들 사이에서만 일어나지만 이것도 모두 탄성충돌은 아닙니다. 요약하면 다음과 같습니다.

종류	가능성	운동량	운동에너지	전체 에너지
탄성충돌	소립자들끼리의 충돌에서만 가능	보존	보존	보존
비탄성충돌	현실적으로 존재	보존	비보존	보존

에너지보존법칙의 수정

운동량보존법칙은 작용반작용법칙에서 유도되지만 상대론과 양자론에서도 성립한다고 했습니다. 그러나 에너지보존법칙은 고전물리학과 양자론에서는 정확히 성립하지만 상대론이 적용될 경우 조금 수정해야 합니다. 우리의 주제인 $E = mc^2$ 때문입니다. 이 식의 참된 의미는 양변의 값이 같다는 점을 넘어 "에너지와 질량이 완전히 동등하다", 곧 "동일한 실체의 서로 다른 두 모습"이란 것입니다. 따라서 에너지가 변하면 질량의 변화도 함께 살펴야 하며, 에너지보존법칙을 상대론의 취지에 따라 엄밀히 말할 때는 "질량에너지보존법칙"이라고 해야 합니다. 다만 c^2이 매우 큰 값이므로 일상적인 에너지 변화 과정에서 질량 변화는 감지할 수 없을 정도로 작기 때문에 에너지보존법칙만 따져도 별 문제가 없습니다.

$E = mc^2$을 수치적으로 실감해봅시다. 에너지의 기본 단위는 J이고 $1\text{J} = 1\text{kg} \cdot \text{m}^2/\text{s}^2$입니다. 단위를 조금 고쳐 쓰면 $\text{kg} \cdot \text{m}^2/\text{s}^2 = \text{kg} \cdot (\text{m/s})^2$으로 "질량 × (속도)^2"의 모습이 됩니다. $E = mc^2$은 "질량 × (광속)^2"의 모습이므로 (광속)^{2}을 m/s 단위, 질량을 kg 단위로 넣으면 에너지를 곧장 J로 말할 수 있습니다. 광속은 초당 30만 킬로미터이므로 m/s 단위로는 3×10^8이 됩니다. 따라서 (광속)$^2 \fallingdotseq (3 \times 10^8)^2 \fallingdotseq 10^{17}$, 곧 10경입니다(경[京]은 조[兆]의 만 배). 예를 들어 10kg의 질량은 약 100경J의 에너지에 해당하며, 현재 전 세계의 하루 에너지 소비량과 대략 맞먹습니다.

대칭

두 가지 "보존"을 이야기하면서 "불변"·"일정"·"영원"과 같은 개념들을 도입했습니다. 이와 관련된 또 다른 중요한 개념으로 "대칭symmetry"이 있습니다. 대칭이란 "어떤 시행operation 전후에 서로 구별할 수 없는 현상"을 가리킵니다. 예를 들어 우리 몸을 거울에 비추면 우리와 영상을 구별할 수 없습니다. 정육각형을 60° 회전시키면 전후 상태를 구별할 수 없습니다. 자연계에는 이런 대칭이 매우 많은데, 모두 변화 전후에 어떤 불변성이 존재한다는 사실을 알려준다는 점에서 중요합니다. 곧 어떤 대칭이 존재한다는 것은 어떤 보존법칙이 존재한다는 뜻입니다. 그래서 과학에서는 어떤 현상에 내포된 대칭성을 찾는 게 아주 중요한 탐구인데, 사실 특수상대성이론도 그런 탐구의 한 성과라고 할 수 있습니다. 아래 칼럼은 몇 해 전 어느 잡지에 "대칭"을 소재로 쓴 것인데 가벼운 마음으로 읽어보기 바랍니다.

운전대만 잡으면

쉼터

"옷이 날개"라는 속담이 있다. 사람 자체는 어떤 옷을 걸치든 변함이 없지만 겉으로는 크게 달라진다. 그런데 알고 보면 그 영향이 겉모습에만 머물지 않는다. 사람의 마음도 겉모습에 따라 많은 변화를 겪는다. 평소에는 부드럽던 사람이 특수한 신분을 나타내는 제복을 입으면 어딘지 딱딱해진다. 이런 점에서 사람은 거울과 비슷하다. 외부적 요소 또는 외부 환경의 변화에 따라 내면적으로 그에 대응하는 영상을 만들어내는 것이다.

"운전대만 잡으면 사람이 변한다"는 말도 흔히 듣는다. 예외는 있지만 성격이 온순한 사람도 운전대만 잡으면 옆 사람이 놀랄 정도로 난폭해진다. 급가속과 급정거를 일삼고, 과속방지턱도 거칠게 넘는다. 영어에도 "People change behind the wheel"이란 표현이 있으니 이런 현상은 상당히 일반적인 듯하다. 흥미로운 것은 차에서 내리면 이 사실을 금세 잊는다는 점이다. 자기가 어땠는지는 생각도 하지 않고 남이 거칠게 운전하는 모습을 보면 눈살을 찌푸리며 비난한다. 이런 내용을 묘사한 공익광고도 있었다. 차의 앞 유리창을 사이에 두고 운전자와 보행자가 서로에게 화를 낸다. 그런데 차츰 클로즈업되면서 드러나는 얼굴을 보니 둘은 같은 사람이었다. 운전자는 보행자로서의 자신, 보행자는 운전자로서의 자신을 잊고 서로 자신에게 화를 냈던 것이었다. 차의 앞 유리창이 거울 역할을 하여 운전자와 보행자라는 두 사람의 대응관계를 재미있게 보여주었다.

이런 현상을 과학적으로 풀이하면 "대칭성"이라고 할 수 있다. 위 예에서는 거울과 유리창을 사이에 두고 양쪽의 모습이 "면대칭" 관계에 있다. 세상에는 이런 대칭성이 폭넓게 존재한다. 사람의 모습부터 좌우대칭이다. 대부분의 동물 또한 그렇다. 대칭성은 미학적으로 아주 중요하다. 아름다움을 결정하는 요소는 많지만 대칭성도 빠질 수 없다. 대칭성의 아름다움을 잘 보여주는 예로 흔히 눈의 결정을 현미경으로 확대한 사진을 든다. 눈 속에 담긴 헤아릴 수 없이 많은 결정들의 모습은 모두 다르다. 하지만 예외 없이 아름다운 육각형이란 점은 공통이다. 대칭성이 높은 것이다. 사람도 얼굴의 좌우 대칭성이 높을수록 아름답게 느껴지고 호감도 높아진다고 한다.

대칭성은 겉모습을 넘어 미묘한 형태로 드러나기도 한다. 에너지보존법칙과 운동량보존법칙을 예로 들 수 있다. "보존법칙"이란 어떤 과정의 전후에 변화가 없다는 뜻이다. 휘발유에 담긴 에너지는 엔진에서 연소되어 열과 자동차의 운동에너지로 바뀐다. 하지만 모습이 바뀔 뿐 연소 전후에 에너지의 총량은 불변이다. 곧 연소를 사이에 두고 대칭이다. 더 미묘한 대칭성도 많다. 사실 현대 과학의 중요한 목표 가운데 하나가 보다 깊은 대칭성들을 찾는 데 있다. 이런 자연의 모습을 배우면서 운전대 사이의 대칭도 좀 더 아름다운 모습이 되기를 기대한다.

(3) 퍼텐셜의 이해

퍼텐셜은 환경이다. — 고중숙

"퍼텐셜"과 "퍼텐셜에너지"

"퍼텐셜에너지"에서 "에너지"를 떼어낸 "퍼텐셜"은 중요한 의의를 갖습니다. 그런데 둘을 구별하기도 하고 구별하지 않기도 해서(또는 구별되기도 하고 구별되지 않기도 해서) 혼란스러운 경우가 있습니다. 이 점을 명확히 지적한 자료는 거의 없는 것 같습니다. 여기서는 "퍼텐셜"과 "퍼텐셜에너지"의 관계를 명확히 밝히고, 직관적으로 이해해봅시다. 우선 퍼텐셜에너지는 "위치에너지"라고도 합니다. 그러면 "퍼텐셜 = 위치"라는 관계가 성립합니다. 일상적으로 위치라는 말을 들으면 주변 환경이 떠오릅니다. 다시 말해 위치라는 용어는 어떤 환경을 배경에 깔고 "그 안에서 어디에 있느냐?"를 나타내는 것입니다. 이런 생각을 토대로 "퍼텐셜은 (위치의 배경이 되는) 환경이다"라는 말을 살펴보겠습니다.

힘에 대한 두 가지 미분식

운동량에 대해 이야기하면서 "힘은 운동량의 순간변화율"이라 하고 식으로는,

$$F = dP/dt \qquad \text{①}$$

로 나타냈습니다. 그런데 퍼텐셜에너지와 관련하여 이와 비슷한 식이 있

습니다.

$$F = -dV/dx \quad \text{②}$$

힘에 대한 이 두 가지 식은 쌍을 이루어 물리학 전반에 걸쳐 중요하게 쓰입니다. 특히 ①은 간접적으로 운동에너지에 관련되는 반면, ②는 직접적으로 위치에너지에 관련됩니다. ②에서 퍼텐셜에너지를 V로 나타낸 것은 "potential"의 첫 글자 P가 운동량을 나타내는 데 쓰이기 때문일 겁니다. 운동량도 m이나 M이 아닌 P로 나타내지요. 식 자체를 비교해보면 ①과 ②에는 두 가지 차이점이 있습니다. 첫째로 ①은 시간 t에 대한 미분이지만 ②는 위치 x에 대한 미분이며, 둘째로 ②에는 '−' 부호가 붙어 있습니다.

첫 번째 차이점부터 봅시다. ①은 "힘은 운동량의 순간변화율"이라고 설명했으므로 더 이야기하지 않으며, 다만 ②와 비교하여 참조하기 바랍니다. ②의 x는 건물로 치면 "지면으로부터의 높이"라는 "위치"를 나타냅니다. 따라서 위치에너지 mgh를 여기서는 mgx로 쓸 수 있습니다. 이때 퍼텐셜에너지는,

$$V = mgx \quad \text{③}$$

가 되는데, 그림으로 나타내면 다음과 같습니다.

(좌) 각 층의 베란다와 옥상에 있는 물체의 퍼텐셜에너지
(우) x축을 건물의 높이, y축을 퍼텐셜에너지로 나타낸 그래프

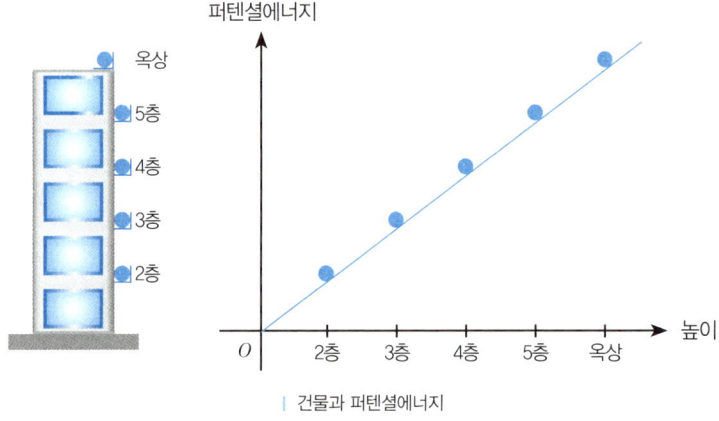

| 건물과 퍼텐셜에너지

오른쪽 그림은 건물의 높이를 x축, 그에 따른 퍼텐셜에너지를 y축에 표시한 그래프입니다. 일차함수의 그래프로 식은 $V = mgx$입니다. 이것을 일차함수의 식 $y = ax$와 비교해보면 $V = mgx$라는 그래프의 "기울기"는 mg이며, 이는 $dV/dx = mg$에 의해서도 얻어집니다. 그런데 mg는 질량이 m인 물체의 무게, 곧 중력이므로 이를 F로 나타내면 $F = dV/dx$가 됩니다. 두 번째 차이점인 "−" 부호는 중력의 "방향"입니다. 중력은 항상 아래쪽을 향하지만, x는 건물의 높이로 위로 갈수록 증가하므로 방향이 서로 반대입니다. 따라서 $F = -dV/dx$라는 ②의 식이 얻어집니다.

퍼텐셜은 단위량의 퍼텐셜에너지

이제 퍼텐셜과 퍼텐셜에너지의 차이를 살펴봅시다. ③은 중력에 대한 것이므로 "중력 퍼텐셜에너지"라고 합니다.

$$\text{중력 퍼텐셜에너지} : V = mgx \quad \quad ③$$

그런데 어떤 건물의 같은 2층이라도 질량이 10kg인 물체와 100kg인 물체가 가진 퍼텐셜에너지는 10배의 차이가 납니다. 따라서 질량 차이에 의한 영향을 배제하고 순수하게 위치에 의한 영향만 고려할 필요가 있는데, 이게 바로 "퍼텐셜"의 개념입니다. 이 경우 퍼텐셜은 어떻게 규정하면 될까요? 그것은 "단위 질량당의 퍼텐셜에너지"이며, 식으로는 다음과 같습니다.

$$\text{중력 퍼텐셜}: V = gx \quad \quad ④$$

③과 ④를 모두 "V"로 나타냈다는 점을 주목하기 바랍니다. 이게 바로 "퍼텐셜"과 "퍼텐셜에너지"에 얽힌 혼란의 근원입니다. 처음부터 P와 PE 등으로 명확히 구별했더라면 좋았을 텐데 어떤 연유인지 모두 V로 나타내는 게 관습이 되었습니다. 아무튼 ④의 식에는 m이 없고 x만 있으므로 순수하게 위치의 영향만 나타나며, x에 1, 2, 3, …을 대입하면 각각 1층, 2층, 3층, …에 있는 "1kg의 단위 질량이 가진 중력 퍼텐셜에너지"가 나옵니다. "질량의 영향"을 알고 싶으면 ④에 m을 곱한 ③을 쓰면 됩니다. 다시 쓰면 "중력 퍼텐셜 ≡ 단위 질량당의 중력 퍼텐셜에너지"가 되는데, 퍼텐셜·퍼텐셜에너지의 개념은 질량 외의 다른 것들도 적용되므로 일반적으로 "퍼텐셜 ≡ 단위량의 퍼텐셜에너지"라고 정의하면 됩니다.

이제 그림을 다시 봅시다. 수평축은 건물의 높이, 수직축은 퍼텐셜에너지를 나타내어 $V = mgx$라는 직선을 보여주며, 기울기는 mg입니다. 이 그림을 건물의 높이와 "퍼텐셜" 사이의 관계로 이해한다면 $V = gx$라는 직선이 되어 기울기는 g입니다. 이처럼 "퍼텐셜은 주어진 환경의 각 위치에 고유의 단위 에너지를 설정한 것"으로 볼 수 있으며, 고유의 단위에너지가 gx로 설정된 "퍼텐셜"의 어떤 위치 x에 질량이 m인 물체를 갖다 놓으면 $V = mgx$라는 "퍼텐셜에너지"를 획득한다고 이해할 수 있습니다. 요컨대 "퍼텐셜은 환경, 퍼텐셜에너지는 대상이 환경에서 얻는 에너지"라고 새기면 됩니다.

용수철의 퍼텐셜에너지

건물의 중력 퍼텐셜에너지와 좋은 대조를 이루는 다른 예로 용수철의 퍼텐셜에너지를 들 수 있습니다. 용수철龍鬚鐵은 "용의 수염처럼 돌돌 말린 철"이라는 뜻으로 은근히 유머 감각이 느껴지는 말입니다. 용수철은 직접 만질 수 있으므로 퍼텐셜의 시각적 이해를 높이는 데도 아주 좋습니다.

용수철에는 유명한 "훅법칙Hooke's law"이 있습니다. 영국의 과학자 훅(Robert Hooke, 1635~1703)이 제시한 것으로 "신축된 용수철의 복원력은 신축된 길이에 비례한다"는 것입니다.

훅법칙 : $F = -kx$

F : 복원력restoring force

k : 힘상수force constant

"−" 부호는 "용수철 자신이 본래 상태로 돌아가려는 복원력"은 "외부에서 용수철을 늘이거나 누르는 신축력"과 방향이 반대라는 뜻입니다. 힘상수는 용수철을 단위 길이만큼 신축하는 데 필요한 힘을 나타냅니다. 용수철이 강하다거나 약하다고 말하는 것은 힘상수가 크거나 작다는 뜻입니다. 훅법칙에서 "복원력 = −신축력"이란 점을 재삼 강조합니다. 이 식에서 힘은 "외부에서 가하는 신축력"이 아니라 "용수철이 되돌아가려는 복원력"입니다. 관찰 대상인 "계"는 "용수철"이지 "외부에서 힘을 가하는 존재"가 아닙니다. 훅법칙과 앞의 ②식을 써서 용수철이 신축될 때 "퍼텐셜에너지"를 구하면 다음과 같습니다.

$$F = -\frac{dV}{dx} = -kx \rightarrow V = \int_0^x kx dx = \frac{1}{2}kx^2$$

둘째 식의 적분구간이 $0 \sim x$인 것은 처음에 "신축 길이"가 0인데 이를 x만큼 신축하기 때문입니다. 여기서 "용수철 자체의 길이"는 고려하지 않습니다. 아래 그림은 용수철의 퍼텐셜에너지와 각 위치에서의 복원력을 보여줍니다.

복원력의 "방향"은 원점에서 항상 멀어지려는 신축력과 반대로 항상 원점을 향하며, "크기"는 퍼텐셜에너지를 나타내는 그래프 각 점에서의 기울기와 같습니다.

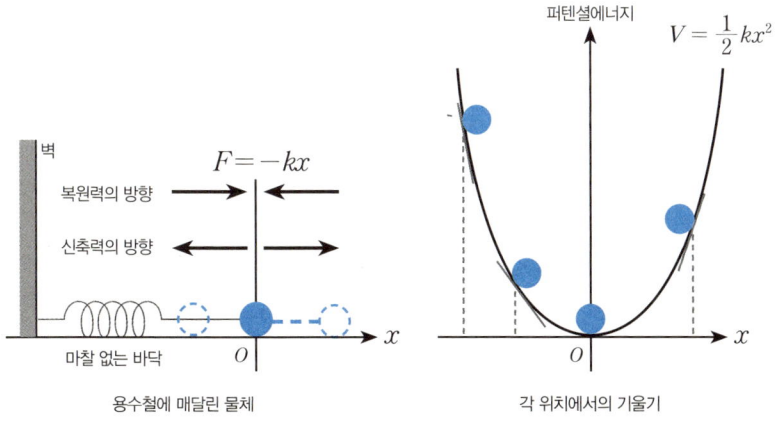

| 용수철의 퍼텐셜에너지와 복원력

중력 퍼텐셜과 용수철 퍼텐셜의 비교

용수철의 퍼텐셜에너지를 나타내는 식 $V = kx^2/2$에는 용수철에 달린 물체의 질량 m이 없습니다. 중력 퍼텐셜에너지의 식 $V = mgh$에 m이 들어있는 것과 대조적이지요? 용수철의 퍼텐셜에너지는 신축 길이에 의해서만 결정될 뿐 매달린 물체와 무관하다는 뜻입니다. 용수철을 신축했다가 놓으면 튀면서 에너지를 방출하는 데서 알 수 있듯 용수철은 스스로 퍼텐셜에너지를 갖습니다. 반면에 건물은 다른 물체가 퍼텐셜에너지를 가질 수 있는 환경을 제공할 뿐 그 자체는 퍼텐셜에너지를 갖지 않습니다. 한편 용수철에 매달린 물체도 용수철이 튈 때 에너지를 방출할 수 있으므로 퍼텐셜에너지를 가질 수 있습니다. 이 에너지는 용수철의 에너지를 그대로 물려받은 것이므로 $V = kx^2/2$의 식에 따라 물체의 위치 x에 의해서만 결정됩니다. 물체의 질량 m이 얼마든 상관없으므로 편의상 단위 질량인 1kg으로 본다면 물체가 갖는 퍼텐셜에너지 자체가 용수철의 퍼텐셜이 됩니다("퍼텐셜 ≡ 단위량의 퍼텐셜에너지"라고 했으니까요).

논의의 핵심은 "용수철의 경우 퍼텐셜에너지와 퍼텐셜이 일치한다"는 것입니다. 중력의 경우 퍼텐셜과 퍼텐셜에너지의 식이 다르지만 기호는 하나로 써서 혼란이 초래되었습니다. 하지만 용수철은 퍼텐셜과 퍼텐셜에너지가 일치하므로 식도 같고, 기호도 굳이 다르게 할 필요가 없습니다. 바로 이 점이 지금껏 퍼텐셜과 퍼텐셜에너지를 명확히 구별하지 않은 이유이자 그로 인한 혼란의 가장 주된 원인입니다. 이해의 편의를 위해 이상의 내용과 나중에 볼 [쉼터]의 내용을 함께 표로 요약했습니다. 앞으로 어떤 자료든 기호는 같더라도 문맥에 따라 퍼텐셜인지 퍼텐셜에너지인지 잘 구별하기 바랍니다.

	퍼텐셜	퍼텐셜에너지
건물	$V = gh$ 건물의 중력 퍼텐셜은 중력가속과 높이에 의해 결정된다.	$V = mgh$ 건물 자체나 건물에 있는 물체의 중력 퍼텐셜에너지는 질량과 중력가속과 높이에 의해 결정된다.
용수철	$V = kx^2/2$ 용수철의 탄성 퍼텐셜은 용수철의 힘상수와 신축 길이에 의해 결정된다.	$V = kx^2/2$ 용수철 자체 또는 용수철에 매달린 물체의 탄성 퍼텐셜에너지는 용수철의 힘상수와 신축 길이에 의해 결정된다.
만유인력	$V = -GM/r$	$V = -GMm/r$
전기력	$V = \pm kQ/r$ 부호는 전하의 극성을 따름	$V = \pm kQq/r$ + 는 반발력, − 는 인력
비고	퍼텐셜은 환경(건물·용수철·중력장·전기장 등)의 속성이고, 퍼텐셜에너지는 환경 자신 또는 환경에 위치한 대상의 속성이다.	

퍼텐셜의 직관적 이해

퍼텐셜은 그릇이다. — 고중숙

위 그림 오른쪽을 보면 퍼텐셜은 "구슬을 품은 그릇"과 닮았다는 느낌이 듭니다. 시각적으로 기억하기에 아주 좋은 이미지이므로 "퍼텐셜은 환경이다"라는 말과 함께 또 다른 직관적 이해의 토대로 삼고자 합니다. 빈 그릇의 안쪽 벽 적당한 곳에서 구슬을 놓는다고 해봅시다. 구슬은 그릇의 안쪽 면을 따라 내려가다 바닥에 이르면 반대쪽 면을 따라 올라갑니다. 그릇의 마찰과 공기의 저항이 없다면 구슬은 양쪽으로 같은 높이만큼 오르내리는 운동을 하염없이 되풀이할 것입니다. 이때 처음 구슬을 놓는 안쪽 면의 기울기가 크면 클수록 구슬은 더 강한 힘을 갖고 아래로 내려가겠지요. 곧 구슬이 받는 힘은 그릇 면의 각 점에 접하는 접선의 기울기에 비례하며 이것이 바로 $F = -dV/dx$가 보여주는 미분 관계입니다. 애초에 구슬을 그릇의 바닥에 놓으면 어떨까요? 그곳의 접선은 수평선이므로 기울기가 0입니다. 아무런 힘이 작용하지 않으므로 왕복운동이 시작되지도 않습니다.*

이제 극단적인 경우를 생각해봅시다. 위 그림은 용수철이 무한히 늘어나거나 반대로 길이가 0이 될 때까지 줄어드는 가상적 상황을 나타냅니다. 하지만 실제 용수철은 신축에 한계가 있습니다. 그래서 극단적으로 용수철을 너무 세게 잡아당기거나 너무 세게 압축하면 용수철이 파괴되어 물체가 용수철에서 "해방"될 것입니다. 이런 상황은 그릇 벽의 높이가 유한한 경우에 비유할 수 있습니다. 이때 구슬을 그릇의 한쪽 벽의 높이보다 높은 곳에서 떨어뜨리면 그쪽 벽을 타고 내려온 뒤 반대쪽 벽을 거슬러 올라가다 벽을 뛰어넘어 "탈출"합니다. 즉, 물체의 에너지가 그릇이라는 퍼텐셜의 최대보다 작으면 그릇에 갇혀 왕복운동을 하지만, 최대보다 크면 퍼텐셜이라는 울타리를 넘어 탈출하게 됩니다.

"퍼텐셜은 그릇이다"라는 말은 이런 상황을 종합적으로 나타냅니다. 그릇의 모양을 얼마든지 다양하게 만들 수 있듯, 중력 퍼텐셜이나 용수철

---

* "퍼텐셜"의 그래프를 그릴 때 독립변수가 하나면(의미상 직선을 포함한) 곡선이 그려지므로 "퍼텐셜 곡선(曲線)"이라고 합니다. 독립변수가 둘 이상이면 곡면 이상의 고차원 도형들이 나오는데 모두 "퍼텐셜 곡면(曲面)"이라고 합니다. 또한 퍼텐셜과 퍼텐셜에너지를 혼용하는 관습상 "퍼텐셜에너지 곡선"이나 "퍼텐셜에너지 곡면"이라고도 합니다. 태양계는 복잡한 퍼텐셜에너지 곡면의 한 예입니다. 수많은 분자들도 퍼텐셜에너지 곡면을 형성합니다. 한 예로 "알코올(alcohol)"이라 부르는 물질의 분자는 C_2H_5OH로 9개의 원자가 모여 있습니다(C는 탄소, H는 수소, O는 산소). 그런데 이 원자들이 끊임없이 서로 밀고 당기는 힘을 작용하므로 퍼텐셜에너지 곡면도 아주 복잡합니다. 이러한 분자들의 구조와 운동과 반응을 정확히 이해하려면 고성능 컴퓨터와 정교한 프로그램이 필요한데, 이에 관한 연구를 개척한 존 포플(John Pople, 1925~2004)은 그 공로로 1998년에 노벨 화학상을 받았습니다.

퍼텐셜보다 훨씬 복잡한 퍼텐셜이 얼마든지 있을 수 있습니다. 복잡한 모양의 그릇 안에서 움직이는 구슬이 복잡한 자취를 그리듯, 복잡한 퍼텐셜에 갇힌 물체의 운동도 아주 복잡해질 수 있습니다. 태양계를 봅시다. 태양의 중력 퍼텐셜에 갇힌 8개의 행성은 각자 매끄러운 타원 궤도를 그리는 것처럼 보입니다. 하지만 자세히 보면 서로의 인력이 복잡하게 얽혀 만들어진 퍼텐셜 그릇의 복잡한 곡면을 따라 복잡한 자취를 그리며 운행합니다. 달의 운동을 생각하면 뚜렷하게 알 수 있습니다. 지구는 태양이 만든 퍼텐셜에 갇혀 태양을 공전하는데, 그 안에서 달은 지구가 만든 퍼텐셜에 갇혀 지구를 공전하면서 지구를 따라 태양을 공전하기도 합니다.

사람도 궁극적으로 물질의 집합이니, 각각의 물질이 만든 퍼텐셜의 총합 속에 있는 셈입니다. 사람의 행동이 아주 복잡한 것도 충분히 이해할 수 있습니다. 물론 사람은 단순한 물질에 없는 "정신"을 갖고 있어서 물질적 제약을 어느 정도 극복할 수 있습니다. 그러나 정신도 완전히 자유롭지는 않습니다. 가족, 친구, 학교, 직장, 사회, 시대, 문화, 학문, 종교 등 수많은 "정신적 퍼텐셜"에 갇혀 있습니다. 어떤 사람과 얽혀 있는 수많은 퍼텐셜을 분석하면 그의 행동을 더욱 깊게 이해할 수 있을지도 모릅니다. 어쨌든 모든 사람은 세상이라는 퍼텐셜에서 각자의 위치에 따른 고유의 위치에너지를 가지며, 동시에 그 기울기에 의한 힘을 받는다고 볼 수 있습니다. 산다는 것 자체가 이 세상이라는 퍼텐셜에 둘러싸여 있다는 뜻이며, 따라서 완전한 자유는 없고 어디서든 고유의 짐을 안고 살아가야 합니다. 기왕에 그렇다면 수동적인 의무보다는 능동적인 권리로 보는 게 낫습니다. 회피할 생각을 하지 말고, 주어진 힘을 잘 활용하여 각자의 관성을 올바른 방향으로 유도하며 살아가야 한다는 게 역학이 주는 소중한 교훈입니다.

중력위치에너지의 기준점

쉼터

지금까지 "퍼텐셜에너지"라는 용어를 썼지만 여기서는 "위치에너지"라는 용어를 쓰겠습니다. 용수철의 신축된 모습은 "잠재력"을, 중력은 공간상 위치에 따라 에너지가 정해진다는 점을 상징하는 것처럼 보이니까요. 중력이 만드는 위치에너지를 공부할 때 많은 학생들이 의문을 갖습니다. "건물의 예에서 중력에 의한 위치에너지는 지면을 기준($V=0$)으로 하는 게 당연해 보이며, 따라서 어디서나 위치에너지가 양의 값을 갖고 위로 올라갈수록 커진다는($V=mgh$) 것도 쉽게 이해됩니다. 하지만 만유인력법칙에 의한 위치에너지는 무한대를 기준($V=0$)으로 삼아 어디서나 위치에너지가 음이 됩니다($V=-GMm/r$, m과 M은 각각 물체와 지구의 질량). 왜 같은 중력을 두고 건물과 지구에서 기준을 정반대에 가깝게 설정했을까요?" 먼저 그림을 통해 질문을 명확하게 파악해봅시다.

우선 고교 물리의 주요 참고서에 실린 설명이 잘못되었다는 점을 짚고 넘어가야겠습니다. 보통 "ⓐ무한원에서는(거리가 무한대이면) 만유인력이 0이 되므로 ⓑ물체의 위치에너지도 0이 되어 ⓒ만유인력에 의한 위치에너지를 측정하는 기준 위치가 된다"고 설명하는데, ⓐ 자체는 옳지만 이게 ⓑ의 이유는 아니며, ⓒ도 무한대가 위치에너지의 측정 기준이 "된다"고 할 것

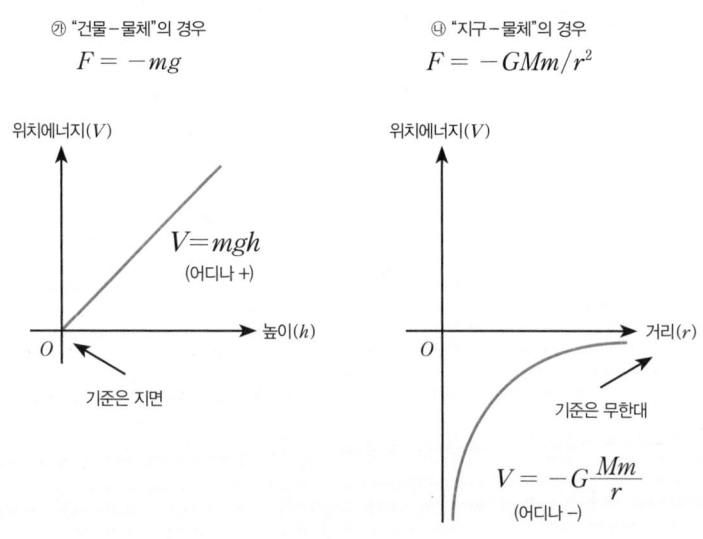

| 중력위치에너지의 두 가지 기준

이 아니라 기준으로 "삼는다"라고 표현해야 합니다. ⓑ처럼 무한대에서 물체의 위치에너지가 0이 되는 것은 단지 그렇게 정의했기 때문입니다. 기준을 다르게 정하면 무한대에서 위치에너지는 0이 아니라 무한대가 될 수도 있습니다. 어떤 책은 한술 더 떠 "무한대에서 위치에너지가 0임을 증명"한다면서 소위 "증명"을 싣고 있는데, 이것도 오류입니다. 무한대에서 위치에너지가 0이라는 것은 "정의"입니다. 정의는 본질상 증명의 대상이 아니라, 그렇게 정의해야 하는 논리적 또는 현실적 "필요성"을 이해하면 되는 것입니다.

이 혼란을 해소하기 위한 예비 단계로 먼저 $F = -dV/dx$를 적용하여 위 두 경우의 위치에너지를 구해봅시다. 이 식을 고쳐 쓰면 $dV = -Fdx$이므로 $V = \int -Fdx$임을 이용하면 됩니다. 그림 ㉮에서 중력은 항상 아래쪽, 곧 높이의 증가 방향과 반대쪽을 향하므로 부호가 음이어서 위 식의

F는 $-mg$입니다. 지면을 기준으로 높이 h인 곳의 위치에너지를 구하는 것이므로 적분구간을 $0 \sim h$로 하여 계산하면 다음과 같습니다.

$$V = \int_0^h -(-mg)dh = mgh \qquad ①$$

그림 ④의 경우 중력은 뉴턴의 만유인력 법칙에 따라 항상 지구의 중심, 거리의 증가 방향과 반대쪽을 향하므로 부호가 음이어서 위 식의 F는 $-GMm/r^2$입니다. 이때 무한대를 기준으로 삼는다는 점을 일단 받아들이면, 지구 중심에서 거리가 r인 곳의 위치에너지는 적분구간을 기준점인 무한대에서 시작하여 r까지, 곧 $\infty \sim r$로 하여 계산하면 되고 그 결과는 다음과 같습니다.

$$\begin{aligned} V &= \int_\infty^r -\left(-G\frac{Mm}{r^2}\right)dr = \int_\infty^r G\frac{Mm}{r^2}dr \\ &= \left[-G\frac{Mm}{r}\right]_\infty^r = -G\frac{Mm}{r} - 0 \\ &= -G\frac{Mm}{r} \qquad ② \end{aligned}$$

이로써 ㉮와 ㉯의 식이 옳다는 점은 확인되었습니다. 이제 혼란을 해소하기 위한 단계로 들어서는데, 먼저 주목할 것은 ㉮와 ㉯에서 중력이 서로 다르다는 점입니다. 사실 이것이 혼란을 해결할 결정적인 열쇠입니다. 간단히 말해서 "㉮는 평행중력장*이고 ㉯는 방사중력장*"입니다. 정식 용어는 아니고 설명을 위해 고안한 것입니다. 물론 "중력장"은 정식 용어로 "중력이 퍼져 있는 공간"으로 이해하면 됩니다.

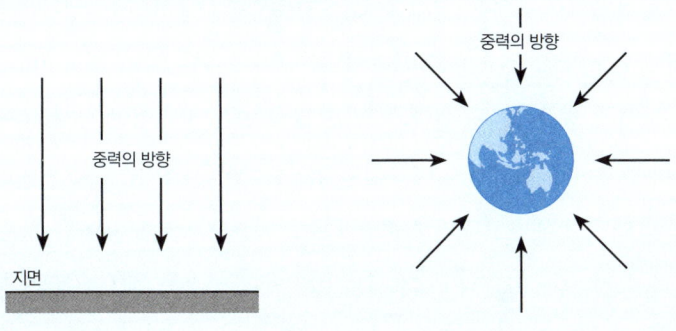

| 평행중력장과 방사중력장

㉮의 평행중력장에서는 중력이 지면으로부터의 거리에 상관없이 항상 $-mg$입니다. 그러나 이런 중력장은 비현실적입니다. 지면 바로 위에서나 지면으로부터 무한대의 거리에서나 중력의 크기가 항상 같고 방향은 모두 평행이란 뜻인데, 이런 중력장이 형성되려면 지구의 크기가 무한히 크고 평평해야 합니다. 한편 ㉯의 방사중력장에서는 중력이 지구 중심으로부터의 거리의 제곱에 비례하여 줄어들며 방사상으로 퍼져나가므로 현실적으로 옳은 모습입니다. 엄밀히 말하자면 지표면의 건물에도 ㉯의 식을 적용해야 합니다. 하지만 ㉮의 식도 지면에서 몇 킬로미터 정도까지는 적용할 수 있습니다. 이 범위에서는 오차가 극히 작아 무시할 수 있기 때문입니다.

㉮에 대한 ①의 계산은 어림셈이고 ㉯에 대한 ②의 계산이 정확하다는 점은 알았습니다. 다음은 기준점의 문제입니다. ㉮의 경우 지구는 무한히 크고 평평해야 하므로 중심이란 게 없습니다. 또한 지면이라는 분명한 경계가 있으므로 굳이 무한대의 위치를 기준으로 삼을 이유도 없습니다.

따라서 지면을 기준으로 삼는 것은 자연스럽고 당연한 일입니다. 그러나 ㉯의 경우 지면을 기준으로 삼으면 심각한 문제가 생깁니다. 사실 지구에 국한해서 생각하면 문제라고 볼 수 없습니다. 지면이란 경계는 지구가 평평하든 둥글든 명확하기 때문입니다. "한라산의 높이는 1950미터이다"라고 할 때처럼 해발고도의 기준면으로 쓰이는 지오이드geoid를 기준으로 채택하면 됩니다. 그러나 ㉯의 식은 중력장과 비슷한 전기장의 경우에도 응용된다는 점이 문제입니다.

전기력은 "쿨롱법칙Coulomb's law"에 따라 $F = \pm k \dfrac{Qq}{r^2}$로 주어지며 쓰인 문자만 다를 뿐 형태는 만유인력의 식과 같습니다(k는 쿨롱상수이고, Q와 q는 전하량이며, 부호는 반발력이면 +, 인력이면 -로 합니다). 따라서 중력위치에너지에 대한 식도 "전기력위치에너지"에 그대로 응용되어 $V = \pm k \dfrac{Qq}{r}$로 표현됩니다. 그런데 전기력의 원천인 전자나 양성자와 같은 입자는 표면을 정확히 정할 수 없습니다. 따라서 표면을 기준으로 삼을 수도 없습니다. 표면을 정확히 정할 수 없다는 말은 이 입자들의 "크기"를 정확히 정할 수 없다는 말입니다. 전자나 양성자의 "크기" 또는 "지름"이라고 나오는 수치는 표면을 기준으로 잰 게 아니고, 여기서 다룰 수 없는 다른 방법을 고안하여 얻은 것으로 진정한 크기나 지름이라고 보기 어렵습니다. 이 입자들의 표면을 확정할 수 없는 까닭은 부록 "양자역학 맛보기"에 쉽고 직관적으로 이해할 수 있도록 요점을 정리했으므로 참고하기 바랍니다.

표면을 확정할 수 없으니 남은 선택은 "중심"과 "무한대" 두 가지입니다. 그런데 중심을 택하면 또 문제가 생깁니다. 중심을 기준으로 삼는다는 것은 위치에너지를 0으로 정의한다는 뜻입니다. 하지만 그렇게 하면 아래 계산에서 보듯 중심에서 거리가 *r*만큼 떨어진 곳, 다시 말해 공간상 어느 곳이든 중력위치에너지는 무한대가 됩니다.

$$\begin{aligned} V &= \int_0^r -\left(-G\frac{Mm}{r^2}\right)dr = \int_0^r G\frac{Mm}{r^2}dr \\ &= \left[-G\frac{Mm}{r}\right]_0^r = -G\frac{Mm}{r} + \infty \\ &= \infty \end{aligned}$$ ③

이 결과에 따르면 물체가 지구에서 무한대의 거리만큼 떨어져 있어 ($r = \infty$) 만유인력이 0이 되더라도 그곳의 위치에너지는 0이 아니라 무한대입니다. 곧 위치에너지의 값은 기준점을 어디로 정하느냐에 달려 있으며 중력의 값과는 아무 상관이 없습니다(위에 언급한 물리 참고서의 오류를 되돌아보기 바랍니다). 지구 중심을 제외한 우주 공간 어디든 위치에너지가 모두 무한대라면 현실적으로 아무 쓸모가 없습니다. 예를 들어 지구 중심에서 100,000km 떨어진 곳에 있는 인공위성의 위치에너지도 무한대, 10,000km 떨어진 곳에 있는 인공위성의 위치에너지도 무한대라면 두 인공위성의 위치에너지 차이는 $\infty - \infty$인데, 수학에서 이런 계산의 답은 무엇이라고 정할 수 없어서 "부정不定 indeterminate"이라고 합니다.* 지구 중심을 중력위치에너지의 기준점으로 삼을 수는 있지만 실질적으로는 아무

---

* 왜 $\infty-\infty$는 0이 아닐까요? 무한의 세계는 신비롭습니다. $\infty+\infty$는 2∞가 아니라 그냥 ∞이고, $\infty \times \infty$도 ∞^2이 아니라 그냥 ∞입니다. 무한에 대해서는 보통의 사칙연산이 잘 통하지 않으며, $\infty-\infty$는 0이 아니라 그 값을 정할 수 없는 부정이고, $\infty \div \infty$도 1이 아니라 부정입니다. 미분을 배운 사람은 극한값을 구하는 대목에서 이런 것들을 본 기억이 날 것입니다. 무한은 여러 가지 특이한 성질 때문에 오랫동안 인간이 범접할 수 없는 신의 영역으로 여겨졌습니다. 하지만 독일의 비극적인 천재 수학자 칸토어(Georg Cantor, 1845~1918)는 과감히 이를 탐구하여 놀라운 귀결들을 이끌어냈습니다. 여기서는 더 이야기하지 않지만 흥미를 느낀다면 그의 업적을 찾아보기 바랍니다.

런 쓸모가 없다는 뜻입니다.

그렇다면 남은 것은 무한대뿐입니다. 무한대를 기준으로 삼아 위치에너지를 0으로 하고 점검해보면 아무 모순도 없습니다. 이렇게 얻은 식이 바로 ②인데, 예를 들어 이것으로 지구 중심에서 ㉠100,000km와 ㉡10,000km 떨어진, 질량이 m인 인공위성들의 위치에너지와 그 차이를 계산하면 다음과 같습니다(국제단위계로 통일하기 위해 거리를 미터로 환산하면 각각 10^8m와 10^7m입니다).

$$V(㉠) = -GMm/10^8 = -GMm \times 10^{-8} \text{J} \quad \text{④}$$
$$V(㉡) = -GMm/10^7 = -GMm \times 10^{-7} \text{J} \quad \text{⑤}$$
$$V(㉠) - V(㉡) = -GMm(10^{-8} - 10^{-7}) = 9 \times 10^{-8} GMm \text{J} \quad \text{⑥}$$

위에서 보듯 아무런 문제가 없습니다. 그래도 에너지가 음이라는 것은 어딘지 이상하고 찜찜할지도 모르겠습니다. 그러나 실질적으로 의미가 있는 것은 대부분 ⑥과 같은 "위치에너지의 차이"이지, ④와 ⑤ 같은 "위치에너지 자체"가 아닙니다. 중력위치에너지가 음의 값이라는 것은 사실 거의 문제가 되지 않습니다. ⑥의 결과만 보더라도 "낮은 곳보다 높은 곳에 있는 인공위성의 위치에너지가 더 크다"라는 뜻이므로 상식이나 직관에 잘 부합합니다.

최근의 추론에 따르면 중력위치에너지가 음이라는 데는 더 깊은 이론적 배경이 있을지 모릅니다. 오늘날 우주론의 정설로 인정되는 빅뱅이론에 따라 "우주의 총 에너지"를 추론하면 물질의 에너지는 양이고 중력의 에너지는 음인데, 서로 정확히 상쇄되어 총합은 0라고 합니다. 확증되지 않은 가설에 불과하지만 옳다고 밝혀진다면 무한대에서 중력위치에너지가 0이라는 것은 "정의"가 아니라 더 깊은 원리에서 유도되는 "정리$_{定理}$ theorem"가 되겠지요.

제7장

변화와 보존(II)
열역학

열역학의 의의

열역학은 "열과 일 사이의 관계"를 탐구하는 분야입니다. 이름에는 '일'이 아니라 '힘'이 들어가 있지만 힘은 결국 일을 하는 데 쓰이는 것이므로 열과 일 사이의 관계로 보면 됩니다. 이런 점은 열역학의 원어인 "thermodynamics"에서 더 분명히 드러납니다. 이 말은 1854년 윌리엄 켈빈이 처음 만든 것으로 열역학은 19세기 중반에 체계가 갖추어졌습니다.

크게 보면 열역학은 네 가지 기본법칙 위에 세워졌고, "에너지"와 "엔트로피entropy"라는 두 가지 개념을 중심으로 펼쳐집니다. 지금까지 힘·일·운동량·에너지라는 고전역학의 주요 개념들을 공부했는데, 엔트로피는 여기에 화룡점정畵龍點睛처럼 덧붙여야 할 개념입니다. 에너지의 흐름을 알려주며, 그 귀결에 우주의 운명에 대한 암시가 담겨있기 때문입니다.

열역학의 배경

> 과학이 증기기관에 준 것보다 증기기관이 과학에 준 게 더 많다. — 윌리엄 켈빈(William Kelvin, 1824~1907)

> 나는 근본 개념들이 수많은 응용들에서 결코 무너지지 않을 유일한 보편적 이론은 열역학이라고 확신한다. — 아인슈타인

열역학은 매우 실용적인 분야입니다. 가솔린엔진, 디젤엔진, 증기기관, 증기터빈, 제트엔진, 로켓엔진, 심지어 전기자동차에 이르기까지 모든 엔진의 작동에 직접 관련되는 분야이기 때문입니다. 위의 엔진 가운데 증기기관이 가장 먼저 쓰였는데 발명자를 꼭 집어 말하기는 어렵습니다. 기원은 고대 그리스에서 찾을 수 있지만 최초의 실용적인 엔진은 영국의 세이버리(Thomas Savery, 1650?~1715)가 1693년에 발명했습니다. 이 엔진은 너무 초보적이어서 1712년 뉴커먼(Thomas Newcomen, 1663~1729)이 개량하여 약 60년 동안 유용하게 쓰였는데 효율이 2%도 안 된다는 문제점이 있었습니다. 1770년대에 이를 크게 개선하여 오늘날까지 쓰이는 방식을 완성한 사람이 와트(James Watt, 1736~1819)입니다. 증기기관은 인력·축력·수력·풍력 등 당시까지 쓰이던 모든 동력을 월등히 능가하는 동력혁명을 이루었고, 산업혁명industrial revolution으로 이어져 인류사에 획기적인 전환점이 되었습니다. "일률"의 기본 단위는 와트의 이름에서 따왔고 "1W ≡ 1J/s"인데, "전력"의 경우 1W는 "1A의 전류가 1V의 전압에서 1초 동안 하는 일"과 같아집니다.

증기기관은 18세기부터 널리 쓰였지만 정작 그 본질인 열과 일의 관계에 대해서는 19세기 중반에 이르도록 명확히 이해하지 못했습니다. 하지만 결국 각종 산업현장에서 증기기관의 효율적인 설계와 운전 등의 필요에 따라 열역학의 발전이 촉발되었습니다. "열역학의 아버지"라고 불리는 프랑스의 과학자 카르노는 증기기관의 효율 개선이 프랑스가 전쟁에서 승리하기 위한 중요한 열쇠라고 여기기도 했습니다. 따라서 열역학은

실용적 요청이 학문적 발전을 이끈 대표적인 예로 자주 인용됩니다. 하지만 오늘날 열역학은 아인슈타인의 말에서 알 수 있듯 자연과학의 여러 분야 가운데 학문적으로도 가장 보편적이면서 견고하게 완성된 분야로 물리·화학·공학은 물론 최신의 우주론에 이르기까지 널리 활용됩니다.

열역학의 기본 법칙

열역학은 다른 여러 분야의 주춧돌 역할을 한다고 했는데, 열역학 자체는 다시 네 가지 기본 법칙이 그 기초를 이루며, 각각 열역학 제0, 1, 2, 3법칙이라고 부릅니다. 제1, 2, 3법칙은 그렇더라도, "제0법칙"이란 용어는 어딘지 어색하게 들릴 것입니다. 이렇게 된 것은 제0법칙이 역사적으로는 가장 나중에 도입되었지만 논리적으로는 가장 앞선다는 점이 밝혀졌기 때문입니다. 제1법칙과 제2법칙은 역사적으로 어느 쪽이 앞서는지 명확하지 않지만 모두 대략 19세기 중반에 확립되었습니다. 어쨌든 순서를 정해야 했는데, 논리적으로 제1법칙이 앞서기 때문에 자연스럽게 이런 번호가 붙었습니다. 제3법칙은 20세기 초에야 도입되었기 때문에 자연스럽게 제3법칙이 되었습니다. 그런데 제0법칙은 역설적으로 너무나 단순해서 눈에 띄지 않다가 1930년대에야 중요성이 인식되어 비로소 법칙으로 도입되었습니다. 하지만 논리적으로 가장 앞서기 때문에 0이라는 번호를 부여했습니다. 이제 네 가지 법칙을 차례로 살펴보는데, 이해의 편의를 위해 각각 "열평형법칙·에너지보존법칙·엔트로피증가법칙·엔트로피기준법칙*"이라 불러도 좋겠습니다.

1. 제0법칙 : 열평형법칙

제0법칙은 세 물체 사이의 열평형thermal equilibrium에 대한 것입니다. 열평형이란 온도가 높은 물체에서 낮은 물체로 열이 흐르다가 같은 온도가 되어 더 이상 흐르지 않게 된 상태를 말합니다.

열역학 제0법칙 : A와 B가 열평형을 이루고, B와 C도 열평형을 이루면, A와 C도 열평형을 이룬다.

열역학 제0법칙은 "아니, 이런 것도 법칙이라고 떠받들고 내세워야 하나?"하는 생각이 들 정도로 단순합니다. 하지만 "온도계의 비유"를 생각해보면 그 중요성을 쉽게 절감할 수 있습니다.

그림처럼 "피부"와 체온계의 "유리"와 그 안에 든 "수은"을 각각 A와 B와 C라고 합시다. 그러면 체온을 측정할 때 먼저 A와 B가 열평형이 되어야 합니다. 그리고 이어서 B와 C가 열평형이 되어야 합니다. 우리는 열평형이 될 때까지 잠시 기다립니다. 그런 다음 무엇으로 체온을 알아낼

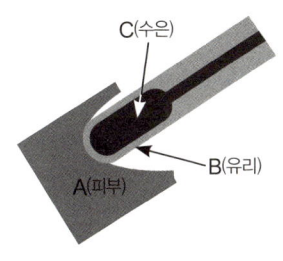

| 온도계의 비유

까요? A도 B도 아닌 C입니다! 하지만 열역학 제0법칙이 없다면 C로 A의 온도를 측정할 근거가 없습니다. 이처럼 우리는 무의식적으로 이미 열평형법칙을 이해하고 활용해왔습니다. 이토록 단순하기에 열역학의 대가들도 놓친 것입니다. 하지만 온도의 측정은 열역학 연구의 첫걸음 아닌가요! 따라서 그 중요성을 인정하여 열역학 제0법칙으로 받아들였습니다.

위에서 "열평형은 …… 열이 …… 더 이상 흐르지 않게 된 상태"라고 했는데, 실상은 좀 다릅니다. 구체적으로 "열은 분자들의 무질서한 운동"이므로 찬 물체에서 더운 물체로도 전해집니다. 다만 더운 물체에서 찬 물체로 흐르는 양이 훨씬 많으므로 한 방향으로만 흐르는 것처럼 보입니다. 보통 "열은 고온에서 저온으로 흐른다"라고 하므로 "저온에서 고온으로는 결코 흐르지 않는다"라고 생각합니다. 하지만 어디까지나 겉보기로만 그렇다는 점을 명심해야 합니다. 열평형이 되더라도 열교환은 계속됩니다. 즉, 모든 평형은 겉보기로는 정적 평형이지만 구체적으로는 "동적 평형"입니다. "힘의 평형"도 정적 평형인 것 같지만 실제로는 힘들이 역동적으로 상호작용하면서 균형을 이룬 동적 평형입니다.

2. 제1법칙 : 에너지보존법칙

열역학 제1법칙은 실질적으로 에너지보존법칙입니다. 그렇다면 왜 따로 "열역학 제1법칙"으로 부를까요? 열역학에서 가장 주목하는 두 개념, 곧 "열"과 "일"을 중심으로 살펴보기 위해서입니다. 제1법칙을 식으로 나타내면 다음과 같습니다.

열역학 제1법칙 : $\Delta U = q + w$

여기서 U는 계의 내부에너지 internal energy, q는 열 heat 인데, 영어 이름과 달리 관습적으로 이렇게 씁니다. 결국 열역학 제1법칙은 "계의 '내부에너지 변화(ΔU)'는 열과 일의 합과 같다"라고 간단히 풀이됩니다. 이는 열역학의 취지에 따라 "열과 일만을 고려한 에너지보존법칙"이라고 할 수 있으며, 역학적 에너지보존법칙을 말할 때 운동에너지와 위치에너지만을 고려한 것과 비슷합니다.

내부에너지

운동에너지 · 위치에너지 · 소리에너지 · 전기에너지 · 열에너지 · 빛에너지는 들어봤는데, "내부에너지"는 도대체 뭘까요? 간단히 말해서 "계 전체로서의 에너지는 제외하고 계 안의 에너지만 고려한 것"입니다. 농구공을 던진다고 생각해봅시다. 그러면 농구공 전체로서 움직이는 운동에너지가 있습니다. 그런데 농구공이 움직이든 멈춰 있든 그 안의 공기 분자들은 직진translation도 하고, 회전rotation도 하고, 진동vibration도 하고, 서로 밀고 당기는 상호작용도 합니다. 여기서 "농구공 전체의 운동에너지"는 제외하고, "순수하게 농구공 안에서 일어나는 운동과 상호작용의 에너지만 모두 더한 것"을 내부에너지라고 합니다.

열역학에서 중요한 "엔진"을 생각해봅시다. 자동차가 움직이면 엔진도 움직입니다. 하지만 엔진의 효율을 따질 때 "엔진 전체로서의 움직임"은 고려하지 않습니다. "휘발유를 태워 100의 열을 만들었는데, 그중 30은 차를 움직이는 데 쓰이고 70은 엔진 몸체와 배기가스의 열로 방출되었다면 효율은 30%"라는 식으로 엔진 내부에만 주목합니다. 곧 열역학에서는 "열과 일의 출입으로 내부에너지가 어떻게 변하는지"가 주된 관심사이며, 이 관계를 식으로 나타낸 게 바로 열역학 제1법칙의 식입니다.

내부에너지의 정체

올림픽에는 많은 종목이 있습니다. 그런데 과학적으로 보면 운동은 직진 · 회전 · 진동 세 가지뿐입니다. 세상의 모든 운동은 이 세 가지가 조합된 것입니다. 예를 들어 차가 달리면 몸체는 직진, 바퀴는 회전, 각 부분은 진동을 합니다. 이것들은 "운동"이므로 각각 "운동에너지"를 가집니다. 예를 들어 물 분자는 H_2O인데, 이것이 농구공 안에서 직진도 하고 회전도 하고 진동도 하며, 이 운동들의 에너지를 모두 합하면 물 분자 하나의 총 운동에너지가 나옵니다. 농구공 안에 있는 산소, 질소, 수증기, 이산화탄소 등 수많은 분자들도 각자 운동에너지를 가집니다. 이들을 모두 합하면 농구공이라는 계 안에 있는 분자들의 총 운동에너지가 나옵니다.

한편 농구공 안의 분자들은 궁극적으로 전자나 양성자와 같은 더 작은 입자로 이루어져 있으며, 끊임없이 밀고 당기는 상호작용을 합니다. 가까이 있으면 반발력이 우세해지고, 멀리 떨어지면 인력이 우세해집니다. 모두 보이지 않는 가상의 용수철로 연결되어 있다고 생각하면 됩니다. 앞서 설명했다시피 용수철은 퍼텐셜을 만들고, 그 퍼텐셜 안에 들어가는 입자들은 위치에 따른 위치에너지를 가집니다. 따라서 농구공 안의 분자들이 가진 위치에너지를 모두 합하면 총 위치에너지가 나옵니다. 이렇게 분자들의 "총 운동에너지"와 "총 위치에너지"를 합한 것이 바로 계의 내부에너지입니다.

내부에너지의 절대량과 변화량

내부에너지의 정체는 파악했으나 그 정확한 양, 곧 "절대량"을 알기는 쉽지 않습니다. 그러나 안팎으로 열과 일이 드나들 때의 "변화량"은 알기 쉽습니다. 다행히 변화량만 아는 것으로 충분한 경우가 많으므로 제1법칙의 식에는 "내부에너지의 변화"를 가리키는 ΔU가 쓰였습니다. 이 상황은 "저수지의 비유"로 쉽게 이해할 수 있습니다. 저수지에 고인 물의 절대량을 계산하기는 어렵습니다. 저수지 바닥의 불규칙한 굴곡을 모두 고려해야 한다는 점만 생각해도 그 어려움을 짐작할 수 있지요. 하지만 변화량은 저수지의 넓이에 수위의 변화만 곱하면 얻어집니다. 농사를 짓거나 홍수를 조절할 때 저수지에 고인 물의 절대량을 알 필요는 별로 없습니다. 변화량과 관련된 수위만 적절히 조절하면 대부분 대처할 수 있습니다.

저량과 유량, 열역학적 부호관습

경제학을 공부한 사람이라면 "저량貯量, stock"과 "유량流量, flow"이라는 개념을 알 것입니다. 예를 들어 통장에 들어 있는 "저금"은 이름대로 저량입니다. 반면 "수입과 지출"은 통장에 들락날락하는 돈이므로 유량입니다. 수입과 지출의 대표적인 예는 월급과 용돈인데, 이것이 통장에 들어가 저금이 되면 저량이지만 호주머니에 있으면 유동적이므로 유량으로 봅니다. 물품의 경우 "재고"는 저량이고 "도입량"과 "반출량"은 유량입니다. 열역학에서 내부에너지는 저량이고 열과 일은 유량입니다. "절대량과 변화량"처럼 "저량과 유량"도 "저수지의 비유"로 쉽게 이해할 수 있으며, 이들 사이의 관계도 파악할 수 있습니다.

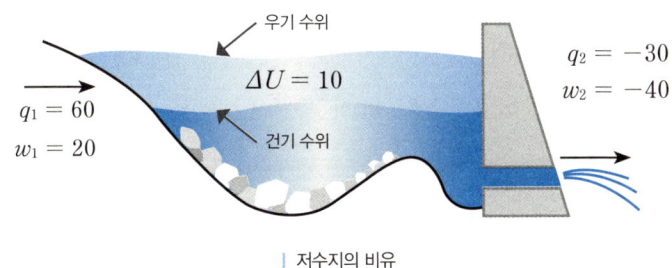

| 저수지의 비유

그림을 보면 상류에서의 유입량과 수로로 빠져나가는 유출량의 차이

에 따라 저수지의 수량이 달라집니다. 우기 때 수위가 건기 때보다 높은데, 유입량은 60 + 20 = 80이고 유출량은 30 + 40 = 70입니다. 따라서 저수지 수량(내부에너지)의 변화는 80 − 70 = 10입니다. 이것을 제1법칙의 수식으로 표현하면 다음과 같습니다.

$$\Delta U = 60 + 20 - 30 - 40 = 10$$

제1법칙을 수식으로 계산할 때 "계로 들어오는 것은 양, 계에서 나가는 것은 음"으로 보는데, 이를 "열역학적 부호관습"이라고 합니다. 저량과 유량을 표현할 때 또 하나 주의할 것이 있습니다. 그림에서 보듯 저량은 "저수지의 양", 곧 "계의 양"이며 따라서 "계의 특성"입니다. 반면 유량은 저수지나 계의 양이 아니고 계의 특성도 아닙니다. 그러므로 "계의 내부에너지가 100이다"라는 표현은 옳지만 "계의 열이 100이다", 또는 "계의 일이 100이다"라는 표현은 틀린 것입니다.

상태함수와 과정함수

경제학에서는 "저량"과 "유량"이란 용어를 쓰지만 과학에서는 "상태함수(state function)"와 "과정함수(process function, 또는 경로함수[path function])"라는 용어를 씁니다. 각각 어떤 "상태"와 "과정"에서 의미를 갖는 함수를 가리킵니다. 농구공을 운동장 바닥에 떨어뜨릴 때, 바닥에 닿기 전에는 부피가 변하지 않으므로 "농구공의 부피는 7리터"라는 말이 의미가 있습니다. 하지만 바닥에 닿아 찌그러지는 동안에는 부피가 계속 변하므로 뭐라고 말할 수 없습니다. 따라서 부피는 상태함수이지 과정함수가 아닙니다.

다시 "저수지의 비유"로 돌아가 봅시다. 상류와 하류로 물이 들어오고 나가는 "과정"에서는 저수지의 수량을 정확히 말할 수 없습니다. 수량은 물의 흐름을 차단한 "상태"에서 말해야 의미가 있습니다. 따라서 저수지의 수량은 상태함수, 유입량과 유출량은 과정함수입니다. 이렇게 보면 내부에너지는 상태함수인 반면, 열과 일은 과정함수라는 사실을 쉽게 이해할 수 있습니다. 상태함수에서는 "상태와 상태 사이의 차이"를 따질 수 있지만, 과정함수에서는 상태라는 것이 무의미하므로 상태 사이의 차이를 논할 수 없습니다. 따라서 상태함수에는 "Δ"라는 기호를 붙일 수 있지만 과정함수에는 붙일 수 없습니다. 제1법칙을 식으로 쓸 때 U에는 Δ를 붙였지만 q와 w에는 붙이지 않은 것은 바로 이 때문입니다.

상태함수의 예로는 압력(P), 부피(V), 온도(T), 몰수(n), 내부에너지(U), 엔트로피(S) 등이 있고, 과정함수의 예로는 열(q)과 일(w) 등이 있습니다. 고교 과정에서 "$PV = nRT$"라는 식을 "이상기체의 상태방정식"이라고 부른다는 점을 기억하는 사람들이 많을 것입니다. 여기에 "상태"라는 말이 들어가는 이유는 이것이 이상기체의 압력·부피·몰수·온도라는 상태함수들 사이의 관계를 나타내는 식이기 때문입니다. 기체상수 R은 상수이므로 당연히 상태함수도 과정함수도 아닙니다.

제1법칙의 재음미

열역학 제1법칙에 대해 중요한 사항은 거의 살펴보았습니다. 이제 도식적 엔진과 실제 휘발유 엔진을 비교하면서 그 식을 깊게 음미해봅시다. 그림의 "고열원"은 휘발유가 실린더 속에서 폭발하여 생긴 고온·고압의 기체인데, 온도는 T_h이고 내놓는 열량은 q_h입니다. "엔진"은 휘발유 엔진의 피스톤과 실린더에 해당하며, 고열원에서 받은 열로 일 w를 하고 나머지 에너지는 q_c로 방출합니다. "저열원"은 휘발유 엔진의 피스톤과 실린더를 포함한 몸체와 배기가스로, q_c로 방출된 열의 일부는 휘발유 엔진의 몸체를 가열하며 나머지는 배기가스에 섞여 배출됩니다(h와 c는 각각 hot와 cold에서 따왔습니다).

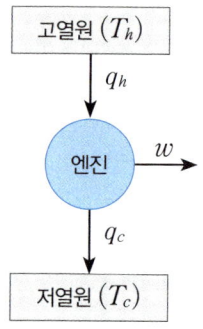

| 열역학에서 자주 쓰이는 도식적 엔진

농구공에서는 내부의 기체 분자들에 내부에너지가 들어 있습니다. 바닥에 부딪히면 찌그러지면서 외부로부터 일을 받으며, 충돌로 인한 열도 받습니다. 따라서 바닥에서 튀어오를 때는 외부로부터 받은 일과 열 때문에 내부에너지가 증가하는데, 식으로 쓰면 다음과 같습니다.

$\Delta U = q + w$. (q와 w는 모두 양이며 따라서 내부에너지는 증가함)

위 그림의 도식적 엔진에서 처음에 피스톤이 실린더 상단까지 올라갔을 때 부피가 0이라고 하면 초기 내부에너지는 0입니다. 피스톤이 내려가고 휘발유가 기체 상태로 뿜어져 공기와 혼합되면서 연소되면 q_h의 열이 나옵니다. 이 열 때문에 기체가 팽창하여 피스톤을 밀어내며 w의 일을 하지만, 일부의 열 q_c는 엔진을 가열하고 배기가스로 배출되어 낭비됩니다. 피스톤은 다시 상단까지 올라가 부피가 0이 됩니다. 식으로 쓰면 다음과 같은데, 예를 들어 q_h가 100이고 q_c가 −70이면 w는 −30입니다.

$$0 = q_h + q_c + w. \ (q_h는\ 양,\ q_c와\ w는\ 음)$$

제1법칙의 응용 : 열기관의 효율

휘발유 엔진의 "효율efficiency"은 어떻게 정의할까요? "받은 '열'의 몇 %를 '일'로 썼는가?"로 정의하는 게 자연스러울 것입니다. 통상 효율은 양수로 말하므로 효율의 정의는 다음과 같습니다.

$$열기관의\ 효율 : e \equiv -\frac{w}{q_h}$$

이 식을 위의 예에 적용해봅시다. $q_h = 100$이고 $w = -30$이므로 $E = -(-30)/100 = 30\%$입니다. 좀 불만스러울지 모르겠지만 이 정도면 훌륭한 편입니다. 옛날에 쓰였던 증기기관의 효율은 10% 정도였습니다. 이제 휘발유 엔진은 30%에 가까워졌고, 디젤 엔진은 35%를 넘나들기도 합니다.* 고효율의 엔진을 개발하는 것은 여러 모로 중요합니다. 자원의

---

* 본문에서 살펴본 효율은 열기관의 효율입니다. 그런데 열기관이 아닌 것들의 효율도 기본적으로는 "출력/입력"의 비율로 나타냅니다. 그런 것들의 예로는 백열전등(5), 형광등(20), 전기히터(100), 태양전지(20), 풍차(50), 수차(90), 모터(70), 화학반응의 에너지를 곧바로 전기로 바꾸는 연료전지(80), 햇빛의 에너지를 화학에너지로 바꾸는 광합성(5), 우리 몸의 근육(20) 등이 있습니다(괄호 안의 수치는 %로 나타낸 효율). 특이한 것은 전기히터의 효율이 100%라는 점인데, 이는 에너지가 궁극적으로는 모두 열로 바뀐다는 열역학 제2법칙의 귀결입니다.

낭비를 막는 게 첫째 목표이지만, 완전연소에 가깝다는 뜻이므로 환경오염을 줄인다는 측면도 있습니다. 투입한 열을 모두 일로 바꿀 수 있다면 좋겠지만 현실적으로는 물론 이론적으로도 불가능한데, 그 이유는 제2법칙에서 이야기하겠습니다.

3. 제2법칙: 엔트로피증가법칙

> 과학에 양대 제2법칙이 있다. 그중 운동 제2법칙은 신적 법칙이고 열역학 제2법칙은 인적 법칙이다. — 고중숙

열역학 제2법칙은 "엔트로피entropy"라는 개념으로 유명한데, 그 뜻이 심오하여 자연과학 외의 다른 분야에도 자주 인용됩니다. 열역학 제2법칙은 왜 필요하며, 엔트로피의 개념은 무엇인지 파악하기 위해 간단한 예로 시작해봅시다.

고스톱의 예

"고스톱"은 화투 48장으로 하는 게임인데, 보통 몇 장의 패를 여분으로 넣으므로 50장이라고 합시다. 한 판이 끝나면 패를 다시 섞습니다. 가끔 "자꾸 치다보면 언젠가 이미 한 번 쳤던 판과 똑같은 판이 나오지 않을까?"라는 농담도 합니다. 과연 그 확률은 얼마나 될까요? 계산 자체는 간

단합니다. 화투가 3장이라면 이것을 서로 다르게 배열하는 방법은 (1, 2, 3), (1, 3, 2), (2, 1, 3), (2, 3, 1), (3, 1, 2), (3, 2, 1)의 6가지가 있습니다. 수학적으로는 "순열順列, permutation"이라 하여 "$3! = 1 \times 2 \times 3 = 6$"으로 계산합니다. 여기의 느낌표(!)는 "계승階乘, factorial"을 뜻하며, 1부터 주어진 수까지 차례로 곱하는 계산입니다. 화투 패의 수가 50장으로 늘어나도 계산은 같습니다. 따라서 똑같은 판이 나올 확률은 1/50!로 대략 3×10^{64}입니다. 경京은 10^{16}이라는 큰 숫자인데 이는 "경의 경의 경의 경 배"라는 엄청난 수입니다.

1년은 대략 3천만 초입니다. 밥도 안 먹고 잠도 안 자고 오직 고스톱만 100초에 한 판씩 친다면 1년에 30만 판을 칠 수 있습니다. 그렇다면 똑같은 판을 칠 때까지 $(3 \times 10^{64}) \div (3 \times 10^{5}) = 10^{59}$년이 걸립니다. 빅뱅이론에서 우주의 나이를 약 138억 년이라고 보는데 대략 100억 년(10^{10}년)이라고 하면 지금까지의 우주가 $10^{59} \div 10^{10} = 10^{49}$번 되풀이될 때까지 쳐야 비로소 똑같은 판이 나올 수 있습니다. 열역학 제2법칙인 엔트로피증가법칙은 이처럼 세상에 내포된 엄청나게 많은 가능성에 근거를 둡니다.

호리병의 예

호리병처럼 생긴 용기가 있습니다. 왼쪽과 오른쪽에 산소와 질소를 채운 뒤, 밸브를 열어 섞이게 합니다. 가열하거나 흔들면 더 잘 섞이겠지만 굳이 그런 수고를 하지 않아도 분자들 스스로의 운동에 의해 자연히 섞입니다. 여기서 자연히 섞이도록 한다는 것은, 편하게 실험하자는 뜻이 아니라 이론적으로 중요한 의미가 있습니다. 가열하지 않는다는 것은 외부에서 열이 투입되지 않는다는 뜻입니다. 흔들지 않는다는 것은 외부에서 일을 하지 않는다는 뜻입니다. 다시 말해서 "혼합mixing"이라는 "열역학적 과정"에서 계나 환경의 에너지는 모두 보존되었고, 제1법칙의 관점에서 볼 때 아무런 문제가 없습니다.

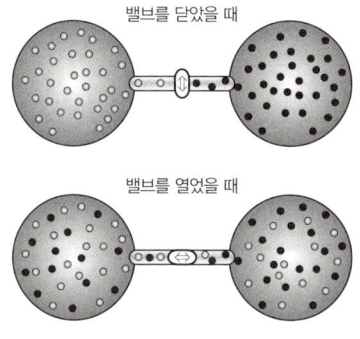

| 호리병의 예

이제 "혼합"의 반대 과정인 "분리separation"를 생각해봅시다. 역시 가열하지도 않고 흔들지도 않았지만 자연스럽게 산소는 모두 왼쪽으로, 질소는 모두 오른쪽으로 모여 원래 상태로 돌아왔다고 가정합시다. 혼합에서처럼 열과 일의 출입이 없으므로 계와 환경의 에너지는 모두 보존되었고, 제1법칙에 어긋남이 없습니다. 이렇게 하여 혼합과 분리란 과정을 생각해봤습니다. 둘 다 제1법칙에는 어긋나지 않는다는 점도 확인했습니다. 하지만 정말 아무런 문제도 없을까요? 전혀 그렇지 않습니다! 실제로 "혼합"은 분명히 일어나지만 "분리"는 도저히 기대할 수 없는 현상이라는 게 문제입니다.*

---

* 이런 예는 많습니다. 작은 병에 맑은 물을 채운 뒤, 잉크를 한 방울 떨어뜨립니다. 병을 흔들거나 가열하지 않아도 잉크는 자연히 섞이지만, 한 번 섞인 뒤에는 아무리 오래 기다려도 잉크와 물로 다시 분리되지 않습니다. 물에 설탕이나 소금을 녹이는 것도 마찬가지입니다. 녹는 과정은 저절로 진행되지만, 녹은 뒤에는 설탕이나 소금이 저절로 다시 석출되지 않습니다.

혼합과 분리는 모두 열역학 제1법칙에 위배되지 않지만 "혼합은 반드시 일어나는 반면 분리는 절대로 일어나지 않는다"는 사실은 무엇을 뜻할까요? "작용반작용법칙"을 설명할 때 작용과 반작용의 크기가 같다는 것은 항상 성립하기 때문에 법칙이라고 했습니다. 혼합과 분리를 볼 때, 같은 실험을 아무리 반복해도 혼합은 일어나지만 분리는 일어나지 않는다는 것은 항상 성립하는 사실입니다. 열역학 제1법칙 외의 어떤 법칙이 작용하는 것입니다. 뭔가 제2의 법칙이 필요하다는 뜻입니다.

필연법칙과 확률법칙

호리병에서 혼합은 반드시 일어나지만 분리는 절대로 기대할 수 없다는 점을 자세히 살펴봅시다. 우리가 사는 대기권에서는 작은 호리병이라도 그 안에 들어 있는 기체 분자의 수는 엄청나게 많습니다. 그러나 대기권을 벗어나 우주 공간에서 실험을 한다면 그 수는 극도로 줄어들 것입니다. 이해를 돕기 위해 호리병의 왼쪽과 오른쪽에 각각 산소와 질소 분자가 3개씩 있다고 가정합시다. 밸브를 열어주면 두 기체는 서로 섞입니다. 계속 기다리면 어떻게 될까요? 이번에도 "분리"는 전혀 일어나지 않을까요? 그렇지 않습니다. 시간이 지나면 다시 본래대로, 즉 왼쪽과 오른쪽에 산소와 질소 분자가 각각 3개씩 있는 상태로 "분리"되는 때가 반드시 옵니다. 확률을 생각하면 쉽게 이해할 수 있습니다. 밸브를 연 뒤 어느 순간에 어떤 분자가 호리병의 왼쪽에 있을 확률은 1/2입니다. 그렇다면 어느 순간 산소 분자 3개가 동시에 왼쪽에 있을 확률은 $(1/2)^3 = 1/8$입니다. 질소 분자 3개가 오른쪽에 동시에 있을 확률도 1/8입니다. 이 두 확률을 곱하면 1/64이므로 오랫동안 관찰하면 평균 64번 가운데 1번은 "분리"된 상태를 볼 수 있습니다.

하지만 분자의 수가 증가하면 이렇게 "분리"될 확률은 급격히 감소합니다. 일상적인 경우 대개 아보가드로수 Avogadro number, 곧 6×10^{23}개 정도의 분자를 다루므로 생활 속에서 분리 현상을 목격할 확률은 대략 $(1/2)^{6 \times 10^{23}}$ 정도로 극히 미미한 값이 되고 맙니다. 앞서 고스톱의 예에 나온 수는 3×10^{64}이므로 3 뒤에 0을 64개만 쓰면 됩니다. 하지만 $(1/2)^{6 \times 10^{23}}$이라는 수는 풀어쓰는 데만도 엄청난 세월이 걸립니다. 이 수를 풀어 쓸 경우 소수점 아래의 0을 쓰는 데 걸리는 시간을 대략 계산해보면 온 인류가 1초에 0을 하나씩 쓰는 일에만 전념한다고 할 때 약 백만 년 정도가 소요됩니다. 결국 일상생활에서 한 번 섞인 잉크와 물이 다시 본래대로 분리되지 않는 것은, "완전히·영원히·절대로·필연적으로" 그런 것은 아니고, 다만 그렇게 될 "확률"이 매우 매우 매우 …… 작기 때문입니다.

열역학 제2법칙은 운동법칙이나 운동량보존법칙, 에너지보존법칙 등과 본질적으로 다릅니다. 즉, 열역학 제2법칙은 "확률법칙"인 반면 다른 법칙들은 "필연법칙"입니다. 아무리 확률이 작아도 0이 아닌 한, 계의 상태가 원상으로 회복되는 일은 필연적으로 일어납니다. 다만 고스톱의 예에서 보듯 원상으로 회복되는 데 필요한 시간에 비하면 우주의 나이조차 찰나의 찰나에도 못 미칠 만큼 짧은 시간에 불과하므로 인간적 관점에서는 분명히 법칙입니다. 무한대의 시간을 관장하는 신이 있다면 고스톱의 화투나 잉크와 물의 혼합액이 본래 상태를 회복하는 일도 무수히 되풀이될지 모릅니다. 하지만 필연법칙에 위배되는 일은 무한대의 시간이 지나도 일어나지 않으므로 신의 입장에서도 법칙입니다. 이런 점에서 필연법칙들은 "신적 법칙"인 반면, 확률법칙인 열역학 제2법칙은 "인적 법칙"이라고 할 수 있습니다.

열역학 제2법칙 : 엔트로피증가법칙

준비는 마친 셈이니 엔트로피의 개념을 살펴봅시다. 흔히 "엔트로피는 계의 무질서도를 나타낸다"고 합니다. 엄밀히 말하면 정확한 표현은 아닙니다. 그렇다고 결정적인 오류가 있는 것도 아닙니다. 오히려 엔트로피라는 개념을 직관적으로 이해하도록 도와줍니다. "무질서도measure of disorder"라는 용어는 "질서가 무너진 정도"라는 뜻인데, 이를 이해하려면 "질서 있는 상태"가 무엇인지 알아야 합니다. 호리병에서 질서 있는 상태란 산소와 질소를 호리병의 양쪽에 분리해 둔 상태입니다. 화투를 처음 샀을 때 정돈된 상태, 잉크와 물이 섞이기 전의 상태, 설탕이나 소금이 물에 녹기 전의 결정 상태, 책장의 책을 가지런히 정리해 놓은 상태, 군대가 나란히 정렬한 상태, 풀이나 낙엽이 썩기 전의 상태 등도 질서 있는 상태입니다. 이런 상태는 엔트로피가 작다고 하며, 완전히 질서 있는 상태라고 인정되면 엔트로피는 0으로 봅니다.

다시 호리병으로 돌아가 일상적인 상황에서 왼쪽과 오른쪽에 산소와 질소를 채웁니다. 이렇게 질서 있는 처음 상태에서 밸브를 아주 조금 열어 왼쪽의 산소 분자가 극히 일부만 오른쪽으로 이동했다고 합시다. 그러면 약간 흐트러진 무질서 상태가 만들어집니다. 하지만 극히 일부 분자만 이동했으므로 아직 계 전체의 질서가 크게 흐트러진 것은 아닙니다. 계의 엔트로피는 아직도 작은 편입니다. 다시 처음의 질서 있는 상태를 회복하고 싶으면 어떻게 해야 할까요? 어떻게든 오른쪽의 산소 분자들을 다시 왼쪽으로 옮겨야 하므로 밸브를 열어야 할 것입니다. 과연 이 시도는 성공할까요? 분명 실패하고 맙니다. 왜냐하면 오른쪽에 있는 산소 분자는 아주 적은 반면, 질소 분자는 압도적으로 많기 때문입니다. 이 상태에서 밸브를 열면 되찾으려는 산소 분자는 어디 있는지도 모른 채 양쪽의 산소와 질소 분자가 더욱 혼란스럽게 섞이고 맙니다. 무질서도가 감소하기는커녕 증가하는 방향으로 진행되는 겁니다. 즉, 밸브를 여는 순간 엔트로피는 증가하며 다시는 본래의 상태로 돌아가지 못합니다(물론 인간적 관점에서 말입니다). "열역학 제2법칙"은 바로 이런 현상을 가리키며, 다른 말로는 "엔트로피증가법칙"이라고 부릅니다.

엔트로피증가법칙의 이해

엔트로피증가법칙을 좀 더 정확히는 "모든 자발적 과정에서 우주의 엔트로피는 항상 증가한다"고 표현합니다. 엔트로피의 영어 첫 글자 "E"는 에너지를 나타내는 데 쓰이므로 엔트로피는 관습적으로 "S"를 써서 나타내며, 식으로는 아주 단순하게 "$\Delta S > 0$"로 표현합니다.

열역학 제2법칙 : $\Delta S > 0$: 모든 자발적 과정에서 우주의 엔트로피는 항상 증가한다.

여기서 "자발적 과정 spontaneous process"이란 아무런 간섭을 하지 않아도 일어나는 과정을 가리킵니다. 산소와 질소의 혼합, 잉크와 물의 혼합, 설탕이나 소금의 용해, 고온의 물체에서 저온의 물체로 열이 이동하는 것, 기체를 진공 중에 풀어놓으면 끝없이 퍼져 가는 것 등이 자발적 과정입니다. 비유적으로는 잘 정리한 책장도 조금만 관리를 소홀히 하면 차츰 혼란스러워지는 것, 학생들이 운동장에 잘 정렬해 있다가도 선생님이 잠시 한눈팔면 금세 흐트러지는 것 등도 자발적 과정이라고 할 수 있습니다.

또한 여기서 우주는 "계와 환경을 합한 것"을 뜻합니다. 다시 말해서 "엔트로피가 항상 증가한다"는 말은 "전체적"으로 그렇다는 뜻이므로 "부분적"으로는 그렇지 않을 수도 있다는 점에 유의해야 합니다. 예를 들어 냉장고를 가동하면 내부는 열이 빠져나가 온도가 떨어지므로 분자들의 운동이 줄어들어 엔트로피가 감소합니다. 하지만 외부는 모터가 가동하여 발생하는 열과 내부에서 빠져나온 열이 더해지므로 엔트로피가 증가합니다. 이 경우 엔트로피의 전체적인 변화는 "내부의 감소 + 외부의 증가"로 계산되는데, 이 결과가 항상 증가로 나타난다는 게 엔트로피증가법칙의 참뜻입니다.

효율의 재검토 : 열과 일의 본질

제1법칙을 설명할 때 열기관의 효율을 $e \equiv -w/q_h$로 구하지만 투입한 열을 모두 일로 바꿀 수는 없다고 했습니다. 그 배경에는 "열"과 "일"의 본질적인 차이가 깔려 있는데, 이를 이해하면 열기관의 효율이 100%가 될 수 없다는 점은 물론 제2법칙을 이해하는 데도 도움이 됩니다.

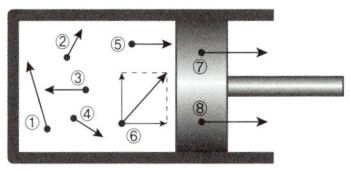

| 열과 일의 차이

그림은 엔진의 실린더 속에서 연료가 폭발적으로 연소하여 피스톤을 밀어내는 단계를 나타냅니다. 이 상황에서 "무질서"하게 움직이는 입자들을 대표적으로 6개만 그렸습니다. 우선 ⑤는 움직이는 힘을 온전히 피

스톤에 충돌시켜 밀어내는 데 씁니다. 반면 ①과 ③은 피스톤을 밀어내는 데 아무런 역할도 하지 않습니다. 한편 ②와 ④와 ⑥은 가진 힘의 일부만 피스톤을 밀어내는 데 씁니다. 여기서 보듯 연료를 태워 얻은 "열"은 입자들의 무질서한 운동인데, 그중 일부만 피스톤을 밀어내는 "일"에 쓰입니다. 각 입자들은 완전히 임의로 움직이므로 제어할 수 없습니다. 즉 입자들의 무질서한 운동은 일부만 유용하게 쓰일 뿐 나머지는 실린더를 뜨겁게 하는 열로 바뀌거나 배기가스와 함께 버려집니다.

한편 ⑦과 ⑧은 피스톤을 이루는 입자들 가운데 2개만 대표적으로 나타낸 것입니다. 여기서 알 수 있듯 피스톤의 입자들은 모두 "질서"있게 오른쪽으로 움직이면서 "일"을 합니다. 실린더 안의 입자와 피스톤의 입자를 비교하면 중요한 결론을 얻게 됩니다.

열 : 입자들의 무질서한 운동
일 : 입자들의 질서 있는 운동

끝으로 ⑥을 봅시다. ⑥은 비스듬한 방향으로 움직이는 입자인데, 그 속력을 수직과 수평 방향의 두 성분으로 분해해서 보였습니다. 여기서 보듯 실린더 안에 있는 모든 입자의 속력은 수평 성분만 피스톤을 밀어내서 일을 하는 데 기여합니다. 무질서한 열운동의 일부만 질서 있는 일로 바뀐다는 점을 알 수 있습니다. 따라서 열기관의 효율은 절대로 100%가 될 수 없으며, 30~40%만 되더라도 훌륭한 편입니다.

"㉮열은 일로 완전히 바뀔 수 없다"면 반대로 일은 어떨까요? 그림에서 피스톤을 안으로 밀어넣는다고 생각해봅시다. 역시 피스톤을 이루는 모든 입자들은 왼쪽으로 "질서정연하게" 움직입니다. 이 영향을 받아 피스톤과 충돌하는 실린더 안의 입자들도 처음에는 조금이나마 질서 있게 움직입니다. 하지만 시간이 조금만 흐르면 서로 충돌하면서 다시 제멋대로 "무질서하게" 돌아다닙니다. 따라서 열과 달리 "㉯일은 열로 완전히 바뀐다"는 결론이 나옵니다. 앞에서 전기히터의 효율이 100%라고 했는데 그 이유가 바로 여기에 있습니다. ㉮와 ㉯ 사이의 비대칭은 이 세상의 본질입니다. 자연계에서 일어나는 모든 현상에서 결국에는 무질서가 많아지게 되며 이것이 바로 엔트로피증가법칙입니다.

효율의 다른 식

열기관의 효율을 $e \equiv -w/q_h$로 정의했지만 이것과 동등하면서 약간 다른 식이 있습니다. 유도 과정은 지면 관계상 생략하는데, 열역학 제1법칙과 제2법칙을 결합하여 얻어낼 수 있습니다.

$$E = (T_h - T_c)/T_h$$

여기서 T_h와 T_c는 고열원과 저열원의 온도입니다. 휘발유 엔진을 예로 들면 T_h는 실린더에서 연소된 기체의 온도이고, T_c는 배기 밸브에서 방출되는 기체의 온도입니다. 물론 이런 온도를 정확히 측정하기는 어렵습니다. 또 엔진의 효율은 이밖에도 수많은 부품들의 구조와 기능 등에서 영향을 받으므로 실제로는 정확히 얻기 어렵습니다. 하지만 이 식에서 T_h는 높고 T_c는 낮을수록 효율이 높다는 점은 분명합니다. 그래서 T_h를 높이려고 고온에서도 잘 작동하는 재료를 개발하는 데 많은 노력을 기울이는 것입니다. 쉽게 부서지는 단점에도 불구하고 세라믹ceramic 엔진을 개발하기 위해 연구하는 것도 이 때문입니다. 한편 T_c를 조절하기는 쉽지 않습니다. 하지만 다단계의 과정을 이용할 수 있습니다. 예를 들어 증기기관이나 증기터빈의 경우 첫 단계에서 배출되는 비교적 고온의 증기를 바로 버리지 않고 둘째 단계 이후의 엔진이나 터빈을 작동시키는 데 쓰기도 합니다. 또한 마지막 단계에서 배출되는 열도 난방 등 다른 용도로 이용하여 전체적인 효율을 높일 수 있습니다.

엔트로피증가법칙의 귀결

"모든 자발적 과정에서 우주의 엔트로피는 항상 증가한다"고 했습니다. 이러한 자발적 과정이 언제까지 진행될까요? 설탕의 용해를 보면 설탕이 완전히 용해되어 입자들이 골고루 퍼질 때까지 진행할 것입니다. 최종 상태는 계의 엔트로피가 최대가 된 상태, 곧 계가 최대한으로 무질서해진 상태라고 할 수 있습니다. 이런 상황에 이르면 외부의 간섭이 없는 한 계의 엔트로피는 더 이상 증가할 수 없으므로 변화의 여지도 없습니다. 열역학 제0법칙이 가리키는 "열평형"이 이런 상태입니다. 이때 계에는 에너지가 분명 존재합니다. 제1법칙, 곧 에너지보존법칙에 따라 에너지 자체가 소멸하지는 않기 때문입니다. 하지만 에너지가 있다고 해도 흐르지 않으면, 곧 변화하지 않으면 아무런 쓸모가 없습니다.

열평형 상태가 작은 계에서 일어날 때는 별 문제가 없습니다. 다른 계와 접촉하여 상호작용을 할 때 다시 에너지의 교환이 일어나고, 에너지의 변화가 일어나고, 수많은 물리적·화학적·생물학적 현상이 펼쳐져 세상이 여전히 돌아갑니다. 하지만 확장된 계도 결국 열평형에 이르고, 또 다시 아무런 현상도 일어나지 않게 됩니다. 새로운 현상이 일어나려면 또 확장해야 합니다. 수많은 현상이 펼쳐지고, 열평형에 이르고, 또 다시 확장하는 과정이 반복됩니다. 반복의 궁극적 귀결은 어디일까요? 우주가 유한하다면 마침내 우주 전체가 거대한 열평형에 이르게 됩니다. 하지만 이제는 아무런 변화가 없으므로 사실상 죽은 것이나 마찬가지입니다. 1854년 독일의 과학자 헬름홀츠는 이를 가리켜 "열사heat death"라고 했습니다.

하지만 현대 빅뱅이론에 따르면 우주는 계속 팽창하고 있습니다. 그렇다면 우주가 전체적으로 열평형에 이를 수는 없습니다. 전체적으로 열평형이 진행되려면 우주가 유한해야 하며, 정지해야 합니다. 우주가 계속 팽창한다면 어떻게 될까요? 뭔가 새로운 에너지 공급원이 나타나지 않는 한 우주는 계속 식어갑니다. 궁극에는 초저온 세계가 되어 모두 얼어죽는 "동사cold death" 상태가 됩니다.

한편 현재의 관측 결과와 다르게 우주는 언젠가 다시 수축할 가능성도 있습니다. 그렇다면 팽창할 때와 반대로 온도와 압력이 차츰 올라가 초고온·초고압 상태가 되는데, 이것을 빅뱅에 빗대어 "빅크런치big crunch"라고 합니다. 이때 우주의 최종 운명은 "압사"라고 하겠습니다. 말뜻으로 보면 동사의 반대는 열사이지만 우주론의 관점에서 보면 동사의 반대는 열역학적 죽음인 열사가 아니라 압사입니다.

제2법칙은 절망의 법칙이 아니라 삶의 구동력

우주의 궁극적 운명을 열사, 동사, 압사 셋으로 나누어 보았는데, 애석하게도 모두 비극적입니다. 그래서 엔트로피증가법칙을 음울하고 비관적인 장래를 보여주는 "절망의 법칙"으로 보는 사람들이 있습니다. 하지만 이것은 어디까지나 가능성을 설명한 것일 뿐 정확한 예측은 아닙니다. 현재의 지식이 완전하다는 보장이 없기 때문입니다. 현재의 이론으로는 궁극의 미래가 비극이라고 여겨질지 모르지만 언젠가 새로운 진리가 발견되어 다른 결론이 나올 수도 있습니다. 이렇게 희망적인 생각을 품는 이유는 우리의 존재 자체입니다. 우주의 역사는 약 138억 년이라고 하니 사람의 수명에 비하면 엄청나게 긴 세월입니다. 하지만 이것도 세 가지 궁극적 운명을 맞는 데 걸리는 시간에 비하면 찰나의 찰나에도 미치지 못합니다. 게다가 이 궁극적 운명에 이르는 시간도 무한히 되풀이되는 영겁의 세월에 비하면 아무것도 아닙니다. 우주는 왜 진작 그런 운명을 맞지 않고 우리 같은 존재들이 살고 있을까요? 잘 모르지만 무수히 많은 존재와 삶을 뒷받침하는 어떤 근본적인 원리가 있다고 생각하지 않을 수 없습니다.

희망을 품는 것 못지않게 균형 잡힌 관점도 중요합니다. 애초에 엔트로피에 "무질서"라는 관념을 결부시킨 탓에 부정적인 선입관을 갖게 되었습니다. 하지만 "엔트로피가 증가하지 않으면 에너지가 변화될 수 없다"는 점에서 보면 삶을 포함한 모든 현상의 "원동력"이나 "구동력"이라는 긍정적인 관념을 발견할 수 있습니다. 엔트로피증가법칙에 내포된 절망의 미래까지 엄청난 세월이 남아 있다는 점에서 보면 더욱 그렇습니다. 현재로서는 태양이 뿜어내는 거대한 에너지가 지구의 엔트로피 증대를 끝없이 뒷받침하는 원천입니다. 천문학적인 시간 단위에 비해 찰나에 불과한 인류 역사의 범위에서 엔트로피증가법칙은 지구의 모든 생명 활동을 뒷받침하는 거대한 구동력의 원천임을 간과해서는 안 됩니다. 이 거대한 원천이 주는 혜택을 효율적으로 이용하여 보다 깨끗하고 살기 좋은 지구 생태계를 만들려는 노력이 필요합니다.

시간의 화살

엔트로피증가법칙의 이론적 용도 가운데 특이한 것으로 "시간의 화살"이 있습니다. 호리병의 밸브를 열기 전후의 상태를 비교할 때, 에너지의 변화는 없으므로 제1법칙만으로는 "혼합"과 "분리" 가운데 무엇이 먼저인지 알 수 없습니다. 그러나 제2법칙에 따르면 엔트로피는 항상 증가하므로 당연히 "분리"가 "혼합"보다 먼저입니다. 엔트로피증가법칙이 과거와 미래를 구별하는 기준, 곧 어떤 현상을 볼 때 어떤 상태에서 어떤 상태로 진행했는지를 판별하는 데 사용될 수 있다는 뜻입니다.

사실 현재로서는 자연과학에서 엔트로피증가법칙만이 시간의 전후를 구별할 수 있는 유일한 법칙입니다. 운동법칙 · 운동량보존법칙 · 에너지보존법칙 · 만유인력법칙 등 다른 어떤 법칙으로도 현상의 전후 순서를 판정할 수 없습니다. 영국의 과학자 에딩턴(Arthur Eddington, 1882~1944)은 1928년에 엔트로피증가법칙을 "시간의 화살 time's arrow"이라고도 했습니다. 현재 지식으로는 시간과 엔트로피만이 각각 "과거에서 미래로만 흐른다"와 "항상 증가한다"는 비대칭성을 드러내는 것으로 여겨집니다. 따라서 이 두 가지는 서로 긴밀하게 얽혀 있는 것 같지만 그 자세한 기정 機程 mechanism*은 아직 모릅니다. 시간에 대해서는 "시작이 있는가?" "끝이 있는가?" "거꾸로 흐를 수 있는가?" "더 천천히 또는 더 빨리 흐를 수 있는가?" "정지할 수 있는가?" "그 본질이 무엇인가?" 등 많은 의문이 있는데, 현대 과학도 제대로 답을 못 합니다. 언젠가 그 전모가 밝혀지면 시간과 엔트로피증가법칙의 관계도 보다 분명해질 것입니다.

4. 제3법칙 : 엔트로피기준법칙

제3법칙인 엔트로피기준법칙은 말 그대로 엔트로피의 기준점을 정하는 법칙입니다. 앞에서 중력위치에너지의 기준점을 정하는 방법을 살펴보았습니다. 마찬가지로 엔트로피도 기준점을 정해야 혼란을 겪지 않고 사용할 수 있습니다. 특기할 것은 열역학 제1법칙에서 "내부에너지"라는 개념이 나오기는 하지만 본래 "에너지"의 개념은 열역학이 아니라 "역학"에서 정의된 것을 빌려와서 사용한다는 점입니다. 이와 달리 열역학 제2법칙에 나오는 "엔트로피"의 개념은 열역학 고유의 개념입니다. 따라서 에너지의 기준점은 다른 곳에서 정한 것을 빌려와도 되지만 엔트로피의 기준점은 열역학에서 정하는 게 타당합니다.

가장 추운 곳 – 엔트로피의 기준점

그렇다면 엔트로피의 기준점은 어디로 정하는 게 좋을까요? 엔트로피의 개념을 다시 생각해봅시다. 엔트로피는 대상의 "무질서도"를 나타냅니다. 그렇다면 무질서도가 가장 낮은 상태, 다시 말해서 완전한 질서를 가진 상태의 엔트로피를 0으로 삼는 게 가장 무난할 것입니다. 그런 상태는 어떤 상태일까요?

잠시 액체와 기체를 비교해봅시다. 똑같은 "물"이지만 액체인 물보다 기체인 수증기가 훨씬 활발하고 무질서하게 돌아다닙니다. 따라서 일반적으로 액체는 기체보다 엔트로피가 낮습니다. 마찬가지로 대개 고체는 액체보다 엔트로피가 낮습니다. 같은 고체들끼리는 어떨까요? 뜨겁게 달구어진 못을 실수로 집으면 손가락에 화상을 입습니다. 뜨거운 못의 철 분자들이 아주 세게 진동하는 힘으로 세포를 강하게 타격하기 때문입니다. 반면 상온의 못은 그렇지 않습니다. 즉 고체는 일반적으로 온도가 낮을수록 엔트로피가 낮습니다. 결국 "가능한 가장 낮은 온도에 있는 물체의 엔트로피가 가장 낮으므로 이 상태의 엔트로피를 0"으로 정합니다. 열역학 제3법칙은 바로 이렇게 나왔으며 정확하게는 다음과 같이 표현합니다.

열역학 제3법칙 : ㉮절대영도에 있는 완전결정의 엔트로피는 0이다.

절대영도absolute zero란 이론적으로 가장 낮은 온도로 정확히는 −273.15℃입니다. 완전결정perfect crystal은 어떤 물질을 이루는 원자나 분자들이 완전히 규칙적으로 배열되어 만들어진 결정을 가리킵니다. 한편 제3법칙은 "㉯절대영도는 얻을 수 없다(절대영도에 이르는 것은 불가능하다)"라고 표현되기도 합니다. 언뜻 보기에 ㉮와 ㉯는 다른 말 같지만 사실은 동등한데, ㉯를 대략 설명하면 다음과 같습니다. 어떤 물체를 냉각하려면 입자들의 운동을 감소시켜 열을 빼앗아야 합니다. 온도가 높을 때는 열을 빼앗기가 비교적 쉬우며, 냉장고가 바로 그런 장치입니다. 하지만 온도가 내려갈수록 입자들의 운동이 둔해지고 열을 빼앗기가 점점 어려워집니다. 절대영도에 가까워지면 입자들의 운동이 극단적으로 둔해지며, 따라서 극미량의 열을 빼앗는 데도 사실상 무한대의 시간과 무한대의 에너지가 필요합니다. 결국 완전결정을 만드는 것은 현실적으로 불가능하며, 따라서 절대영도를 얻는 것도 불가능합니다.

통계역학적 엔트로피

지금까지 살펴본 엔트로피의 개념은 열역학에서 나온 것입니다. 하지만 19세기 말 "통계역학statistical mechanics"이라는 분야가 발달하면서 열역학의 이론을 재정립했습니다. 대략 열역학은 일상적인 크기의 압력, 부피, 온도, 내부에너지, 엔트로피 등을 다루므로 "거시적 관점", 통계역학은 이 함수들의 근원을 원자나 분자 수준에서 탐색하므로 "미시적 관점"이라고 할 수 있습니다. 통계역학은 이러한 미시적 분석을 통계적으로 종합하여 다시 열역학적 함수들을 이끌어내 원자론atomism 확립에 크게 기여했습니다. 물론 통계역학이 개발되었다고 열역학의 가치가 줄어들거나 소멸된 것은 아닙니다. 오히려 서로 보완하면서 더욱 가치 있게 되었다고 보는 게 옳습니다.

"통계역학의 아버지"라고 불리는 오스트리아의 과학자 볼츠만(Ludwig Boltzmann, 1844~1906)은 1875년에 엔트로피에 대한 식을 미시적 관점에서 직접 유도했습니다.

통계역학적 엔트로피 : $S = k \ln W$

k는 볼츠만상수Boltzmann's constant로 그 값은 1.38×10^{-23} J/K이고, ln은 자연로그natural logarithm를 나타내며, W는 원자나 분자들이 택할 수 있는 미시상태microstates의 수입니다. 이 식의 유도는 좀 복잡하므로 생략하지만 최종 형태는 너무나 간결하고 우아합니다. 볼츠만은 이 식을 매우 사랑하여 묘비 상단에도 새겼습니다. 절대영도에서 완전결정이 취할 수 있는 상태는 오직 한 가지뿐이므로 이 식에 따르면 그 엔트로피는 $S = k \ln 1 = 0$이라는 결론이 자연스럽게 나옵니다. 따라서 열역학 제3법칙은 열역학에서는 근본 가정이지만 통계역학에서는 유도되는 결론의 하나입니다.

| 상단에 새겨진 상용로그log는 실제로는 자연로그ln입니다.
볼츠만의 묘비(출처 https://ko.wikipedia.org/wiki/파일:Zentralfriedhof_Vienna_-_Boltzmann.JPG)

과학에는 "제2법칙"이 많습니다. 하지만 운동법칙의 제2법칙과 열역학의 제2법칙은 타의 추종을 불허할 정도로 우뚝 솟아 있습니다. 이 둘 중 더 중요한 것을 택하라면 어떨까요? 사람마다 견해는 다르겠지만 개인적으로는 아직 판단을 내리지 못했습니다. 여러분도 앞으로 차츰 더 깊이 이해하면서 나름대로 숙고해보는 것도 흥미로울 것입니다. 대략 살펴보았듯 엔트로피의 개념은 의미가 심오하고 철학적인 매력도 있을 뿐 아니라 자연과학 외의 다른 분야에도 많이 응용됩니다. 실제로 많은 사람들이 이를 원용하여 다양한 논의를 펼칩니다. 그런 논의를 자세히 살펴보는 것이 이 책의 목표는 아니지만 지금까지 이야기한 정도를 배경에 두면 이해하는 데 큰 어려움은 없을 것입니다.

 **삶이란...**

쉼터

　　열역학의 4대 법칙을 살펴보았습니다. 될 수 있으면 쉽게 설명하려고 노력했지만 어렵게 느끼는 사람도 많을 것입니다. "독서백편의자현讀書百遍義自見"이란 말이 있지요. 여러 번 읽으면 저절로 이해가 된다는 뜻입니다. 백 번은 너무 하고, 세 번 정도 정독하면 충분히 정복할 수 있을 것입니다. 조금이라도 가벼운 기분으로 할 수 있도록 열역학 4대 법칙에 대한 유명한 유머와 저자가 조금 각색한 버전을 소개합니다.

　　제0법칙 : 어떤 게임이 있다 There is a game.
　　　　　해설 : 열평형 과정이 일어난다.
　　제1법칙 : 이길 수 없다 You can't win.
　　　　　해설 : 무에서 유를 얻을 수 없다.
　　제2법칙 : 본전도 못 찾는다 You can't break even.
　　　　　해설 : 항상 더 흐트러진다.
　　제3법칙 : 그만둘 수도 없다 You can't quit the game.
　　　　　해설 : 완전한 휴식은 없다.

고중숙 버전 : "삶"이란 게임은 이렇습니다.

　　제0법칙 : 피장파장.
　　제1법칙 : 공수래공수거.
　　제2법칙 : 갈수록 늙는다.
　　제3법칙 : 죽어야 헤어난다.

제8장 빛이 있으라

빛은 일상적으로 당연한 현상으로 여기지만 과학적으로는 깊은 신비입니다. $E = mc^2$을 낳은 특수상대성이론의 실마리 또한 빛이었습니다. 아인슈타인은 16살 때 빛에 대한 문제에 빠져 이후 10년 동안 천착한 끝에 26살이 되어 특수상대성이론을 완성했습니다. 특수상대성이론에는 두 가지 가정이 있는데 두 번째 가정이 빛에 관한 것입니다. "빛의 속도는 모든 등속운동 관찰자에 대하여 일정하다"는 "광속일정원리"가 바로 그것입니다. 또한 빛은 일반상대성이론에서도 중요하므로 상대론 전체에서 특별한 지위를 차지하는 셈입니다. 나아가 빛은 양자론을 탄생시킨 흑체복사blackbody radiation와 광전효과photoelectric effect의 주제이기도 합니다. 즉, 빛은 현대물리학의 주춧돌입니다.

1. 빛의 본질

빛은 전자기파

"빛light"은 정식으로는 "전자기파electromagnetic wave"라고 부르며, 줄여서 "전자파", 더 줄여서 "전파電波"라고도 합니다. 빛을 전자기파라고 부르는 이유는 아래 그림에서 보듯 전기적 파동과 자기적 파동이 서로 직각을 이루며 공간상에 널리 전파傳播되기 때문입니다.

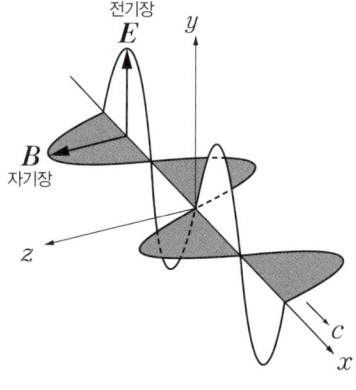

| 전자기파의 전파

빛이 이렇게 "전기파"와 "자기파"로 이루어졌다는 데서 전기와 자기가 밀접하게 관련되어 있다는 사실을 알 수 있습니다. 실제로 발전기generator는 자석과 전선 가운데 하나를 고정하고 다른 하나를 움직여 전선에 전기를 발생시키는 것이고, 반대로 모터motor는 전기가 만드는 자력으로 움직이는 것입니다. 수력 발전의 한 방식인 양수발전揚水發電의 경우, 전력 수요가 많은 낮에는 정상적으로 발전기를 가동하다가, 전력 수요가 적은 밤에는 발전기를 모터로 사용하여 다른 지역의 잉여 전력으로 댐 아래의 물을 댐 위의 저수지로 퍼올려揚水 저장한 뒤, 다음 날 낮에 다시 발전에 사용하기도 합니다.

빛을 이루는 전기파와 자기파는 서로를 이끌며 퍼져갑니다. 소리, 물결, 지진 등의 보통 파동은 공기, 물, 땅과 같은 "매질medium"이 있어야 전파되지만, 빛은 전기파와 자기파의 "상호유도작용"으로 매질이 없는 진공에서도 스스로 나아갑니다. 이와 같은 "자기전파自己傳播*" 능력이 없다면 우리는 태양이 발산하는 빛에 담긴 엄청난 에너지의 혜택을 누릴 수 없을 것입니다. 아득히 먼 별빛을 볼 수 있는 것도 전기파와 자기파가 오직 둘이서 서로 돕고 이끌며 텅 빈 우주 공간을 가로질러 오기 때문에 가능한 것입니다.

에테르의 역사

오늘날 빛의 이런 성질은 당연한 것으로 여겨집니다. 하지만 20세기 초만 해도 빛에도 뭔가 매질이 있을 것이라고 믿었습니다. 그래서 우주 공간의 어디에나 신비로운 물질이 한 치의 빈틈도 없이 골고루 스며 있다고 믿고, 그것을 "에테르ether"라고 했습니다. 빛을 에테르의 파동이라고 본 거지요.

에테르라는 관념은 고대 그리스의 "사원소설"에서 유래합니다. 맨 처음 엠페도클레스(Empedokles, BC490?~430?)는 세상의 모든 물질이 흙, 물, 공기, 불 등 네 가지가 섞여 만들어졌으며, 그 비율에 따라 서로 변환된다고 주장했습니다. 하지만 최초로 이 네 가지를 "원소element"라고 지칭한 사람은 플라톤으로 생각됩니다. 그런데 플라톤의 제자 아리스토텔레스는 지상의 만물은 변하지만 드높은 하늘의 천체들은 영원불변의 원소 "에테르"로 되어 있다고 주장하며, 이를 "제5원소quintessence"로 삼았습니다. 에테르는 오랫동안 그저 신비로운 원소로만 여겨졌지만 17세기 들어 자력을 전달하는 매체일 수 있다는 생각이 싹텄고, 결국 빛을 연구했던 뉴턴과 네덜란드의 과학자 하위헌스(Christiaan Huygens, 1629~1695)에 의해 빛을 전달하는 매질의 지위를 얻게 되었습니다. 하지만 19세기 말 결정적인 문제점이 드러났습니다. 맥스웰방정식에 따르면 진공에서 빛의 속도는 일정불변합니다. 일정불변하려면 절대적으로 정지해 있으면서 다른 모든 운동의 기준이 되는 "절대공간"이 필요한데, 빛은 이 절대공간에서 일정한 속도로 움직인다고 봐야 했습니다. 이에 따라 에테르는 빛의 매질이면서 절대공간을 이루는 근본 원소라고 여겨지게 되었습니다.

그러나 미국의 과학자 마이컬슨(Albert Michelson, 1852~1931)과 몰리(Edward Morley, 1838~1923)가 이를 검출하기 위해 매우 정밀한 실험을 했는데도 그 정체는 드러나지 않았습니다. 이에 아인슈타인은 에테르의 존재를 과감히 부정하고 진공 중의 광속을 새로운 절대적 기준으로 세워 특수상대성이론을 완성했습니다. 에테르는 고대에 천상의 물질로 태어났다가, 근대 들어 지상으로 내려왔지만, 현대에 본래부터 없었던 삶을 조용히 마감한 것이지요. 그러나 에테르는 다른 곳에서 부활했습니다. 화학에서 에테르는 휘발성이 아주 강한 물질의 이름으로 채택되어 고대로부터 이어지는 아련한 전설을 상기시켜 주곤 합니다.

입자설과 파동설

지금껏 빛의 본질을 "파동"이라고 전제하고 설명했습니다. 이 설명이 상대적으로 더 무난하기 때문입니다. 하지만 더 깊이 살펴봐야 할 문제가 있습니다. 빛의 본질에 대한 고찰도 고대까지 거슬러 올라가지만 과학적으로 유의미한 논의는 비슷한 시기에 살았던 뉴턴(1642~1727)과 하위헌스(1629~1695)에 의해 이루어졌습니다. 흥미롭게도 두 사람의 견해는 정반대였습니다. 뉴턴은 빛을 극히 작은 알갱이의 흐름으로 생각했지만(입자설), 나중에 하위헌스는 물결과 같은 파동으로 생각했습니다(파동설).

뉴턴이 입자설을 취한 배경은 자신의 역학적 이론입니다. 빛도 입자들의 모임이므로 운동법칙으로 설명할 수 있으리라 생각했던 것입니다. 하위헌스는 파동설로 맞섰지만 당시 뉴턴의 위명이 워낙 드높아 크게 부각되지 못했습니다. 하지만 이후 사태는 하위헌스에게 유리하게 돌아갔습니다. 마침내 18세기 후반에는 파동설이 우세하게 되었고, 19세기 말에는 맥스웰방정식의 경이로운 성공에 힘입어 파동설의 압도적인 승리로 마감되는 듯했습니다.

이런 대립은 20세기에 양자역학이 출현하면서 중대한 전기를 맞게 됩니다. 양자역학에는 대략 여섯 가지 기본 가정이 있는데, 그 첫째 가정이 "모든 물질은 입자성과 파동성을 함께 가진다"라고 단언한 "이중성원리 duality principle"입니다. 그 결과 빛의 본질을 둘러싼 기나긴 논쟁은 무승부로 마무리되었습니다. 하지만 실제 역사적 관점에서 보면 양자역학이 빛의 본질을 판정한 게 아니라 빛의 본질에 관한 탐구가 양자역학을 탄생시켰다고 봐야 합니다. 이중성원리에 대해서는 부록 "양자역학 맛보기"에서 설명합니다.

빛을 입자로 볼 경우 가장 설명하기 좋은 성질은 반사reflection입니다. 땅에서 튀는 공과 당구대의 쿠션에 부딪치는 당구공을 생각해보면 금방 이해가 될 것입니다. 빛을 파동으로 보면 반사는 설명하기 곤란하지만 회절diffraction이라는 성질을 설명하기 쉽습니다. 빛이 입자라면 아래 그림과 같이 슬릿slit을 통과한 빛은 오직 한군데에만 집중될 것이므로 설명이 곤란합니다.

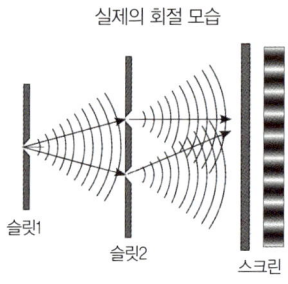

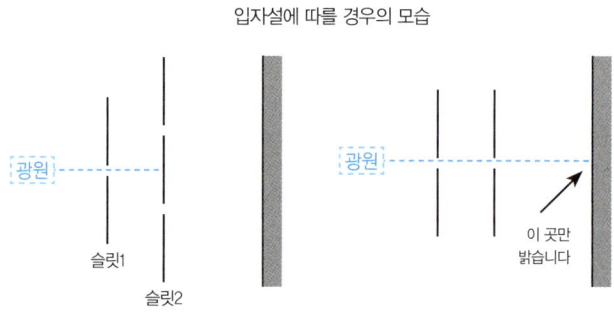

| 좁은 틈(slit)을 통과하는 빛

2. 빛의 속도

파동의 속도

특수상대성이론에서 빛의 속도는 매우 중요한 역할을 합니다. 빛은 전자기파로 파동의 일종이므로 그 속도와 파장과 진동수 사이에 다음과 같은 관계가 성립합니다.

속도 = 파장 × 진동수 : $c = \lambda \nu$

파동의 속도는 흔히 velocity의 첫 글자를 따서 v로 나타내는데, 빛의 속도는 특별히 c로 나타냅니다. "상수"를 뜻하는 "constant" 또는 "빠름"을 뜻하는 라틴어 "celeritas"에서 따온 것이라고 합니다. 한편 파장wavelength과 진동수frequency는 각각 그리스 문자인 λ(lambda 람다)와 ν(nu 뉴)로 나타냅니다. v와 ν는 비슷하지만 다른 글자이므로 주의하기 바랍니다. "파장"은 어떤 파동의 "마루(가장 높은 곳)에서 다음 마루까지의 거리" 또는 "골

(가장 낮은 곳)에서 다음 골까지의 거리"입니다. 마루나 골은 편의상 파동에서 가장 눈에 잘 띄는 곳을 택한 것뿐입니다. 실제로는 파동의 어느 점에서든 한 파동이 지나고 다시 그 점으로 돌아올 때까지의 거리를 재면 됩니다. "진동수"는 "파동이 단위 시간당 진동하는 횟수"를 말합니다. 예를 들어 어떤 파동의 파장이 10미터인데 1초에 5번 진동한다면, 그 파동은 1초에 50미터를 갈 것이므로, 위에 쓴 "속도=파장×진동수"라는 간단한 관계식이 나옵니다.

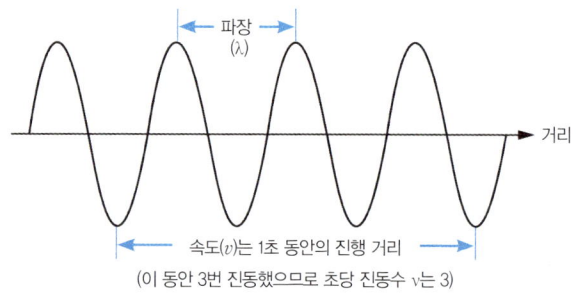

| 파동에서 속도(v)와 파장(λ)과 진동수(ν)의 관계

진공광속의 정의

광속에서 한 가지 유의할 점은 진공에서의 광속, 즉 "진공광속*"을 $c \equiv 299,792,458 \text{m/s}$로 "정의했다"는 사실입니다. 앞으로 진공광속의 정의를 바꾸지 않는 한 측정 기술이 아무리 발전하더라도 이 수치는 바뀌지 않는다는 뜻입니다.

프랑스혁명 이후 길이의 단위를 통일하기 위해 프랑스 과학아카데미는 "1m ≡ 파리를 지나는 자오선의 적도와 북극 사이 길이의 1천만분의

1"로 정의하기로 합니다. 측량대를 파견하여 당시 가장 정밀한 측정을 거쳐 1m를 정하고, 그 길이를 백금 90%와 이리듐 10%의 합금으로 만든 막대의 양쪽 끝에 눈금으로 새겨 "미터원기"라는 것을 만들어 이후 미터법을 채용하는 나라에 이를 본뜬 "부원기"를 제공했습니다. 이때 측정이 정말로 정밀하게 이루어졌으면 자오선을 지나는 지구 둘레의 길이는 거의 정확히 4천만m, 곧 4만km라는 값을 갖게 되었을 것입니다. 하지만 약간 오차가 생겨 실제보다 8km 가량 짧게 측정된 결과 미터원기에 새겨진 눈금의 간격도 0.2mm 가량 짧아졌습니다. 하지만 기준이란 한번 정해지면 그만이므로 미터원기를 이용한 1m의 정의 자체는 이런 오차와 상관없이 의미를 가집니다. 하지만 갈수록 높은 정밀도가 요구되면서 미터원기를 이용한 정의는 한계에 이릅니다. "눈금"을 아무리 날카롭게 새긴다 해도 고배율의 현미경으로 보면 넓은 띠처럼 보이므로 1미터의 정의도 그만큼 불확실해지고 맙니다.

그래서 과학자들은 새로운 표준을 찾아 나섰습니다. "광속일정원리"가 뒷받침하는 진공광속이 영순위로 꼽힌 것은 당연한 일입니다. 결국 1983년에 "1m≡빛이 진공에서 1/299,792,458초 동안 나아가는 거리"로 정의했으며, 따라서 앞으로는 정의 자체를 바꾸지 않는 한 진공광속의 수치가 바뀔 여지가 없습니다. 1675년 무렵 덴마크의 천문학자 뢰머(Ole Rømer, 1644~1710)가 빛의 속도를 처음 측정한 이래 300여 년에 걸친 유효숫자 개수 증가를 둘러싼 치열한 경쟁도 대단원의 막을 내리고, 이제 "광속일정원리"는 제도적으로 공인된 이론이 되었습니다.

자료들 중에는 빛의 속도를 "$c=2.99\cdots\pm\cdots$"와 같이 나타낸 것들이 있습니다. 빛의 속도는 "정의값*"이지 "측정값"이 아니므로 오차의 한계를 나타내는 "$\pm\cdots$" 부분은 삭제해야 옳습니다. 위에 제시된 "확정값

exact value*"만 표기하면 되는데 이는 "정의값"과 동의어입니다. 측정값에는 항상 오차가 있으므로 "확정값"이라는 용어를 쓸 수 없기 때문입니다. 광속은 "$c \equiv 299,792,458 \text{m/s}$" 또는 "$c = 299,792,458 \text{m/s}(\text{exact value})$"와 같이 나타내야 합니다.

3. 빛의 종류

빛의 에너지

파동은 에너지를 갖는데, 파동이 움직이면 에너지도 전파됩니다. 여름철에 태풍이 오면 거대한 파도가 해안을 휩쓸어 큰 피해를 내는데, 이는 파도라는 파동의 에너지가 발산된 결과입니다. 강렬한 폭음에 의해 건물이나 자동차의 유리가 깨지는 현상은 소리라는 파동도 큰 에너지를 가질 수 있음을 보여줍니다. 빛도 파동의 일종이므로 에너지를 가지며, 다음과 같은 간단한 식으로 나타내집니다.

빛에너지 : $E = h\nu$

여기서 ν는 진동수이며, h는 플랑크상수 Planck constant 라는 것으로 6.626×10^{-34} Js라는 양을 나타냅니다. h가 상수이므로 이 식은 $y = ax$라는 직선 방정식과 형태가 같습니다. 곧 "빛의 에너지는 진동수에 비례한다"

는 극히 단순한 관계를 보여줍니다. 하지만 놀랍게도 이 식은 과학적으로 획기적인 의의를 담은 중요한 식으로, 이를 처음 내놓은 독일의 물리학자 플랑크(Max Planck, 1858~1947)는 "양자역학의 창시자"라는 영예를 안게 되었습니다. 더 자세한 내용은 부록 "양자역학 맛보기"를 참조하기 바랍니다.

기준은 진동수

무더운 여름날 한낮의 열기를 잠시 식혀주는 소나기가 지나간 뒤 찬란하게 펼쳐지는 무지개의 모습은 뭐라 표현할 길 없는 경이로움을 불러일으킵니다. 그 아름다운 자태를 흔히 "일곱 빛깔 무지개"라 하고, 초등학교 시절부터 "빨주노초파남보"로 외우지요. 돌이켜보면 어린 시절 무지개를 보면서 품었던 의문이 아스라이 떠오릅니다. "왜 빨강은 빨갛게 보이고 파랑은 파랗게 보일까? 무엇이 색들을 서로 달리 보이게 할까?" 이 의문의 전반부에 대해서는 정확한 답을 내놓기 곤란합니다. "색"이란 것은 어떤 참된 실체라기보다 인간의 시각이 만들어내는 "환상"이기 때문입니다. 적록색맹처럼 시각에 약간 이상이 있는 사람은 같은 색을 보면서도 정상적인 사람과 다른 색깔로 인식하는데, 여기서 정상이니 이상이니 하는 것은 "다수결"의 결과일 뿐(적록색맹인 사람의 수가 상대적으로 적기 때문에 그들을 비정상이라고 하는 것에 불과할 뿐), 어떤 논리적, 과학적 필연도 없습니다. 하지만 후반부에 대해서는 정확한 답이 있습니다. "빛의 진동수가 달라지면 인간의 시각도 다르게 반응하기 때문"입니다. $E = h\nu$라는 식에 의해 정해지는 빛들의 에너지 차이가 색으로 나타나는 것입니다. 모든 빛은 "진동수"라는 간단한 기준에 따라 아래처럼 분류할 수 있습니다.

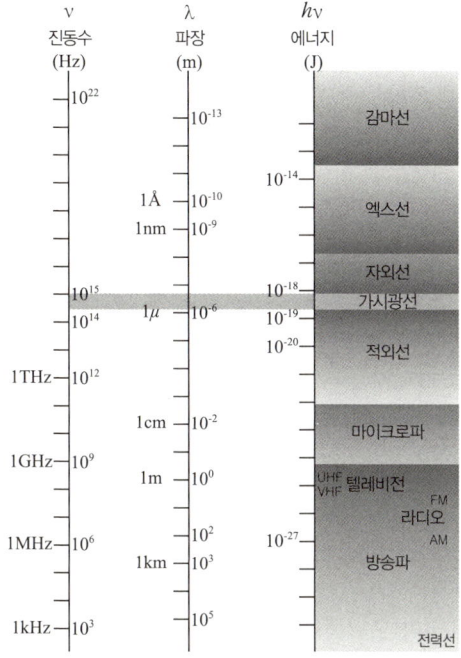

| 빛(전자기파)의 스펙트럼

스펙트럼

이렇게 펼쳐놓은 그림을 "빛(전자기파)의 스펙트럼spectrum"이라고 부릅니다. 본래 스펙트럼은 "영상"이나 "환영"을 뜻하는 라틴어입니다. 17세기에 광학에서 프리즘을 통해 분산된 빛을 가리키는 용어로 채택되었습니다. 무지개는 그림에서 보듯 전자기파의 한 부분인 가시광선의 스펙트럼입니다. 스펙트럼은 일반적으로 "펼쳐진 상태"를 뜻하며, 여러 분야에서 "범위"나 "영역" 등을 가리키는 데 자주 쓰입니다. 예를 들어 "컴퓨터 산업의 스펙트럼"이라고 말하면 본체, 부속장비, 운영체제, 응용프로그램, 통신(인터넷), 게임 등등 컴퓨터와 관련된 모든 분야를 가리킵니다. 그림의 스펙트럼에 나열된 빛들은 일상생활과도 밀접한 관련이 있습니다. 각각의 빛에 대해 알아둘 만한 내용을 간단히 살펴보겠습니다.

가시광선(VIS, visible light)

가시광선은 "사람의 눈으로 볼 수 있는 빛"이라는 뜻입니다. 무지개에서 볼 수 있는 빛들이 바로 가시광선의 전체 영역, 곧 스펙트럼이며 진동수가 증가하는 순서로 "빨주노초파남보"로 변해갑니다. 하지만 무지개에 일곱 가지 색만 있는 것은 아닙니다. 실제로 그 안에 들어있는 색의 수는 무한하며, 이를 체계적으로 분류하여 구성한 것이 미술에서 말하는 "색입체color solid"입니다.

예전에는 컴퓨터가 모니터에 나타낼 수 있는 색의 가짓수가 얼마 되지 않았습니다. 그러나 요즘은 "24비트컬러24-bit color"라고 해서 $2^{24}=16,777,216$가지 이상의 색을 표현할 수 있으며, 이보다 많은 색을 나타내는 경우도 흔합니다. 24비트컬러 이상이면 "트루컬러true color"라고 부르는데, 진정한 트루컬러는 색의 가짓수가 무한이어야 하므로 컴퓨터 기술이 아무리 발전해도 구현할 수 없습니다. 인간의 감각으로는 24비트컬러의 낱낱을 구별하지 못하므로 그냥 이렇게 부르는 것입니다.

자외선(UV, ultraviolet)

자외선은 "자색紫色, 곧 보라색violet의 바깥外에 있는 빛"을 가리킵니다. 여기서 바깥이란 시각 영역인 가시광선을 기준으로 합니다. 영어로는 "ultraviolet"이라고 하는데 "ultra"는 "super"나 "hyper"와 비슷하게 "초월"의 뜻이므로 "외"와는 좀 거리가 있습니다. 자외선은 일광욕을 할 때 살갗을 태우는 빛입니다. 피부 밑에서 비타민D를 만든다는 점은 이롭지만 지나치면 피부 노화를 촉진하고 피부암을 유발할 수 있으므로 햇빛은 적당히 쬐는 게 좋습니다. 자외선은 병원·식당 등에서 식기 살균용으로도 쓰입니다. 사람은 자외선을 볼 수 없지만 벌처럼 감지할 수 있는 생물도 있습니다. 꽃들이 현란한 색깔을 자랑하는 것은 실은 사람이 아니라 곤충들을 위한 것입니다. 꽃가루를 널리 퍼뜨려 수정을 하려면 곤충을 끌어들여야 하기 때문입니다. 꽃이 만발한 들녘을 날아다니며 벌들은 우리보다 훨씬 찬란한 광경을 만끽할 것입니다.

1970년대에 "프레온(freon)"이라는 물질이 오존층을 파괴하는 현상이 발견되었습니다. 오존층은 자외선을 막아주므로 오존층이 파괴되어 자외선이 곧장 내리쬐면 지상의 모든 생물은 물론 일부 수중 생물도 심각한 피해를 입습니다. 프레온은 20세기 초 인공적으로 합성된 물질로 초기에는 여러 분야에서 매우 가치 있게 쓰여 "기적의 화합물"이라고 불렸습니다. 그러나 1980년대에 오존층 파괴의 주범임이 밝혀져 "재앙의 화합물"로 전락했고, 현재 완전히 없애려는 노력이 계속되고 있습니다.

엑스선(X-ray)

수학에서 "미지수"를 흔히 "x"로 나타내는데 "엑스선"이란 이름은 이를 따라 만든 것입니다. 엑스선은 1870년대에 발견되었지만 독일의 물리학자 뢴트겐(Wilhelm Röntgen, 1845~1923)이 1895년부터 체계적으로 연구했기에 흔히 뢴트겐을 그 발견자라고 합니다. 그는 처음에 이 빛의 정체를 알 수 없어 잠정적으로 "엑스선"이라고 불렀습니다. 얼마 뒤 전자기파의 일종이란 사실이 밝혀졌지만 이름은 그대로 통용되고 있습니다. 뢴트겐은 이 발견으로 1901년부터 수여된 노벨상에서 최초의 물리학상을 받았습니다.

엑스선의 가장 큰 특징은 투과력입니다. 파장이 매우 짧아 반사나 굴절을 잘 하지 않기 때문입니다. 그러나 높은 진동수로 인하여 큰 에너지를 가지므로 엑스선을 사용할 때는 필요한 부분 외로 퍼져나가지 않도록 잘 차단해야 합니다. 과학 분야에서는 화합물의 분석과 결정의 연구에 널리 쓰이는데, DNA의 구조를 밝혀낸 것은 특히 유명합니다. 최근에는 엑스선천문학이 발달하여 우주론의 연구에도 기여하고 있습니다. 일상적으로는 병원에서 각종 질병을 진단하는 데 가장 많이 사용되며, 공항 등에서 화물 검사, 각종 건설 공사나 제품 검사에서 비파괴검사(물체를 해체하거나 파괴하지 않고 결함을 찾아내는 검사) 등에도 쓰입니다.

감마선(γ-ray)

방사성물질의 원자핵이 붕괴되면 알파선α-ray, 베타선β-ray, 감마선γ-ray 등 세 가지 방사선이 방출됩니다. 원자는 대략 100여 종이 있습니다. 종류가 더 많지 않은 이유는 원자핵이 너무 무거워지면 스스로 지탱하지 못하고 깨어지기 때문입니다. 이 붕괴 과정에서 알파선·베타선·감마선을 방출하면서 핵의 무게가 적당히 가벼워지면 방출을 멈추고 그 단계로 남게 됩니다. 가장 유명한 것은 우라늄으로 원자력발전이나 원자폭탄atomic bomb에 이용됩니다. 원자력발전에서는 원자핵의 붕괴를 발전에 필요한 정도로 천천히 조절하면서 에너지를 뽑아 씁니다. 반면 붕괴를 매우 빠른 속도로 진행시키면 폭발이 일어나는데 이것이 원자폭탄입니다. 감마선은 이러한 핵반응에서 생성되므로 에너지가 엄청나게 강합니다. 핵반응의 에너지는 우리가 일상적으로 이용하는 화학반응 에너지의 백만 배 가량입니다.

알파선의 정체는 헬륨의 원자핵입니다. 베타선은 전자이며, 감마선은 엑스선보다 진동수가 더 큰 전자기파입니다. 감마선의 용도는 엑스선과 대략 비슷하지만 투과력이 더 필요한 경우에 주로 사용됩니다. 엑스선은 기계 장치로 편리하게 발생시킬 수 있으나 감마선은 에너지가 너무 강하여 보통의 기계 장치로는 발생시킬 수 없고, 위에서 말했듯 방사성물질을 이용하여 얻습니다.

우주선(cosmic ray)

여기서 우주선宇宙線은 우주 공간에 쏘아 올리는 비행체를 말하는 것이 아닙니다. "선"이라는 용어도 본래 전자기파의 일종으로 여겨졌기 때문에 붙여졌을 뿐 실제로는 입자입니다. 물론 이중성원리에 따라 이것들도 근본적으로는 파동성을 갖지만 이런 "물질파material wave"는 전자기파와 다르고 우주선이란 용어와도 무관합니다. 우주선이란 이름은 전자의 전하량을 결정한 "기름방울실험"으로 유명한 미국의 물리학자 밀리컨(Robert Millikan, 1868~1953)이 1925년에 전자기파로 여기고 붙인 이름이 지금껏 사용됩니다.

우주선은 89% 가량이 양성자이고 10% 가량은 알파선입니다. 나머지 1%는 전자가 대부분이지만 흔히 보기 힘든 다른 입자들이 섞여 있습니다. 그 근원은 태양이나 다른 항성도 있지만 아직 알려지지 않은 것도 많으며, 초신성supernova이나 퀘이사quasar, 블랙홀black hole 등 상상을 초월하는 격렬한 자연현상에서 만들어지는 것으로 추측됩니다. 우주 공간 도처에서 유래한 "1차우주선"은 지구에 이르면 대기를 이루는 입자들과 충돌하면서 방사선을 만드는데 이것들을 "2차우주선"이라고 합니다. 오늘날의 소립자물리학에서는 거대한 입자가속기를 많이 이용하지만, 초창기에는 우주선이 소립자들의 중요한 원천이었고 지금도 이를 이용하여 많은 연구가 이루어집니다.

전자기파의 스펙트럼에서 볼 때 이론적으로는 더 높은 에너지를 가지는 전자기파도 있을 수 있겠지만 이름이 붙여진 상한선은 감마선입니다. 이제부터는 가시광선보다 에너지가 낮은 빛들을 살펴보겠습니다.

적외선(IR, infrared)

적외선은 역시 시각 영역인 가시광선을 기준으로 "적색赤色, 곧 빨강red의 바깥外에 있는 빛"을 가리킵니다. 영어로는 "infrared"라 하는데 "infra"는 "inferior"나 "hypo"와 비슷한 말로 "아래"라는 뜻도 있습니다. 자외선은 살갗을 태우지만, 적외선은 에너지가 약해서 몸을 따뜻하게 해주는 데 그칩니다. 이런 "열작용" 때문에 "열선"이라고도 합니다. 유리창은 적외선을 잘 통과시키지만 자외선은 거의 차단하므로 창문을 닫은 채 일광욕을 하면 따뜻한 기운은 별 차이가 없지만, 피부는 거의 그을리지 않습니다. 적외선의 열작용은 사우나sauna나 백열전등에서 볼 수 있으며, 이때 방출되는 빛은 대부분 적외선이고 가시광선은 3% 정도에 불과합니다. 사우나에 가면 "원적외선far-infrared"이란 용어를 볼 수 있습니다. 적외선을 빨강에 가까운 부분과 먼 부분으로 나누어 각각 "근적외선near-infrared"과

"원적외선"이라고 하는데, 파장이 길수록 반사보다 침투가 잘 되므로 원적외선이 더 뛰어난 열작용을 나타낸다고 볼 수 있습니다.

적외선은 다양한 물체나 생물의 몸에서도 방출되므로 이를 탐지하여 밤에도 사물을 볼 수 있는 야간투시경이 개발되었고, 비행기 엔진에서 나오는 적외선을 따라가 파괴하는 열추적미사일도 일찍부터 개발되었습니다. 이밖에 리모컨, 자동경보기, 자동개폐기, 건조, 가열, 소독, 치료, 측정 등 활용 범위가 넓습니다.

마이크로파(microwave)

마이크로파는 흔히 가정에서 사용하는 "전자레인지"를 통해 우리와 친숙합니다(사실 전자레인지는 영어로 "microwave oven" 또는 그냥 "microwave"라고 합니다. 영어로 "electronic range"는 전기로 열선을 가열하여 조리하는 주방 가전기기를 뜻합니다). 전자레인지의 조리 과정은 보통 조리 방식과 다릅니다. 열을 가하면 음식의 겉에서 속으로 열이 전도되지만, 전자레인지에서 발생하는 마이크로파는 음식의 겉과 속을 동시에 가열합니다. 음식물 속의 수분에만 작용하여 물 분자를 맹렬히 회전시키기 때문입니다. 회전에너지를 얻은 물 분자가 주변의 음식물 분자와 충돌하면서 에너지가 전달되어 열이 발생하고, 이 열에 의해 음식물이 조리됩니다. 음식물은 대부분 수분을 포함하기 때문에 거의 모든 음식의 조리가 가능합니다. 한편 음식을 담은 사기그릇은 마이크로파의 입장에서는 투명체와 같아 마이크로파에 의해서는 가열되지 않고 단지 가열된 음식물에 의해 데워질 뿐입니다. 하지만 금속 용기는 마이크로파에 안테나처럼 작용하여 전기를 발생하므로 전자레인지에 사용해서는 안 됩니다. 마이크로파는 라디오나 TV방송에 사용되는 전파보다 넓게 퍼지지 않고 일정한 방향으로 나아가므로 단거리 통신에 좋습니다. 예를 들어 운동 경기를 중계할 때 경기장의 중계차와 방송국 사이의 통신에 마이크로파를 사용합니다. 레이더radar도 마이크로파의 높은 지향성을 이용한 장치입니다.

빅뱅우주론에서 마이크로파는 중요한 의의를 지닙니다. 태초의 빅뱅에서 태어난 우주는 극히 고온이었지만 엄청난 팽창을 통해 현재는 −270.3℃의 극저온으로 바뀌었습니다. 하지만 절대영도는 아니므로 열에너지를 갖는데, 이에 의해 방출되는 빛이 바로 마이크로파입니다. 이것은 우주 공간 어디서나 발생하므로 "우주배경복사cosmic background radiation"라고 부르며 1965년에 발견되었습니다. 당시에는 우주에 시초가 있다고 보는 "빅뱅우주론"과 시초가 없이 언제나 일정불변의 상태를 유지한다는 "정상우주론正常宇宙論 steady-state cosmology"이 첨예하게 대립했습니다. 하지만 "빅뱅의 잔광" 또는 "빅뱅의 메아리"라고 불리는 우주배경복사가 발견됨으로써 정상우주론은 역사의 뒤안길로 사라졌습니다.

라디오파(radio wave)

라디오파는 방송에 쓰이는 전자기파입니다. 라디오 방송은 물론 텔레비전 방송에도 쓰입니다. TV 방송 채널에는 UHF와 VHF가 있는데, 각각 극초단파ultra high frequency와 초단파very high frequency라는 뜻입니다. 요즘은 TV를 케이블이나 인터넷으로 많이 보므로 눈에 잘 띄지 않지만 예전에는 방송국에서 보내는 전파를 잡기 위해 빗살 모양으로 된 두 종류의 안테나를 썼습니다. 그중 작은 것이 UHF, 큰 것이 VHF 안테나인데 빗살처럼 배열된 금속 막대의 길이는 수신하려는 전파 파장의 약 절반에 해당합니다. 그런데 빛의 스펙트럼 중에서 라디오파는 진동수가 아주 낮은 편에 속하는데, 왜 이름은 '극초단파'나 '초단파'와 같이 최상급의 표현으로 되어 있을까요? 그 이유는 "전파"라는 용어에서 찾을 수 있습니다.

앞에서 "전자기파"를 줄여서 "전자파" 또는 "전파"라고 부른다고 했는데 이는 전문용어로 쓰일 때 얘기입니다. 일상적으로 "전파"라고 하면 대개 진동수가 마이크로파 이하인 것, 즉 마이크로파, TV파 UHF, VHF, 라디오파 FM, AM를 뜻합니다. 이 범위에서는 UHF의 진동수가 높은 편에 속하므로 최상급의 표현을 얻게 된 것입니다. 마이크로파도 때로는 극초단파로 치므로 일상적으로 말하는 전파 중에는 극초단파의 진동수가 가장 높습니다. 일상적으로 "빛"은 "가시광선", "방사선"은 "엑스선과 감마선", "복사(선)"는 "열"을 뜻하므로 "적외선"을 가리킨다는 점도 알아 두기 바랍니다. 요약하면 "빛 · 전자기파 · 전자파 · 전파 · 방사선 · 복사선"이 모두 동의어지만, 일상적으로 "전파"는 "극초단파 이하", "복사(선)"은 "적외선", "빛"은 "가시광선", "방사선"은 "엑스선과 알파 · 베타 · 감마선"을 가리킵니다.

TV 방송의 UHF와 VHF처럼 라디오 방송에도 FM frequency modulation과 AM amplitude modulation 두 가지가 쓰입니다. FM은 흔히 "단파 high frequency 방송"이라고 하는데, 주파수가 VHF와 겹칩니다. 따라서 FM 방송을 찾다보면 TV 방송의 음성이 잡히기도 합니다. 이처럼 마이크로파와 라디오파 영역에서는 "마이크로파–극초단파–초단파–단파"의 범위와 용어에 약간 중복과 혼란이 있습니다. 한편 AM 방송은 흔히 "중파 medium frequency 방송"이라고 하며 단파보다 주파수가 낮은 중파를 사용합니다. 정확히 말하면 "FM"과 "AM"이라는 용어 자체는 "주파수"가 아니라 "음성 신호를 처리하는 방식"을 가리킵니다. 공중파로 TV 방송을 시청할 경우 방송국의 안테나와 각 가정의 안테나가 서로 보이는 곳에서만 시청이 가능하듯, FM 방송의 가청 지역도 제한됩니다. 그래서 TV 방송과 FM 방송의 송신 안테나는 높은 산이나 빌딩 위에 설치합니다. 그러나 중파는 지향성이 낮으므로 AM 방송은 가청 지역이 넓습니다. 반면 FM 방송은 스테레오 방송이 가능하고 음질이 뛰어나지요. 라디오파보다 주파수가 낮은 전파로 "장파low frequency"와 "초장파very low frequency"가 있지만 항공기나 선박 등 장거리 통신에 주로 사용되고 일상생활과는 큰 관련이 없습니다.

오른손법칙과 왼손법칙

쉼터

앞으로 살펴볼 맥스웰방정식을 이해하는 데 도움이 되도록 그 기초를 잠시 둘러봅시다. 수학과 과학을 공부하다 보면 "오른손법칙"이나 "오른나사법칙"을 여러 곳에서 볼 수 있지만 "왼손법칙"은 딱 한군데에만 나옵니다. 오른손법칙은 오른나사법칙이라고도 하는데, 오른나사란 시계 방향으로 회전시키면 전진하는 나사입니다. 이렇게 만든 이유는 오른손으로 회전력을 가할 때 시계 방향으로 회전시키는 편이 더 편하고 강한 힘을 내기 때문입니다.

오른손법칙은 회전방향을 오른손의 엄지를 제외한 네 손가락으로 감싸쥐고 엄지를 펼 때 엄지가 가리키는 방향을 대상의 방향으로 삼는 것입니다. 아래 그림을 보면 오른나사법칙과 오른손법칙은 같은 것임을 알 수 있습니다.

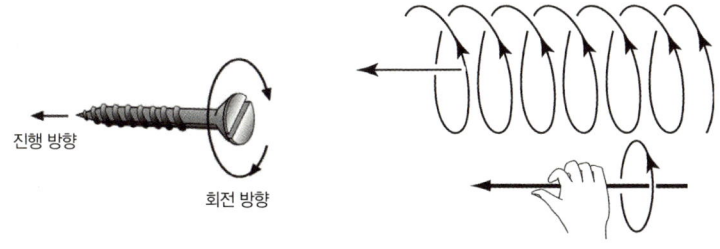

| 오른나사법칙과 오른손법칙

오른손법칙은 도선에 전기가 흐를 때 전류와 자기장의 방향, 전자석에 전류가 흐를 때 자기장의 방향, 회전하는 물체가 만드는 각운동량 벡터의 방향, 공간좌표의 좌표축 등을 정하는 데 쓰입니다. 아래 그림을 보면 그 규칙을 곧 이해하고 암기할 수 있을 것입니다.

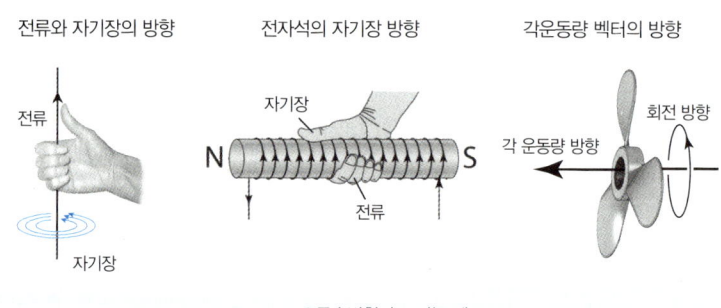

| 오른손법칙이 쓰이는 예

공간좌표는 약간 설명이 필요합니다. x, y, z 세 축으로 공간좌표를 만드는 방법은 아래 두 가지가 있습니다. 이 가운데 오른손의 엄지를 제외한 네 손가락을 x축에서 y축 쪽으로 감싸 쥐고 엄지를 펼 때 엄지가 가리키는 방향이 z축이 되는 좌표를 사용하는 것이 관습입니다.

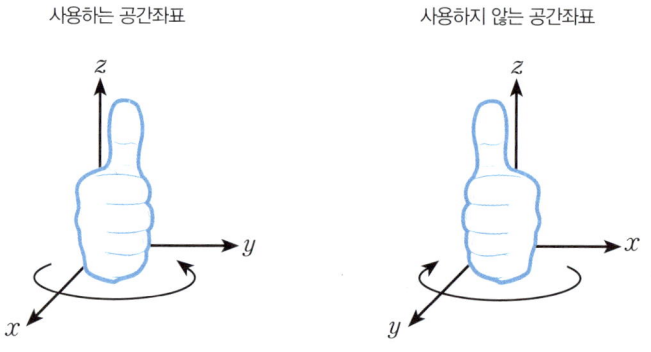

끝으로 왼손법칙과 오른손법칙이 대조적으로 쓰이는 경우가 있는데, 이때 유일하게 왼손법칙이 쓰입니다. 두 가지 모두 영국의 물리학자 플레밍(John Fleming, 1849~1945)이 제안한 것으로 "플레밍의 왼손법칙"과 "플레밍의 오른손법칙"이라고 하여 각각 모터와 발전기에 적용됩니다. 아래 그림에서 보듯 모터와 발전기의 구조는 사실상 같습니다. 다만 모터는 "전기와 자기"를 주고 "힘(운동)"을 얻지만 발전기는 "힘(운동)과 자기"를 주고 "전기"를 얻는다는 차이가 있을 뿐입니다. 양수발전처럼 하나의 기계를 발전기와 모터로 번갈아 사용하는 경우도 있습니다. 세 가지 요소의 상호관계를 공부할 때 "전기와 자기의 힘"이란 뜻으로 "전자력"이란 말을 이용하면 좋습니다. 곧 두 법칙 모두 셋째손가락이 전기, 둘째손가락이 자기, 엄지손가락이 힘(운동)의 방향을 나타냅니다. 이때 "엄지가 가장 강하므로 힘을 나타낸다"고 기억해두면 순서가 혼동되지 않습니다. 관습적으로 전류 electric current는 앙페르가 처음 사용한 사례를 따라 '세기'를 뜻하는 intensity의 첫 글자를 따서 i 또는 I로 나타냅니다.

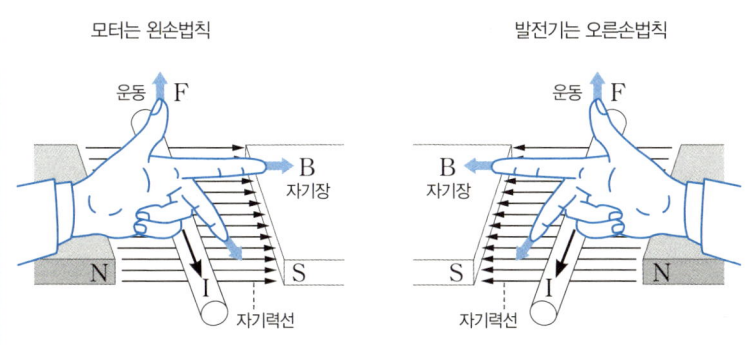

| 플레밍의 왼손법칙과 오른손법칙

4. 맥스웰방정식

> 자신이 세운 미분방정식에 의해 전자기장이 광속으로 전파된다는 게 증명되었을 때 얻을 감동을 상상해보라! 그런 축복은 오직 소수의 사람에게만 베풀어진다. — 아인슈타인

아인슈타인은 서재에 깊이 존경하는 세 과학자의 초상을 걸어두었다고 합니다. 한 사람은 뉴턴, 다른 한 사람은 패러데이, 마지막은 바로 맥스웰이었습니다. 아인슈타인은 맥스웰이 만든 네 개의 미분방정식에 의해 진공광속은 일정불변이라는 사실이 유도된다는 사실에 깊은 감동을 받았습니다. 하지만 다른 과학자들은 이 사실을 쉽게 받아들이지 못했습니다. 광속이 관찰자의 속도에 따라 달라져야 한다는 고전역학의 영향이 너무나 강했던 것입니다. 아인슈타인은 과감히 이를 특수상대성이론의 둘째 가정으로 채택하여 아리스토텔레스 이후 끈질기게 과학의 언저리를 맴돌던 에테르의 환영을 말끔히 걷어냈습니다.

이 절에서는 특수상대성이론의 직접적 계기가 된 맥스웰방정식을 살펴봅니다. 내용이 좀 부담스러울지 모르겠습니다. 처음에는 "진공광속이 상수로서 일정불변이라는 사실이 맥스웰방정식에서 유도된다"는 점만 기억하고 다음 장으로 넘어가도 됩니다. 하지만 언젠가는 다시 이곳으로 돌

아오기 바랍니다. 시공을 건너뛰어 맥스웰과 아인슈타인이라는 희대의 천재들이 맛보았던 감동의 순간을 만끽하게 될 테니까요.

(1) 맥스웰방정식의 이해

맥스웰방정식의 감상

거두절미하고 맥스웰방정식의 모습부터 감상하겠습니다.

① 전기가우스법칙*(전하존재법칙*) : $\nabla \cdot E = \rho/\varepsilon_0$
② 자기가우스법칙*(자하부재법칙*) : $\nabla \cdot B = 0$
③ 패러데이렌츠법칙*(발전기법칙*) : $\nabla \times E = -\dfrac{\partial B}{\partial t}$
④ 앙페르맥스웰법칙*(모터법칙*) : $\nabla \times B = \mu_0 J + \mu_0 \varepsilon_0 \dfrac{\partial E}{\partial t}$

이름에서 알 수 있듯 맥스웰방정식은 맥스웰 혼자 세운 게 아닙니다. 가우스, 패러데이, 렌츠(Heinrich Lenz, 1804~1865), 앙페르가 선구적인 업적을 이루었고, 맥스웰은 이를 종합한 후 마지막 식의 마지막 항을 덧붙여 1862년에 드디어 맥스웰방정식을 완성했습니다. 가히 화룡점정이지요!

전기장과 자기장

> 실체의 관념이 입자에서 장으로 확장된 것은 뉴턴 이후 물리학이 경험한 가장 심원하고도 유익한 변화이다. ― 아인슈타인
>
> 물리의 무대는 장이고 주인공은 입자이다. ― 고중숙

아인슈타인이 가장 존경한 과학자 가운데 한 사람인 패러데이는 "장 field"의 개념을 제창한 것으로 유명합니다. 그는 전기력과 자기력이 물체에서 물체로 곧장 전해지는 게 아니라 장을 매개로 전달된다고 생각했으며, 각각 "전기장"과 "자기장"이라고 불렀습니다. 이들은 크기와 방향이 모두 존재하는 벡터이며, 각각 E와 B로 나타냅니다. 중요한 점은 단순히 "이론적으로 편리한 가상의 개념"으로 제시한 것이 아니라는 사실입니다. 그는 물체가 힘을 발휘하면 다른 물체로 곧장 전해지지 않고 장을 거쳐 전해진다고 보았으므로 중간에 위치한 장은 그 힘을 지녀야 합니다. "장은 힘을 받아 보관하고 전달하는 매체로서의 실체"라고 여겼습니다. 이 생각은 오늘날 물리학의 저변에 스며들어 모든 체계를 떠받드는 토대가 되었으며, 아인슈타인이 그를 존경했던 가장 큰 이유도 바로 여기에 있습니다.

전기장과 자기장 자체는 이처럼 실체로 여겨지지만 그것을 나타내는 데는 가상의 곡선이 필요합니다. 이것을 각각 "전기력선"과 "자기력선"이라고 하며 다음 그림처럼 나타냅니다.

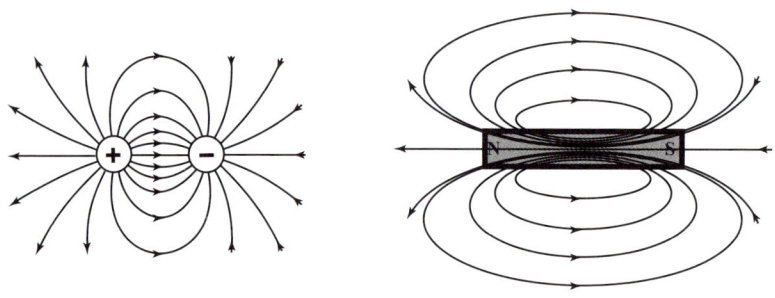

| 전기장과 자기장

이 그림은 아마 누구나 낯익을 것입니다. 기억을 돕기 위해 주요 사항

을 요약하면 다음과 같습니다.

1. 전기력선은 양전하에서 나와 음전하로 들어갑니다. 이게 전기장의 전체적인 방향이며, 구체적으로는 각 점에서 그은 접선의 방향이 그 점에서 전기장의 방향입니다.
2. 자기력선은 N극에서 나와 S극으로 들어갑니다. 이게 자기장의 전체적인 방향이며, 구체적으로는 각 점에서 그은 접선의 방향이 그 점에서 자기장의 방향입니다.
3. 전기력선은 양전하에서 시작되어 음전하로 끝나므로 시작과 끝이 있습니다. 그러나 자기력선은 N극에서 나와 S극으로 들어간 뒤에도 자석 안에서 계속 이어져 다시 N극으로 나오므로 시작과 끝이 없습니다. 따라서 자기장은 자석의 바깥에서는 "N→S"이고 자석의 안에서는 "S→N"입니다. 요컨대 전기력선은 개곡선이고 자기력선은 폐곡선입니다.

전기가우스법칙(전하존재법칙)

맥스웰방정식의 첫째 식인 "$\nabla \cdot E = \rho/\varepsilon_0$"에서 눈길을 끄는 것은 "$\nabla \cdot$"이라는 기호입니다. 이것은 "발산" 또는 "다이버전스 divergence"라고 부르며 "주어진 공간에서 어떤 벡터의 순유량"을 나타내는데, "순유량(또는 알짜 유량)"은 "나가는 양에서 들어오는 양을 뺀 것(유출량 − 유입량)"입니다. 일상적으로 "총 수입에서 총 지출을 뺀 것"을 뜻하는 "순수입"과는 반대입니다. 순수입은 남는 돈을 뜻하지만, 다이버전스는 "얼마나 퍼져 나가느냐?"는 데 주목하기 때문입니다. 따라서 이 식은 "어떤 공간에서 전기장의 순유량은 ρ/ε_0이다"라고 풀이됩니다.

그렇다면 ρ/ε_0는 무엇일까요? ρ는 그리스 문자 중 하나인 "로 rho"이며 "전하밀도 charge density"를 나타냅니다. "전하"는 음전기의 기본 단위인 "전자"와 양전기의 기본 단위인 "양성자"의 총칭입니다. 따라서 ρ는 "어떤 공간에 얼마나 많은 전자와 양성자가 모여 있는가?"를 나타냅니다. 이때도 다이버전스처럼 "순전하량"으로 따져야 합니다. 곧 단위 부피에 전자가 10개, 양성자가 7개 있으면 전하밀도는 −3이고, 그 반대이면 +3이 됩니다.

ε_0는 그리스 문자 중 하나인 "엡실론(epsilon)"에 아래첨자 0을 붙인 것으로 "진공유전율 vacuum permittivity"입니다. "유전율"은 "어떤 물질이 일정 세기의 전기장을 갖기 위해 유인하는 전하량"입니다. 따라서 ε_0는 "진공 중의 기준 전기장이 유인하는 전하량"을 나타내는데, 그 값은 약 8.854×10^{-12} F/m입니다. 물질의 유전율은 ε으로 나타내고 모두 진공유전율보다 큽니다. 예를 들어 종이와 물의 유전율은 진공에 비해 각각 3배와 80배가량 큽니다. 전기를 저장하는 축전기(capacitor 또는 condenser)의 극판 사이를 진공으로 두지 않고 종이나 물로 채우면 같은 세기의 전기장에서 전하를 3배나 80배 더 많이 저장할 수 있습니다. 진공에서의 기준 전기장과 같은 세기의 전기장을 종이와 물에서 만들려면 전하의 양을 각각 3배와 80배로 늘려야 한다는 뜻이기도 합니다.

종합하면 $\nabla \cdot \boldsymbol{E} = \rho/\varepsilon_0$은 "진공 속의 어떤 공간에서 전기장의 순유량을 재면 전하밀도를 진공유전율로 나눈 값이 나온다"고 풀이됩니다. 우변의 핵심은 "전하"입니다. 다시 말해서 진공 속의 어떤 공간에 전하가 있으면 이 식의 값이 0이 아니고 전하가 없으면 0이라는 사실을 알려주는데, 이 말의 뜻은 다음 그림을 보면 쉽게 이해할 수 있습니다.

전하를 둘러싼 공간(㉮)에서 다이버전스를 구하면 유출량은 있지만 유입량이 없어서 순유량이 +이므로 그 안에 양전하가 있음을 알 수 있습니다. 반면 전하가 없는 공간(㉯)에서 다이버전스를 구하면 유입량과 유출량이 비겨서 순유량이 0이므로 그 안에 전하가 없음을 알 수 있습니다.

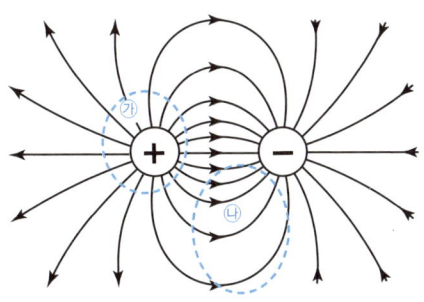

| 전기가우스법칙의 이해

자기가우스법칙(자하부재법칙)

전기가우스법칙에서 어떤 공간의 전기장 순유량은 "전하"가 있으면 0이 아니고 없으면 0임을 알았습니다. 그런데 자기가우스법칙은 $\nabla \cdot B = 0$이라고 합니다! 도대체 무슨 뜻일까요? 전하에 대응하는 "자하"라는 것이 없다는 것입니다. 얼른 납득이 되지 않을 것입니다. 전기장은 전하가 만드는데, "자하"가 없다면 자기장은 뭐가 만든다는 말일까요? 우선 $\nabla \cdot B = 0$라는 식을 이해하기 위해 그림을 봅시다.

전기가우스법칙과 달리 자석은 안팎에 상관없이 자기력선의 유입량과 유출량이 모두 같으므로 순유량은 항상 0입니다. 따라서 "전하"와 달리 "자하"라는 것은 존재하지 않습니다.

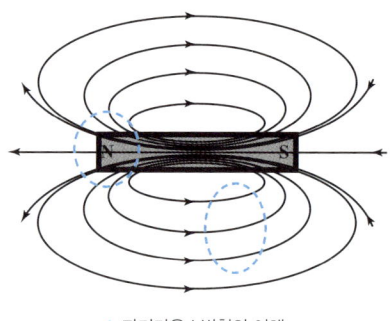

| 자기가우스법칙의 이해

자석의 안과 밖을 불문하고 어떤 범위를 설정하고 살펴보면 그곳으로 들어오는 자기력선의 수는 나가는 자기력선의 수와 언제나 같습니다. 곧 자기장의 순유량은 어디서나 0입니다. 이것은 전기장과 너무나 대조적입니다. 전기장에서는 전기장을 만드는 "전기적 실체"가 있지만 자기장에서는 자기장을 만드는 "자기적 실체"가 없다는 뜻이기 때문이지요. 그렇다면 자기장의 원천은 도대체 무엇일까요? 그 답은 "원자에 들어 있는 전자가 원자핵을 빙빙 돌면서 만든다"는 것인데, 이를 설명해주는 게 바로 "앙페르법칙"입니다.

앙페르법칙

앙페르법칙Ampere's law은 "[쉼터9] 오른손법칙과 왼손법칙"에서 이미 봤습니다. "전류와 자기장의 관계" 및 "전자석의 자기장 방향"을 오른손법칙으로 파악한다고 했는데 아래의 첫째와 둘째 그림입니다.

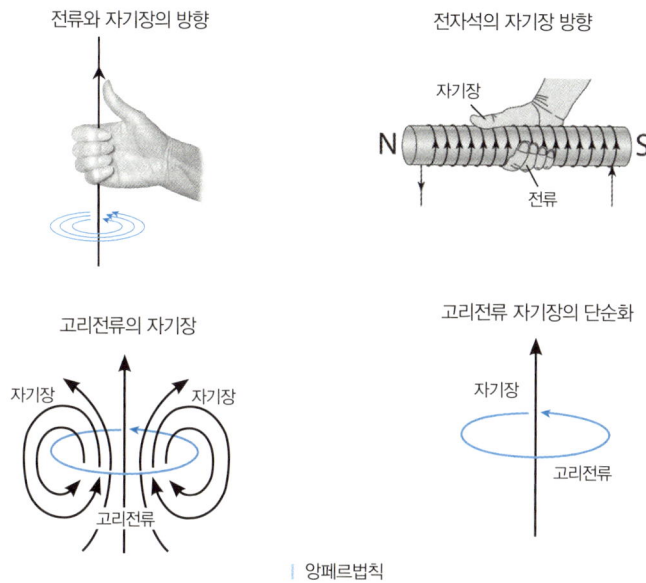

| 앙페르법칙

첫 두 그림은 별 관계가 없는 것 같지만 모두 앙페르법칙을 나타냅니다. 먼저 첫째 그림에서 "오른손의 엄지를 제외한 네 손가락으로 자기장을 따라 감싸 쥐고 엄지를 위로 세우면 엄지의 방향이 전류의 방향"이 됩니다. 바로 앙페르의 오른손법칙입니다. 둘째 그림에서 전선의 일부에 첫 그림의 요령을 적용하면 전체적으로 전자석 안의 자기장이 "S→N"이 됩니다. 따라서 이것도 앙페르의 오른손법칙입니다.

셋째 그림은 하나의 고리만으로 전자석을 만든 경우로 볼 수 있습니다. 그러면 그림처럼 고리를 따라 흐르는 전류를 감싸면서 통과하는 자기장이 만들어집니다. 끝으로 넷째 그림은 셋째 그림을 더욱 단순화하여 고리전류가 만드는 자기장을 하나의 화살표로 나타냈습니다. 첫째 그림에서는 전류, 곧 전기장이 직선이고 자기장이 고리임에 비해 마지막의 넷째 그림에서는 자기장이 직선이고 전기장이 고리여서 입장이 반대입니다. 하지만 "직선은 엄지, 고리는 다른 네 손가락"으로 생각하면 전기장과 자기장 사이의 앙페르법칙을 모두 오른손법칙으로 파악한다는 점을 이해할 수 있습니다.

이제 넷째 그림을 극단적으로 축소해봅시다. "전류"라는 것은 "전자의 흐름"이므로 원자 안에서 원자핵을 맴도는 전자가 바로 가장 작은 규모의 고리전류입니다. 한 가지 주목할 것은 두 전자가 반대 방향으로 맴돌면 자기장이 서로 상쇄된다는 점입니다. 따라서 어떤 원자 안에 서로 반대 방향으로 짝지어 도는 전자들을 제외하고 홀로 맴도는 전자, 곧 "홀전자"가 있다면 이것들이 바로 자석의 근원이 됩니다. 철은 이런 홀전자를 가진 대표적인 금속으로 자석을 만드는 데 가장 흔히 쓰입니다.

아래 왼쪽 그림은 아직 자석이 되지 않은 철에 있는 홀전자들이 만드는 자기장이 무질서하게 배향된 상태입니다. 각 원자들은 미세한 전자석이지만 방향이 무질서해서 전체적으로는 자석이 아닙니다. 하지만 이것을 강한 자석의 두 극 사이에 두면 오른쪽 그림처럼 미세한 전자석들이 나란히 배향되어 자석이 되는데, 이처럼 어떤 물질을 자석으로 만드는 것을 "자화 magnetization"라고 부릅니다.

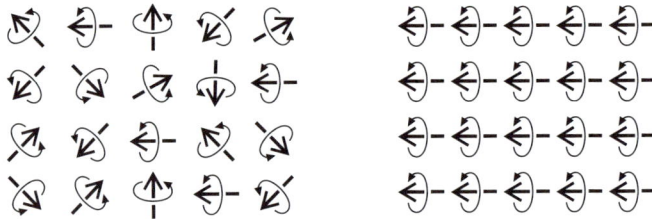

| 자화 전과 후

앙페르법칙을 통해 자석의 자기력선은 자석 표면에서 시작되고 끝나는 게 아니라 내부로도 이어져 폐곡선을 이루고, 그 결과 공간의 어디서나 $\nabla \cdot \boldsymbol{B} = 0$이 된다는 사실을 이해했습니다. 앙페르법칙은 자기가우스법칙뿐 아니라 맥스웰방정식의 넷째 식인 앙페르맥스웰법칙의 절반도 설명해주지만 순서에 따라 패러데이렌츠법칙을 먼저 보겠습니다.

패러데이렌츠법칙(발전기법칙)

맥스웰방정식의 ①·②에는 다이버전스($\nabla \cdot$)가 나오지만 ③·④에는 "컬curl"이라 부르는 "$\nabla \times$"이 나옵니다. 컬은 "곱슬머리"라는 뜻처럼 "어떤 유량의 변위를 맴도는 장의 세기"를 나타냅니다. 한편 패러데이렌츠법칙 "$\nabla \times \boldsymbol{E} = -\partial \boldsymbol{B}/\partial t$"의 우변에 나오는 "$\partial$"은 "편미분"을 뜻하는 기호입니다. 보통 미분을 나타내는 "d"와 내용상 같으며 읽을 때도 마찬가지로 "디"로 읽습니다. 편미분은 독립변수가 여럿일 때 다른 변수는 모두 상수로 취급하고 하나의 변수만 미분하는 것인데 예제를 살펴봅시다.

[예제] $F = 3x^2 y^4 z \ln t$를 각 변수에 대해 편미분하시오.
[풀이] $F = f(x, y, z, t)$라는 함수로 독립변수가 x, y, z, t 4개인 "4변수함수"입니다. 이런 "다변수함수"를 각각의 변수에 대해 미분하는 것을 "편미분偏微分"이라고 합니다. 물리에서는 이처럼 x, y, z라는 3개의 "공간좌표"와 t라는 1개의 "시간좌표"를 변수로 갖는 4변수함수가 많이 나오는데, 전기장과 자기장은 대표적인 예입니다. $F = f(x)$라는 형태의 "일변수함수"를 미분하는 것은 그냥 "미분"이지만, 편미분과 구별해야 하는 경우에는 "상미분常微分"이라고 합니다.

제8장. 빛이 있으라

문제의 함수를 각 변수에 대해 편미분하면 다음과 같습니다.

$\partial f / \partial x = 3 \cdot (2x) \cdot y^4 z \ln t = 6xy^4 z \ln t$

$\partial f / \partial y = 3x^2 \cdot (4y^3) \cdot z \ln t = 12xy^3 z \ln t$

$\partial f / \partial z = 3x^2 y^4 \cdot (1) \cdot \ln t = 3x^2 y^4 \ln t$

$\partial f / \partial t = 3x^2 y^4 z \cdot (1/t) = 3x^2 y^4 z / t$

이제 이 법칙을 풀이해봅시다. $\nabla \times \boldsymbol{E} = -\partial \boldsymbol{B}/\partial t$"이라는 식의 우변은 "자기장이 시간에 따라 변한다"는 뜻인데 이를 "변위자기장*"이라고 합시다. 그러면 좌변은 "변위자기장의 변위 방향과 수직인 방향으로 맴도는 전기장이 만들어진다"는 뜻입니다. 즉, "변위자기장은 이를 맴도는 '고리전기장*'을 만든다"는 뜻이며, 이를 "패러데이법칙Faraday's law"이라고 합니다. 패러데이법칙은 바로 발전기법칙입니다.

끝으로 우변의 "−"부호를 살펴봅시다. 이것은 "렌츠법칙Lenz's law"을 나타낸 것으로 "전자기적 작용반작용"을 가리킵니다. "㉠자기장"을 변화시키면 패러데이법칙에 따라 고리전류가 만들어집니다. 그런데 전류가 있으면 앙페르법칙에 따라 "㉡자기장"이 만들어집니다. ㉠는 원인 자기장이고 ㉡는 결과 자기장인데, 서로 작용과 반작용에 해당하므로 ㉡는 ㉠를 상쇄하는 방향으로 만들어진다는 게 렌츠법칙입니다. 복잡한 것 같지만 다음 그림을 보면 조금 쉽게 이해됩니다.

그림처럼 고리 모양의 도선을 뜻하는 코일coil을 두고 전자석을 움직이면(변위자기장) 코일에 전류가(고리전기장) 발생한다는 것이 패러데이법칙입니다. 이 전류는 앙페르법칙에 따라 나름의 자기장을 만드는데(점선 사각형), 이렇게 만들어진 자기장이 전자석의 자기장과 맞서는 방향으로 흐른다는 것이 렌츠법칙입니다. 두 법칙을 결합한 것이 발전기의 원리가 되는 패러데이렌츠법칙이며, 맥스웰방정식의 셋째 식입니다.

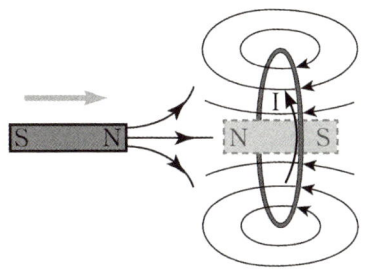

| 패러데이렌츠법칙

앙페르맥스웰법칙(모터법칙)

이제 마지막 ④를 봅시다. 앞서 이야기했다시피 이것의 절반은 앙페르법칙입니다. 곧 ④는

④ $\nabla \times B = \mu_0 J + \mu_0 \varepsilon_0 \dfrac{\partial E}{\partial t}$

인데, 앙페르법칙 부분만을 쓰면 다음과 같으며, 이것을 ⑤로 나타내겠습니다.

⑤ $\nabla \times B = \mu_0 J$

먼저 J는 "전류밀도 current density"입니다. 위에서 "컬은 어떤 유량의 변위를 맴도는 장의 세기"를 나타낸다고 한 것을 생각해보면 이 식은 "전하의 변위"라는 "전류"의 방향을 맴돌면서 만들어지는 자기장을 나타낸다는 사실을 알 수 있습니다.

μ_0는 그리스 문자 중 하나인 "뮤 mu"에 아래첨자로 0을 붙인 것으로

"진공투자율vacuum permeability"입니다. "투자율"이란 "어떤 공간에 전류를 흘렸을 때 형성되는 자기장의 세기"입니다. 따라서 μ_0는 "진공에서 흐르는 전류가 형성하는 자기장의 세기"를 뜻하며, 그 값은 $4\pi \times 10^{-7} \mathrm{N/A^2}$입니다. 물질의 투자율은 μ로 나타내며 진공투자율보다 클 수도 있고 작을 수도 있습니다(모든 물질의 유전율은 진공유전율보다 크다는 점과 대조적입니다). 이 값이 크면 같은 양의 전류로 더 큰 자기장을 만들 수 있는데, 예를 들어 철의 투자율은 진공투자율의 수천 배에 이릅니다. 따라서 코일로 전자석을 만들 때 코일 가운데 철심을 넣으면 철심은 강한 자석이 됩니다. 반면 전기저항이 0인 초전도체superconductor의 투자율은 0이며, 따라서 코일의 가운데에 초전도체를 넣더라도 전혀 자석이 되지 않습니다. 초전도체에 자기장이 침투하지 못하는 현상을 마이스너효과Meissner effect라고 하는데 이 때문에 초전도체는 자석 위에 뜰 수 있습니다. 참고로 첨단 교통수단으로 근래 주목받는 자기부상열차는 열차를 띄울 정도로 강력한 전자석을 만들기 위해 초전도체를 사용하기는 하지만 그 부양력은 레일 전자석과 열차 전자석의 극을 적절히 배치하여 얻는 것일 뿐 마이스너효과를 이용하여 얻는 것은 아닙니다.

맥스웰은 ③과 ⑤를 비교하면서 중요한 사실을 깨달았습니다.

③ $\nabla \times \boldsymbol{E} = -\dfrac{\partial \boldsymbol{B}}{\partial t}$ ⑤ $\nabla \times \boldsymbol{B} = \mu_0 \boldsymbol{J}$

전기에는 "전하의 흐름"인 "전류"가 있으므로 ⑤에는 $\mu_0 \boldsymbol{J}$라는 항이 있습니다. 하지만 자기에는 "자하의 흐름"인 "자류magnetic current"라는 게 없으므로 ③에는 ⑤의 $\mu_0 \boldsymbol{J}$에 해당하는 항이 없습니다. 여기까지는 좋습니다. 그러나 ③은 "우변의 변위자기장이 좌변의 고리전기장을 만든다"는 뜻인데, ⑤를 보면 좌변에 고리자기장이 있지만 우변에 "변위전기장*"이 없습니다. 따라서 ⑤의 우변에 변위전기장을 뜻하는 $\partial E/\partial t$라는 항이 덧붙여져야 타당합니다! 그는 검토 끝에 ⑤의 우변에 덧붙여야 할 항을 정확히 얻어냈으며, 이렇게 해서 얻어진 게 바로 ④입니다.

초전도체가 될 수 있는 물체의 온도가 임계온도(Tc, critical temperature, 보통 물체에서 초전도체로 바뀌는 온도) 아래로 내려가면 자기장을 완전히 배제하면서 공중에 뜨는 마이스너효과가 나타납니다.

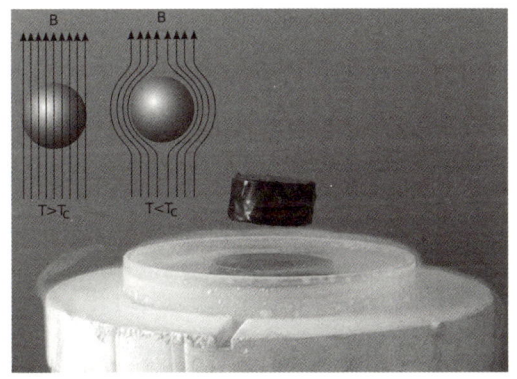

| 마이스너효과(Meissner effect)사진: Mai-Linh Doan

그런데 "변위자기장"은 자석을 움직여서 만들지만 "변위전기장" 또는 "변화하는 전기장"은 어떻게 만들까요? 좋은 예가 바로 축전기(capacitor 또는 condenser)입니다. 축전기를 이용하면 전류가 만드는 자기장은 물론 변위전기장이 만드는 자기장까지 쉽게 이해할 수 있습니다.

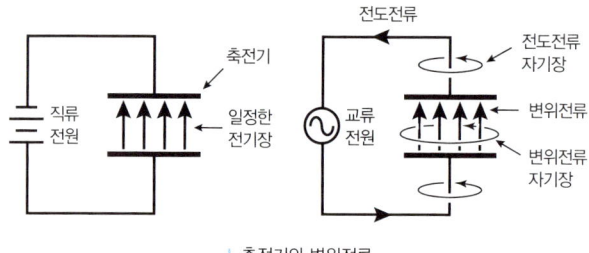

| 축전기와 변위전류

　왼쪽처럼 축전기에 직류를 연결하면 충전만 될 뿐 전류는 더 이상 흐르지 않으므로 자기장도 만들어지지 않습니다. 하지만 오른쪽처럼 교류를 연결하면 충전과 방전이 반복되면서 전류가 흐릅니다. 도선에 실제로 전자가 이동하므로 그 전류를 "전도전류"라고 부르는데, 이는 보통의 전류와 같습니다. 반면 축전기 안에서는 실제로 이동하는 전자는 없지만 전기장의 세기가 변하는 변위전기장에 의해 전류가 흐르는 것과 같은 효과가 나타나므로 이를 "변위전류"라고 부릅니다. 따라서 축전기에 교류를 연결하면 "전도전류에 의한 자기장"과 "변위전류에 의한 자기장"이 만들어지며 이것이 바로 ④의 우변에 나오는 두 항입니다. 변위전류에 의한 자기장에 오른손법칙을 적용하면 엄지의 방향이 변위전류의 방향과 같습니다. 그래서 ③과 달리 ④에서는 부호가 "+"입니다. 그림에는 전도전류가 반시계 방향이지만 교류전원이므로 잠시 후 전류와 자기장의 방향이 모두 반대로 바뀌고, 이런 현상이 교대로 계속됩니다

　④에 의해 만들어지는 자기장 주위에 다른 자기장이 있으면 서로 끌거나 밀어서 일을 하는 기계를 만들 수 있습니다. 이것이 바로 모터이며, 앙페르맥스웰법칙은 모터법칙이라고 부를 수 있습니다. 곧 맥스웰방정식의 ③과 ④는 각각 발전기와 모터에 적용되는 법칙입니다. 구체적인 적용은 "[쉼터] 오른손법칙과 왼손법칙"에서 "플레밍의 오른손·왼손법칙"으로 설명했으므로 참조하기 바랍니다.

(2) 진공광속의 유도

> 이 시구를 쓴 이는 정녕 신이었던가! — 볼츠만이 괴테(Johann Goethe, 1749~1832)의
> 『파우스트(Faust)』를 인용하여 맥스웰방정식에 바친 찬사

맥스웰방정식의 전반적인 내용을 살펴보았습니다. 그토록 풍성한 내용이 단 네 개의 간결한 식으로 함축된다는 게 놀랍기 그지없습니다. 그런 면에서 맥스웰방정식은 수식으로 쓰인 정결하고도 아름다운 시구라고 하겠습니다. 놀라움은 여기서 그치지 않습니다. 이 식들을 이용하면 수많은 새로운 결론들이 도출되며, 이를 통해 전자기학이라는 장려한 체계가 구축되어 갑니다. 여기서는 이 결론들 가운데 하나인 진공광속의 유도를 살펴봅니다. 진공광속이 관찰자의 속도에 무관하게 일정불변이라는 사실은 아인슈타인이 특수상대성이론을 탐구하는 직접적인 계기가 되었습니다. 유도 과정이 어렵게 여겨지면 건너뛰거나 한번 읽고 나서 나중에 여유가 있을 때 다른 자료들과 함께 공부하기 바랍니다.

파동방정식

파동은 자연계의 가장 근본적인 현상 중 하나입니다. 과학에서는 파동을 묘사하는 기본 방정식을 도출하여 수많은 현상에 적용합니다. 이를 "파동방정식 wave equation"이라고 하는데, 몇 가지 유도 방법이 있지만 낯익은 예를 통해 유도해보겠습니다. 기타 guitar의 현 string을 생각해봅시다. 고음을 내는 현은 저음을 내는 현보다 가늘며, 더 팽팽하게 맵니다. 또한 같은 현이라도 팽팽할수록 통기기가 힘들어집니다. 현은 그림과 같이

일정한 질량을 가진 수많은 부분들이 용수철로 이어져 있다고 할 수 있습니다.

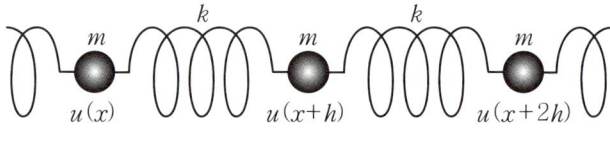

| 현(string)의 이해

k는 "훅법칙"에서 보았던 힘상수 force constant, m은 각 부분의 질량이 한 곳에 모여 있다고 가정한 것, h는 질량을 무시한 용수철들의 길이, $u(x)$는 질량들의 위치입니다. 그러면 어떤 순간(t)에 $x + h$에 있는 질량은 훅법칙에 따라 양쪽의 질량이 미치는 합력을 받으며 그 크기는 다음과 같습니다.

$$F = F(x + 2h) + F(x)$$
$$= k\{u(x + 2h,\ t) - u(x + h,\ t)\}$$
$$+ k\{u(x,\ t) - u(x + h,\ t)\} \quad (1)$$

한편 $x + h$에 있는 질량에 뉴턴의 가속법칙을 적용하면 다음과 같습니다(위치를 한 번 미분하면 속도, 두 번 미분하면 가속이 나옵니다).

$$F = ma(t) = m\frac{\partial^2 u(x + h,\ t)}{\partial t^2} \quad (2)$$

(2)의 가속을 일으키는 힘은 바로 (1)이므로 이 둘을 같다고 놓으면 다음과 같습니다.

$$m\frac{\partial^2 u(x+h,\,t)}{\partial t^2} = k\{u(x+2h,\,t) - 2u(x+h,\,t) + u(x,\,t)\} \quad \cdots (3)$$

전체 현의 길이와 질량과 힘상수가 각각 L과 M과 K인데, 현을 N개의 부분으로 나누었다면, $L = Nh$이고 $M = Nm$이며 $K = k/N$입니다. 여기서 $L = Nh$과 $M = Nm$은 쉽지만 $K = k/N$는 조금 설명이 필요할지도 모르겠습니다. 위 그림은 힘상수가 k인 용수철을 "직렬"로 죽 연결한 것인데, 용수철은 직렬로 길게 이을수록 당기기는 쉬워집니다. 이 관계식들을 (3)에 대입하고 정리하면 다음과 같습니다.

$$\frac{\partial^2 u(x+h,\,t)}{\partial t^2} = \frac{KL^2}{M} \frac{\{u(x+2h,\,t) - 2u(x+h,\,t) + u(x,\,t)\}}{h^2}$$

현을 무수히 많은 부분으로 나누면 $N \to \infty$이 되면서 $h \to 0$이 되므로 아래처럼 쓸 수 있습니다.

$$\lim_{h \to 0} \frac{\partial^2 u(x+h,\,t)}{\partial t^2}$$
$$= \lim_{h \to 0} \frac{KL^2}{M} \frac{\{u(x+2h,\,t) - 2u(x+h,\,t) + u(x,\,t)\}}{h^2} \quad \cdots (4)$$

여기서 미분의 정의를 되새겨 봅시다.

$$\frac{dy}{dx} \equiv \lim_{h \to 0} \frac{y(x+h) - y(x)}{h}$$

이 정의에 따라 2차 미분의 식을 써보면 다음과 같습니다.

$$\frac{d^2y}{dx^2} = \lim_{h \to 0} \frac{\frac{y(x+h+h) - y(x+h)}{h} - \frac{y(x+h) - y(x)}{h}}{h}$$

이것을 정리하면 아래 식이 나옵니다.

$$\frac{d^2y}{dx^2} = \lim_{h \to 0} \frac{y(x+2h) - 2y(x+h) + y(x)}{h^2} \quad \cdots \quad (5)$$

(4)와 (5)를 비교하면 아래의 식을 얻을 수 있습니다.

$$\frac{\partial^2 u(x,\,t)}{\partial t^2} = \frac{KL^2}{M} \frac{\partial^2 u(x,\,t)}{\partial x^2}$$

특정한 현에서 전체 힘상수와 길이와 질량은 모두 상수입니다. 따라서 $v \equiv \sqrt{KL^2/M}$로 정의하고 $u(x,\,t)$를 간단히 u로 쓰면 최종적으로 아래와 같은 "파동방정식"이 얻어집니다.

$$\text{파동방정식}:\ \frac{\partial^2 u}{\partial t^2} = v^2 \frac{\partial^2 u}{\partial x^2} \quad \cdots \quad (6)$$

파동의 속도

위에서 $v \equiv \sqrt{KL^2/M}$로 정의하면서 "v"라는 글자를 택했는데, 그 이유는 이것이 바로 현을 따라 움직이는 파동의 "속도"를 나타내기 때문입니다. 그런데 왜 이것이 파동의 속도일까요?

먼저 생각할 것이 있습니다. 기타의 현을 퉁기면 현이 상하로 진동할 뿐 파동이 물결처럼 진행하는 모습은 보이지 않는데, '파동의 속도'란 무엇을 말하는 것일까요? 현악기의 현이 상하로 진동하는 것을 '정상파定常波 standing wave'라고 하는데, 파동이 양쪽 끝에서 반사되고 겹쳐져서 상하로만 진동하는 것처럼 보일 뿐 실제 파동은 좌우로 진행합니다. 다시 말해서 어떤 파동이든 실제로는 이동하지만 현악기나 그릇이나 거울에 갇히는 경우 양쪽에서 반사되는 파동들이 서로 겹쳐서 겉보기로는 한 곳에서 상하로만 진동하는 것처럼 보일 수 있다는 뜻입니다.

이제 주된 의문을 풀기 위해 예를 들어 $w(x \pm vt)$라는 함수를 생각해 봅시다. 만일 $s = x \pm vt$라고 하면 이 함수는 $w(s)$가 되고, 연쇄율(124쪽)에 따라 다음과 같이 쓸 수 있습니다.

$$\frac{\partial w}{\partial x} = \frac{\partial w}{\partial s}\frac{\partial s}{\partial x} = \frac{\partial w}{\partial s} \cdot 1 = \frac{\partial w}{\partial s}$$

$$\frac{\partial^2 w}{\partial x^2} = \frac{\partial^2 w}{\partial s^2}\frac{\partial s}{\partial x} = \frac{\partial^2 w}{\partial s^2} \cdot 1 = \frac{\partial^2 w}{\partial s^2} \quad \cdots\cdots (7)$$

$$\frac{\partial w}{\partial t} = \frac{\partial w}{\partial s}\frac{\partial s}{\partial t} = \frac{\partial w}{\partial s} \cdot (\pm v) = \pm v \frac{\partial w}{\partial s}$$

$$\frac{\partial^2 w}{\partial t^2} = \pm v \frac{\partial^2 w}{\partial s^2}\frac{\partial s}{\partial t} = \pm v \frac{\partial^2 w}{\partial s^2} \cdot (\pm v) = v^2 \frac{\partial^2 w}{\partial s^2} \quad \cdots\cdots (8)$$

(7)에 v^2을 곱하면 (8)이 나오므로 $v^2 \frac{\partial^2 w}{\partial x^2} = \frac{\partial^2 w}{\partial t^2}$로 쓸 수 있고 따라서 $w(x \pm vt)$라는 함수는 (6)의 파동방정식을 만족한다는 사실을 알 수 있습니다. 그런데 $w(x+vt)$는 $w(x)$를 x축 음의 방향, $w(x-vt)$는 x축 양의 방향으로 vt만큼 평행이동한 것입니다. 다시 말해서 음의 방향이든 양의 방향이든 이 함수들은 t시간 동안 vt만큼 이동했다는 뜻이므로 속도가 v인 파동을 나타냅니다. 그러므로 (6)의 파동방정식에 들

어 있는 v는 "파동의 속도"입니다.

진공광속

이제 바야흐로 아인슈타인이 맥스웰방정식을 보고 느꼈던 감동, 곧 이 간결한 네 개의 식으로부터 진공광속은 일정불변이라는 결론이 도출되는 것을 보고 느꼈던 감동을 함께 맛볼 순간에 이르렀습니다. 우선 "진공"이라는 상황을 생각해봅시다. 가까이는 달이나 태양, 멀리는 몇 십억 광년 떨어진 별에서 오는 빛이 광막한 우주 공간을 지날 때 진공 속을 통과합니다. 그곳은 전하가 없어 전류도 없고 오직 빛이 가진 전기장과 자기장뿐이므로 네 가지의 맥스웰방정식은 다음과 같이 쓸 수 있습니다.

① 전기가우스법칙 : $\nabla \cdot \boldsymbol{E} = 0$

② 자기가우스법칙 : $\nabla \cdot \boldsymbol{B} = 0$

③ 패러데이렌츠법칙 : $\nabla \times \boldsymbol{E} = -\dfrac{\partial \boldsymbol{B}}{\partial t}$

④ 맥스웰법칙 : $\nabla \times \boldsymbol{B} = \mu_0 \varepsilon_0 \dfrac{\partial \boldsymbol{E}}{\partial t}$

주목할 것은 ④에서 "앙페르법칙"은 탈락하고 맥스웰이 추가한 "맥스웰법칙"이 쓰인다는 점입니다. 맥스웰은 화룡점정처럼 덧붙인 항을 통해 빛이 진공에서도 전파될 수 있으며 그 속도는 일정불변이라는 사실을 밝혀 자신은 물론 아인슈타인을 포함한 후대의 많은 사람들에게 커다란 감동을 안겨주었습니다. 앞에서 다이버전스와 컬을 설명할 때는 그냥 말로 했지만 구체적으로 풀어쓰면 다음과 같습니다(좀 더 자세한 내용은 아래쪽에 있는 "벡터의 미분" 참조).

① $\nabla \cdot \boldsymbol{E} = \dfrac{\partial E_x}{\partial x} + \dfrac{\partial E_y}{\partial y} + \dfrac{\partial E_z}{\partial z} = 0$

② $\nabla \cdot \boldsymbol{B} = \dfrac{\partial B_x}{\partial x} + \dfrac{\partial B_y}{\partial y} + \dfrac{\partial B_z}{\partial z} = 0$

위에서 보듯 어떤 벡터의 다이버전스를 구하면 그 결과는 벡터가 아니라 스칼라입니다. 반면 어떤 벡터의 컬은 아래서 보듯 벡터입니다.

③ $\nabla \times \boldsymbol{E} =$
$\left(\dfrac{\partial E_z}{\partial y} - \dfrac{\partial E_y}{\partial z},\ \dfrac{\partial E_x}{\partial z} - \dfrac{\partial E_z}{\partial x},\ \dfrac{\partial E_y}{\partial x} - \dfrac{\partial E_x}{\partial y} \right) = -\dfrac{\partial \boldsymbol{B}}{\partial t}$

④ $\nabla \times \boldsymbol{B} =$
$\left(\dfrac{\partial B_z}{\partial y} - \dfrac{\partial B_y}{\partial z},\ \dfrac{\partial B_x}{\partial z} - \dfrac{\partial B_z}{\partial x},\ \dfrac{\partial B_y}{\partial x} - \dfrac{\partial B_x}{\partial y} \right) = \mu_0 \varepsilon_0 \dfrac{\partial \boldsymbol{E}}{\partial t}$

이처럼 벡터의 컬은 벡터이므로 원칙적으로는 x, y, z의 세 방향으로 퍼져나가는 것을 모두 고려해야 합니다. 하지만 그렇게 하면 너무 복잡하고, 한 좌표에 대한 계산 결과는 대칭성에 의해 다른 좌표에서도 마찬가지이므로, 여기서는 전기장과 자기장이 x축 방향으로만 나아간다고 가정하겠습니다. 그러면 y와 z에 대한 미분은 모두 0이므로 ③과 ④에서 다음 것들만 고려하면 됩니다.

③-㉮ $-\dfrac{\partial E_z}{\partial x} = -\dfrac{\partial B_y}{\partial t}$, ③-㉯ $\dfrac{\partial E_y}{\partial x} = -\dfrac{\partial B_z}{\partial t}$

④-㉮ $-\dfrac{\partial B_z}{\partial x} = \mu_0 \varepsilon_0 \dfrac{\partial E_y}{\partial t}$, ④-㉯ $\dfrac{\partial B_y}{\partial x} = \mu_0 \varepsilon_0 \dfrac{\partial E_z}{\partial t}$

파동방정식과 비교하기 위해 ③-㉮와 ④-㉯를 각각 x와 t로 미분하면 다음과 같습니다.

$$\frac{\partial^2 E_z}{\partial x^2} = \frac{\partial^2 B_y}{\partial x \partial t}, \quad \frac{\partial^2 B_y}{\partial t \partial x} = \mu_0 \varepsilon_0 \frac{\partial^2 E_z}{\partial t^2}$$

함수의 2차 미분이 연속이면 미분의 순서는 바꾸어도 되므로 다음 관계가 성립합니다.

$$\frac{\partial^2 B_y}{\partial x \partial t} = \frac{\partial^2 B_y}{\partial t \partial x}$$

그러므로 아래의 왼쪽 식을 얻을 수 있는데, 이를 오른쪽의 파동방정식과 비교해봅시다.

$$\frac{\partial^2 E_z}{\partial t^2} = \frac{1}{\mu_0 \varepsilon_0} \frac{\partial^2 E_z}{\partial x^2} \quad \leftarrow 비교 \rightarrow \quad \frac{\partial^2 u}{\partial t^2} = v^2 \frac{\partial^2 u}{\partial x^2}$$

전기장 E_z는 $v = 1/\sqrt{\mu_0 \varepsilon_0}$의 속도로 x축 방향으로 전파됩니다. 이는 다른 장들에 대해서도 마찬가지입니다. 곧 "전기장 E_y와 자기장 B_z" 그리고 "전기장 E_z와 자기장 B_y"가 짝을 이루어 같은 짝끼리는 서로가 서로를 이끌면서 모두 $v = 1/\sqrt{\mu_0 \varepsilon_0}$의 속도로 x축 방향으로 전파됩니다. 그런데 μ_0와 ε_0는 모두 상수입니다. 그러므로 진공광속도 상수입니다. 광속에는 특별히 c라는 기호를 부여해서 $c = 1/\sqrt{\mu_0 \varepsilon_0}$와 같이 씁니다. 230쪽 그림에는 이 가운데 E_y와 B_z의 짝이 이러한 상호 유도 작용을 통해 x축 방향으로 전파되어 가는 모습을 보였습니다.

벡터의 미분

고교에서 배우는 미분은 "스칼라함수"의 미분이고 종류는 한 가지뿐입니다. 하지만 벡터의 미분에는 3가지가 있는데, 일상적인 공간이 3차원이므로 3변수 함수에 대해 살펴봅니다.

첫째는 "그래디언트gradient"로 기호는 "∇"이고, 스칼라함수에 적용하여 벡터를 얻으며 다음과 같이 정의합니다.

$$\text{그래디언트}: \quad \nabla \cdot V(x, y, z) \equiv \left(\frac{\partial V}{\partial x}, \frac{\partial V}{\partial y}, \frac{\partial V}{\partial z} \right)$$

그래디언트는 이미 보았습니다. 퍼텐셜에너지와 힘의 관계를 설명하면서 썼던 $F = -dV/dx$라는 식이 바로 그래디언트를 1차원에 적용한 것입니다. 그래디언트는 말뜻 그대로 "어떤 위치에서 함수의 최대 기울기"를 가리킵니다. 예를 들어 한라산의 표면을 함수로 보고 어떤 곳에서 그래디언트를 구하면 그곳에서 경사가 가장 급한 방향을 알려줍니다.

둘째는 "다이버전스"이고 기호는 "$\nabla \cdot$"이며 정의는 본문에 보였습니다.

$$\text{다이버전스}: \quad \nabla \cdot F(x, y, z) \equiv \frac{\partial F_x}{\partial x} + \frac{\partial F_y}{\partial y} + \frac{\partial F_z}{\partial z}$$

다이버전스는 그래디언트와 반대로 벡터함수에 적용하고 스칼라가 나옵니다. 그 의미는 본문을 참조하기 바랍니다.

셋째는 "컬"이고 기호는 "$\nabla \times$"이며 정의는 본문에 보였습니다.

$$\text{컬}: \quad \nabla \times F(x, y, z) \equiv \left(\frac{\partial F_z}{\partial y} - \frac{\partial F_y}{\partial z}, \; \frac{\partial F_x}{\partial z} - \frac{\partial F_z}{\partial x}, \; \frac{\partial F_y}{\partial x} - \frac{\partial F_x}{\partial y} \right)$$

컬은 벡터함수에 적용하고 벡터가 나옵니다. 그 의미는 본문을 참조하기 바랍니다. 컬의 정의는 그래디언트와 다이버전스에 비해 복잡한데, 행렬matrix의 "행정行正 determinant*"을 쓰면 아래처럼 간단히 나타낼 수 있습니다. 설명은 생략하지만 관심이 있는 사람은 대학 수준의 수학 책을 찾아보기 바랍니다.

$$컬: \nabla \times F(x, y, z) \equiv \begin{vmatrix} i & j & k \\ \frac{\partial}{\partial x} & \frac{\partial}{\partial y} & \frac{\partial}{\partial z} \\ F_x & F_y & F_z \end{vmatrix}$$

정의된 상수들

맥스웰방정식은 간단한 과정을 거쳐 진공광속을 유도해냈는데 그 결과는 놀랍게도 "상수"였습니다. 이게 왜 놀랍다는 걸까요? 예를 들어 100km/h로 달리는 차에서 공을 앞쪽으로 60km/h로 던지면 길에 있는 사람에게는 공의 속도가 160km/h로 보이지만, 차에 있는 사람에게는 60km/h로 보입니다. 그러나 차가 헤드라이트를 켜서 앞쪽을 비출 경우는 다릅니다. 광속은 상수이므로 길에 있는 사람에게든 차에 있는 사람에게든 모두 c라는 속도로 보입니다. 이처럼 관찰자의 속도와 상관없이 일정하게 측정되는 대상은 오직 빛과 중력파(343쪽 참조) 둘뿐입니다!

당시 과학자들은 이를 어떻게 풀이해야 할지 골머리를 앓았습니다. 그런데 아인슈타인은 과감하게 이를 액면 그대로 받아들이면서 특수상대성이론이라는 특출한 이론을 세웠습니다. 이후 진공광속이 일정하다는 사실은 이론적으로나 실험적으로나 공인되었습니다. 마침내 1983년에는 빛이 진공에서 299,792,458분의 1초 동안 나아가는 길이를 1미터의 정의로 삼게 됩니다. 거꾸로 진공광속은 299,792,458m/s로 정의된 셈이지요. 그런데 $c = 1/\sqrt{\mu_0 \varepsilon_0}$이라는 관계가 있으므로 c와 μ_0와 ε_0 가운데 둘을 정의하면 다른 하나도 자동적으로 정의됩니다. 이에 따라 c와 μ_0를 먼저 정의하여 ε_0의 값도 정의했습니다.

진공투자율 vacuum permeability :
$$\mu_0 \equiv 4\pi \times 10^{-7} \text{N/A}^2 = 1.2566370614\cdots \times 10^{-6} \text{N/A}^2$$

진공유전율 vacuum permittivity :
$$\varepsilon_0 = 8.854187817620\cdots \times 10^{-12} \text{F/m}$$

쉼터
왜 사람들은 오른손을 더 많이 쓰게 되었을까?

오른손법칙과 왼손법칙을 공부했으니 잠시 머리를 식혀봅시다. 왜 사람들은 왼손보다 오른손을 더 많이 쓰게 되었을까요? 다양한 의견이 있으며 선뜻 어느 것이 옳다고 말하기는 곤란합니다. 심장이 가슴 왼쪽으로 약간 치우쳐 있기 때문이라는 주장이 가장 설득력이 있는 것 같습니다. 심장은 매우 중요한 장기이므로 가까운 왼손은 심장을 보호하는 용도로만 쓰고, 기타 모든 용도에는 오른손을 쓰도록 길들여졌다는 것입니다. 왼손과 오른손에 각각 방패와 칼을 들고 싸우는 전사를 생각해보면 그럴듯합니다. 달리기, 스케이팅, 경마, 자전거, 자동차 경주 등에서 모든 종목이 왼쪽으로 회전하는 것도 마찬가지입니다. 심장이 위치한 왼쪽을 왼손으로 보호하듯, 왼쪽으로 감싸면서 도는 편이 심장을 보호하기에 더 유리하기 때문이라고 합니다. 제1회 아테네올림픽 육상 종목에서는 트랙을 오른쪽으로 돌게 했습니다. 그러자 다수를 차지하는 오른손잡이 선수들이 불편을 호소하여 논란 끝에 1913년 국제육상경기연맹은 왼쪽으로 도는 규칙을 정식 채택했습니다. 육상에서 왼쪽으로 도는 게 편한 이유는 오른손잡이가 오른발을 더 잘 쓰기 때문이라고 합니다. 오른손잡이의 경우 곡선 주로에서 왼다리는 수동적인 디딤 기능을 담당하고, 오른다리는 능동적인 추진 기능을 발휘합니다.

어쨌든 왼손도 심장을 보호한다는 중요한 임무를 수행하므로 존중해 줘야 할 것입니다. 그러나 왼손과 오른손이라는 용어를 비교해보면 왼손은 약간 부당한 대우를 받고 있습니다. 왼손의 "왼"은 우리 옛말의 "외오"에서 나왔습니다. "그릇되게"·"외롭게"라는 뜻입니다. 실제로 용비어천가龍飛御天歌에서 "충신을 외오 주겨늘(잘못 죽이거늘) ……"이란 구절과 사미인곡思美人曲에서 "…… 외오 두고 글이난고(외로이 두고 그리는고)"라는 구절이 나옵니다. 왼손은 "그른 손"이란 뜻이 되는데, 왼손의 입장에서는 충신이나 미인처럼 억울하게 느낄 것입니다. 반대로 오른손은 "옳은 손"이란 뜻이므로("바른 손"이라고도 하지요) 제대로 대접받는다고 느낄 거고요.

그런데 이 현상은 우리말에만 국한되지 않습니다. 영어에서도 오른손과 왼손을 각각 "right hand"와 "left hand"라고 하는데, right에는 "옳은"·"바른"이란 뜻이 있고, left에는 원래 "약한"·"쓸모없는"이란 뜻이 있었습니다. 애초에는 이 뜻이 그대로 left hand에 담겨 쓰였을 것이므로 우리말과 사정이 비슷합니다. 또한 영어에서 각각 "오른쪽의"와 "왼쪽의"라는 뜻으로 쓰이는 "dexter"와 "sinister"는 로마시대의 공용어인 라틴어에서 유래했는데, 각각 "운이 좋은"과 "불길한"이란 뜻이 있으니 차별의 뿌리가 아주 깊은 셈입니다. 인도인들은 음식을 손으로 먹는데, 반드시 오른손만 사용합니다. 왼손을 불경스럽고 천한 손으로 여기기 때문이지요. 오른손과 왼손에 대한 불공평한 차별은 전 세계에서 보편적인 현상입니다. 이는 오른손잡이가 왼손잡이보다 훨씬 많다는 사실과 직접 관련됩니다. 이처럼 간단한 현상이 일관성 있게 한쪽으로 치우친 것을 보면, 오늘날 황인종·백인종·흑인종 등으로 구분되는 인류의 먼 조상들은 매우 가까운 친척이었다는 주장이 더욱 확실한 것 같습니다.

제9장

특수상대성이론

1. 실마리

> 과학은 변화와 불변의 탐구이다. 변화(현상 · 실체)는 불변(추상 · 법칙)을 싸고돈다.
> — 고중숙

아인슈타인은 16살 때 다음과 같은 유명한 의문을 품었습니다. "빛과 나란히 달리면서 빛을 보면 정지해보일까?" 무슨 이유로 이런 의문을 떠올렸는지는 몰라도 이때 이미 맥스웰방정식에 따르면 진공광속이 상수라는 사실을 알았을 것으로 여겨집니다. 고속도로에서 차를 몰고 가는데 옆차가 좀 빨리 달립니다. 가속 페달을 밟아 나란히 달리면서 보니까 속도가 110km/h였습니다. 길 옆에서 보면 매우 빠른 속도지만 나란히 달리는 두 차는 서로 정지한 듯 느껴집니다. 그렇다면 빛은 어떨까요? 빛이 정지한 것으로 보인다면 "진공광속은 상수로서 일정하다"는 결론에 어긋납니다. 반면 빛이 여전히 c로 달리는 듯 보인다고 하면 실제 속도는 빛과 나란히 달리려고 쫓아가는 속도에 c를 더한 속도가 될 것입니다. 이것도 "진공광속은 상수로서 일정하다"라는 결론에 어긋납니다. 수많은 과학자들이 이 문제로 고민했지만 아무도 시원한 답을 내놓지 못했습니다. 그러나 10년 후인 1905년 아인슈타인은 특수상대성이론을 들고 나와 이 문제를 해결해 버립니다. 답은 "광속이 아니라 시공spacetime이 변한다"는 것이었지요. 이로써 인류는 역사상 처음으로 시공에 대한 이해에 근본적인 변화를 겪게 되었고요.

26살의 나이로 특수상대성이론을 확립한 아인슈타인은 또 다른 의문을 떠올립니다. 특수상대성이론은 중력이 없는, 물질이 전혀 없는 순수한 관성계(등속계와 동의어)에 적용됩니다. 하지만 우주는 어디든 중력이 존재합니다. 그는 "중력이 있을 때는 어떻게 될까?"라는 의문에 매달립니다. 그리고 우연인지 필연인지 다시 10년이 지난 36살 때 일반상대성이론으로 문제를 해결합니다. 답은 "시공은 물질의 존재로 인해 휘어지며 중력이라는 효과가 발생한다"는 것이었습니다. 인류는 두 번째로 시공의 이해에 근본적인 변화를 겪게 되었지요. 이 책의 목표는 시공의 관념을 혁신한 두 가지 상대성이론 가운데 수학적으로 훨씬 단순한 특수상대성이론을 이해하는 것입니다. 하지만 일반상대성이론의 기본적인 개념과 귀결도 부록에서 간단히 다루었습니다.

2. 특수상대성이론의 2대 가정

특수상대성이론은 200여 년간 빛나는 성과를 거둔 고전역학의 근간을 뒤흔들었습니다. 놀랍게도 그 가정은 단 두 가지뿐입니다. 하나는 고전역학에서도 잘 알려져 있었으므로 아인슈타인이 추가한 것은 하나밖에 없습니다. 두 가지 가정을 이해하기에 앞서 "가정"이 무엇인지 간단히 살펴봅시다.

(1) 가정(postulate)이란 무엇인가

어떤 문제를 풀 때 "……라고 가정하자"라는 표현을 사용합니다. 영어로는 "suppose"나 "assume"이라고 합니다. 실제로 옳든 그르든 주어진 상황에서 잠정적으로 옳다고 보자는 뜻입니다. 하지만 수학이나 과학에서 "가정"은 어떤 이론을 세우는 근본 토대로서 "postulate"라고 합니다. 단순히 잠정적으로 가볍게 내세울 수는 없는 것이지요. "postulate"의 어원은 "요구하다"라는 뜻입니다. 어떤 이론을 세울 때 전제 조건으로 요구되는 명제를 가리킵니다. 우리가 가정을 정식으로 대하는 것은 중학 시절에 기하를 배우면서입니다. 기하에서는 몇 가지 간단한 전제를 배우고 이를 이용하여 여러 가지 결론을 증명해 갑니다. 여기서 말하는 전제가 가정에 해당하며, 그것을 이용하여 증명하는 결론들 가운데 중요한 것들은 "정리定理 theorem"라고 하여 특별히 취급합니다. 과학에서는 "가정假定 postulate"이라는 용어를 많이 쓰지만 수학에서는 "공리公理 axiom"라는 용어를 흔히 사용합니다. 한편 "가설假說 hypothesis"은 "입증의 대상이 되는 명제"를 말합니다. 입증되지 않으면 그냥 기각되지만 입증이 되면 가정·공리로 쓰일 수도 있고, 정리 또는 결론이 될 수도 있습니다.

기하의 유래는 아득히 고대 그리스 시대로 거슬러 올라가는데 대표적인 저술은 에우클레이데스(Eukleidēs, BC330?~275?, 영어식 이름은 유클리드[Euclid])의 『기하원론Elements』입니다. 그는 이 책에서 10개의 공리와 이로부터 유도된 465가지의 정리를 수록했습니다. 요약 삼아 어떤 이론을 건물에 비유한다면 그 기초는 가정(공리)이고 기둥은 정리이며, 다른 부분들은 여러 가지 결론이라고 할 수 있습니다.

| 건물의 비유

특수상대성이론의 2대 가정과 질량에너지상등원리

특수상대성이론은 "상대성원리principle of relativity"와 "광속일정원리principle of invariant light speed"라는 두 가지 가정 위에 세워졌습니다. 여기서 상대성 "이론"과 상대성 "원리"를 구별해야 합니다. 상대성원리는 특수상대성이론을 구성하는 2대 가정 중 하나입니다. $E = mc^2$은 이로부터 유도되는 수많은 결론 중 하나인데, 그 의의를 높이 평가하여 "질량에너지상등원리 mass-energy equivalence principle*"라고도 합니다. "질량에너지등가원리等價原理"라고도 하는데 단순히 값値만 같은 게 아니라 본질이 서로 같다는 데 진정한 의의가 있으므로 "상등원리"란 말이 더 타당합니다. 차례로 살펴보겠지만 미리 한데 모아 기본적인 표현을 적어둡니다. 여기서 "관성계inertial frame"란 "등속운동(정지 상태를 포함)을 하는 계"를 말합니다.

가정1(상대성원리) : 물리법칙은 모든 관성계에서 동일하게 표현된다.
가정2(광속일정원리) : 진공광속은 모든 관성계에 대해 일정하다.
질량에너지상등원리 : 질량과 에너지는 동등한 물리량인데, 에너지는 질량에 진공광속의 제곱을 곱한 것과 같다.

(2) 상대성원리

"물리법칙은 모든 관성계에서 동일하게 표현된다"는 상대성원리는 갈릴레오가 처음 깨달았고 뉴턴이 이어받아 고전역학의 한 토대로 삼았습니다. 당시에는 그 중요성이 절실하게 파악되지 않아 묵시적으로 포함되었으며, 명시적으로 분명히 내세운 것은 아인슈타인이 처음이었습니다.

이를 이해하기 위해 "관성계"와 "물리법칙"의 의미를 차례로 보겠습니다.

관성계

관성법칙을 설명하면서 정지 상태와 등속 상태는 '관찰자의 위치가 어디인가?'에 따른 차이만 있을 뿐, 실제로는 둘 사이에 아무 차이가 없다고 했습니다. 배가 일정한 속도로 나아가는 경우, 배 안의 탁자는 배 안의 사람이 보기에는 정지 상태지만, 배 밖의 사람이 보기에는 배와 같은 등속 상태라는 예도 들었습니다. 여기서 "배"나 "배 밖의 사람"처럼 등속으로 움직이거나 정지한 계를 "관성계inertial frame"라고 합니다. "등속계"와 동의어로 쓰지만 정확히 말하면 "관성계≡관성법칙이 성립하는 계"를 뜻합니다.

다시 말해서 관성계는 외부로부터 아무런 영향을 받지 않고 현재 상태를 그대로 유지하는 계를 말합니다. 고요한 바다를 일정한 속도로 항해하는 배, 높은 하늘에서 일정한 속도로 날아가는 비행기, 곧게 뻗은 철로 위를 일정한 속도로 달리는 열차, 곧게 뻗은 고속도로를 일정한 속도로 달리는 자동차, 정지 상태로 있는 산, 들, 숲, 집 등을 들 수 있습니다. 여기서 배, 비행기, 열차, 자동차 등이 처음 출발할 때나 나중에 멈출 때의 과정은 등속운동이 아닙니다. 이때는 속도를 늘이거나 줄여야 하므로 "가속운동"인데, 물리에서는 "감속도 가속의 일종"으로 봅니다.

물리법칙

"물리법칙physical law"이란 운동법칙, 운동량보존법칙, 에너지보존법칙,

만유인력법칙, 엔트로피증가법칙 등 모든 물리법칙을 말합니다. 따라서 상대성원리는 "일정한 속도로 움직이는 곳에 있는 사람들은 어떤 실험을 하든 서로 같은 결과를 얻는다"는 당연한 이야기를 학문적으로 세련되게 표현한 것에 불과합니다. "물체를 떨어뜨리고 움직임을 관찰한다"는 단순한 실험을 예로 들어보겠습니다. 이 실험을 집에서 한다면 시간에 따라 떨어지는 거리 S는 "운동에너지"를 설명할 때 보았듯 $S = at^2/2$가 됩니다. 낙하실험이므로 a에 중력가속 g를 넣으면 $S = gt^2/2$가 되고 수학을 이용하면 아래처럼 풀 수 있습니다.

$$S = \int_0^t v dt = \int_0^t (gt) dt = \frac{1}{2} gt^2$$

만일 이 실험을 일정한 속도로 움직이는 배에서 한다면 어떻게 될까요? 직관적으로 예상하듯 배 안이라고 물체가 다른 방식으로 떨어질 이유는 없습니다. 따라서 결과는 똑같이 $S = gt^2/2$이 됩니다. 집과 배에서 해본 "낙하실험"에서 무엇을 알 수 있을까요? "힘(여기서는 중력)이 물체에 작용하면 가속이 일어난다"는 가속법칙을 확인한 셈입니다. 그 결과 집에서나 배에서나 똑같은 식 $S = gt^2/2$을 얻었다는 것은 바로 "물리법칙은 모든 관성계에서 동일하게 표현된다"라는 상대성원리를 확인한 것입니다. 이 결론은 다른 물리법칙에도 그대로 적용됩니다. 다시 말해서 정지한 집에서나 등속운동을 하는 배에서나 운동량보존법칙, 에너지보존법칙, 엔트로피증가법칙 등은 똑같이 성립하고 똑같은 수식으로 나타낼 수 있습니다. 이것이 바로 상대성이론의 제1가정인 "상대성원리"입니다.

절대공간의 부정

　상대성원리의 기본적인 내용은 이처럼 단순하지만, 조금 깊이 들어가면 뉴턴이라는 위대한 과학자의 마음을 혼란하게 했던 암시가 숨어 있습니다. 이 암시가 바로 "상대성원리"라는 이름이 붙은 이유이기도 합니다. "물리법칙은 모든 관성계에서 동일하게 표현된다"는 말은 "어떤 관성계나 서로 동등하며 절대적인 기준계는 없다"는 뜻이 됩니다. 간략하게 "절대공간은 없다" 또는 "모든 관성계는 서로 상대적이다"라고 할 수 있는데 마지막 표현으로부터 "상대성원리"라는 이름이 나왔습니다.

　"절대공간은 없다"는 말을 좀 더 정확히 이해하려면 일상적으로 사용하는 표현을 면밀히 검토해 볼 필요가 있습니다. 예를 들어 "제한속도가 시속 80킬로미터인 도로를 시속 100킬로미터가 넘게 달리다 속도위반으로 딱지를 뗐다"고 할 때 "100km/h"라는 속도는 무엇을 기준으로 하는 것일까요? 자동차에는 "속도계speedometer"가 달려 있어 이것으로 속도를 측정합니다. 그런데 사실 속도계는 자동차 바퀴의 회전수를 측정하여 속도로 환산하는 장치입니다. 자동차는 지면 위를 달리므로 바퀴가 회전하면 지면에 대해 운동을 하는 것입니다. 따라서 결국 자동차의 속도는 "지면에 대한 속도"이고, 또한 "지구에 대한 속도"입니다. 그런데 지구는 태양에서 1억 5천만km 떨어져 있으며 1년에 한 바퀴씩 공전합니다. 시간당 10만 7천km라는 빠른 속도로 "태양에 대해" 움직이는 것입니다. 이 속도는 지구 위에 가만히 서 있는 사람이나 자동차로 100km/h로 달리는 사람이나 모두 기본적으로 갖고 있습니다. 이에 비하면 미미한 속도에 불과한 100km/h를 속도위반이라고 한다는 것은 어이없는 일이 아닐 수 없습니다. 뒤질세라 태양은 "은하계의 중심에 대해" 시간당 약 100만km로 움직이면서 공전하는데, 이런 속도로도 한 바퀴 도는 데 2억 5천만 년이 걸린다고 합니다. 그런데 은하계도 "다른 성운에 대해" 움직이고, 그 다른 성운도 "또 다른 성운에 대해" 움직이고, …… 이러한 반복은 계속 이어집니다.

지금까지의 논의를 보면 속도를 말할 때 항상 "……에 대해"라는 식으로 "어떤 기준을 두고" 말했습니다. 그냥 "시속 100킬로미터로 달렸다"고 해도 "지면(지구)에 대해"라는 말이 생략되어 있을 뿐 아무런 기준도 없이 말한 것은 아닙니다. "……에 대해"라는 표현을 하지 않을 수는 없을까요? 속도를 말할 때마다 이런 기준을 염두에 두고 말한다는 것은 생략을 하더라도 귀찮은 일임에 분명합니다. 그 해결책은 어떤 "절대적 기준"을 찾는 것입니다. 그것을 기준으로 자동차, 배, 비행기, 지구, 태양, 은하계 등 모든 운동을 나타낸다면 굳이 "……에 대해"라는 표현에 신경 쓸 필요가 없습니다. 과연 그러한 절대적인 기준계가 존재할까요? "아니요"라고 답하는 것이 바로 "상대성원리"입니다. 우주의 어디를, 또는 무엇을 찾아도 절대적으로 정지해 있다고 기준으로 삼을 공간은 존재하지 않습니다.

뉴턴의 갈등과 믿음

뉴턴은 상대성원리 때문에 적잖은 심적 갈등을 겪었습니다. 그때만 해도 중세의 기독교적 세계관이 큰 영향을 미쳤기 때문이지요. 뉴턴이 위대한 과학자로서 다른 사람들보다 정신적 기반이 자유로웠다고 해도, 이런 시대적 상황에서 과학과 종교를 깨끗하게 구분하기는 어려웠을 것입니다. 그리하여 뉴턴은 "절대공간이 없다면 신은 과연 어디에 존재하는가?"라는 의문을 품었는데, 단순히 여기에 그치지 않고 그동안 품었던 종교적 믿음의 저변이 흔들리는 것을 괴로워했다고 합니다. 갈등을 해결하기 위해 자신의 이론을 억지로 절대공간의 틀 안에 맞춰 넣기도 했는데, 이후 신앙이 크게 변하지는 않은 것으로 보입니다.

한편 뉴턴은 "절대공간은 없다"는 사실을 분명히 인식했지만 "시간은 언제 어디서나 일정하게 흐른다"고 하여 "절대시간absolute time은 존재한다"고 생각했습니다. 당시 물리학으로는 "시간의 절대성"을 의심할 소지는 없었기 때문입니다. 그러나 시간의 절대성도 결국 부정되고 맙니다. 이는 뒤에 살펴볼 "광속일정원리"에 따른 것으로 아인슈타인이 독자적으로 수립한 가정입니다.

쉼터 — 과학과 믿음

> 가이사의 것은 가이사에게, 하나님의 것은 하나님께 — 마태복음 22장 22절

사람들은 과학과 종교가 대조적인 분야라고 생각합니다. 과학과 미신을 비교할 때 더욱 그렇습니다. 하지만 유명한 과학자 중에도 미신에 가까운 믿음을 가진 사람이 많다면 어떨까요? 그들도 결국 나와 다를 바 없는 연약한 인간이라는 점에서 약간의 위안을 얻을지도 모릅니다. 호킹(1942~)은 자신이 갈릴레오(1564~1642)가 죽은 후 정확히 300년 만에 태어난 데 대해 신비로운 운명적 연결고리를 느낀다고 했습니다. 뉴턴(1642~1727)은 갈릴레오, 아인슈타인(1879~1955)은 맥스웰(1831~1879), 미국의 수학자 만델브로트(Benoit Mandelbrot, 1924~)는 "코흐눈송이"라는 프랙탈fractal로 유명한 스웨덴의 수학자 코흐(Helge von Koch, 1870~1924)가 죽은 해에 태어난 것을 두고, 앞선 천재가 할 일을 마치고 떠나면서 다른 천재를 탄생시켜 뒤를 잇는다고도 합니다. 경제학에서도 마르크스(Karl Marx, 1818~1883)가 죽은 해에 근대 경제학의 2대 거봉인 케인스(John Maynard Keynes, 1883~1946)와 슘페터(Joseph Alois Schumpeter, 1883~1950)가 태어났지요. 스포츠 분야에도 흥미로운 예가 있습니다. 2004년 한 시즌에 262개의 안타를 때려 메이저리그 신기록을 세운 일본 출신의 천재 타자 이치로鈴木一朗는 1920년

257개를 쳐서 무려 84년 동안 전설적 기록의 타자로 추앙 받았던 시슬러(George Sisler, 1893~1975)가 죽은 해에 태어났습니다. 호킹은 1960년대 초에 불치의 루게릭병Lou Gehrig's disease에 걸렸는데, 당시 의사들은 여명을 겨우 2~3년으로 보았습니다. 그런데 기적처럼 이후 50년이 넘도록 살아 있습니다. 보기 드문 천재인 그의 후계자가 천상에서 아직도 정해지지 않은 까닭일까요?

미국의 한 과학잡지에 따르면 많은 과학자들이 일요일 예배에 참석합니다. 일주일에 닷새는 종교와 가장 멀다고 생각되는 생업에 종사하고, 하루를 쉰 다음 날은 종교의 세계에 들어서는 생활을 별다른 심적 갈등 없이 영위합니다. 이렇게 볼 때 통념과 달리 과학과 종교, 심지어 미신까지도 서로 어울리지 못할 이유는 없다고 생각됩니다. 점성술에서 천문학이, 연금술에서 화학이 유래했듯, 과학과 종교의 뿌리는 같다고 볼 수 있습니다. 인생과 우주의 궁극적인 근원을 찾고, 그 신비로움을 추구한다는 미래의 방향도 일치한다고 볼 수 있지 않을까요?

이쯤에서 한 가지 지혜로운 판단이 필요합니다. 아인슈타인은 유대교의 한 랍비가 "신을 믿습니까? 50단어 안으로 답해주세요"라고 보낸 전보에 독일어로는 25단어로 이렇게 답했습니다. "저는 사람의 일과 운명에 몸소 관여하는 신이 아니라 우주의 조화로운 법칙 속에서 드러나는 스피노자의 신을 믿습니다." 스피노자(Baruch Spinoza, 1632~1677)는 네덜란드의 철학자로 "인격적 신"이 아니라 "자연으로서의 신"을 주장했습니다. 아인슈타인의 대답은 마태복음 22장 22절에 나오는 "가이사의 것은 가이사에게, 하나님의 것은 하나님께"라는 구절을 연상시킵니다. 예수의 이 말씀은 "세상사와 신앙사를 잘 가려서 헤아리는 지혜를 가져라"는 당부입니다. 결국 아인슈타인은 세상사에 직접 관여하는 법칙과 그 배경에 자리잡은 존재를 나누어 보았다고 할 수 있습니다. 그는 이런 말도 남겼습니다. "우리가 침투할 수 없는 그 어떤 존재, 우리가 가진 가장 근본적인 모습의 이성으로만 접근할 수 있는 가장 눈부신 아름다움과 심오한 논리의 구현에 대한 앎과 느낌이야말로 진정한 종교적 마음이며, 이런 뜻에서 그리고 오직 이런 뜻에서만 나는 깊이 종교적인 사람이다."

뉴턴은 근대의 탁월한 과학적 지성이지만 중세 신앙에서 완전히 자유롭지 못했습니다. 아인슈타인은 현대의 탁월한 과학적 지성이지만 그 또한 어떤 심오한 믿음에 끌렸습니다. 수많은 과학자들도 기이한 미신과 믿음을 갖고 있습니다. 사실 과학적 진리도 그에 대한 믿음이 없다면 한낱 무의미한 문자나 기호들의 나열에 지나지 않습니다. 믿음이 없다면 모든 존재가 무의미합니다. 과학과 종교, 나아가 심지어 미신까지도 배타적일 필요는 없으며, 그렇다고 혼란스럽게 섞일 필요는 더욱 없고, 오직 현명하고 지혜로운 판단 속에서 서로 보완해야 한다고 봅니다. 그렇게 함으로써 우리는 우리를 내보낸 대우주의 참된 마음에 조금이라도 가까이 다가갈 수 있을 것입니다.

(3) 광속일정원리

상대성원리는 매우 단순하며 심지어 "참으로 소박하고 다소곳한 원리"라고 했습니다. 대조적으로 "진공광속은 모든 관성계에 대해 일정하다"는 광속일정원리는 "단순하되 당돌하고 도발적인 원리"입니다. "단순하다"고 한 것은 물론 빛의 속도가 "일정하다"고 단언하기 때문입니다. 관성계이기만 하면 누가 재든, 어디서 재든 한결같이 같은 값이 나온다고 하니 얼마나 간편하고 좋은가요? 반면 "당돌하고 도발적이다"라고 한 것은 일상적인 상식과 어긋나 선뜻 수긍하기가 어렵기 때문입니다.

광속일정원리가 상식과 어긋난다는 점은 앞에서 잠깐 언급했습니다. 좀 더 실감나게 이해하기 위해 다른 예를 들어봅니다. 아래 그림처럼 ㉮ 운동장에서 공을 40m/s로 던지던 사람이 ㉯30m/s로 달리는 트럭을 타고 가면서 앞쪽으로 같은 힘으로 공을 던진다고 합시다. ㉮에서 공은 지면에 대해 40m/s의 속도를 갖지만 ㉯의 경우 "지면에 대한" 공의 속도는 "트럭에 대한" 속도까지 더해져 70m/s가 됩니다.

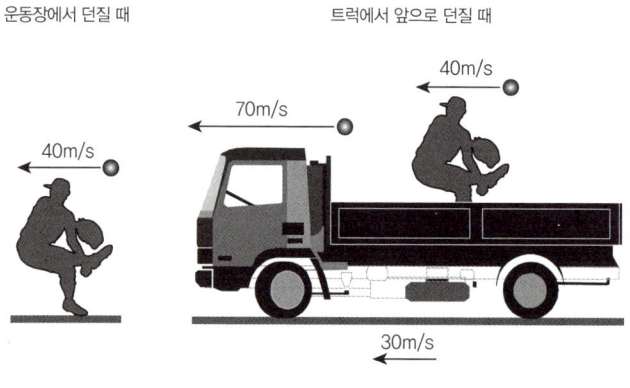

| 공 던지기

그러나 빛은 다릅니다. 트럭이 정지 상태에서 헤드라이트를 켜면 그 빛은 $c \equiv 299,792,458 \mathrm{m/s}$로 나아갑니다. 그런데 트럭을 30m/s로 몰면서 헤드라이트를 켜면 어떨까요? 공 던지기의 예를 적용하면 빛의 속도는 $(c+30)\mathrm{m/s}$일 것입니다. 하지만 광속일정원리는 이때도 빛의 속도는 여전히 c라고 말합니다. 도대체 공과 빛이 어떻게 다른 걸까요? 일일이 수정할 필요가 없다는 점은 분명 좋습니다. 그렇다고 그냥 받아들이자니 께름칙합니다.

위대한 실패: 마이컬슨몰리실험

일반인도 그런데 물리를 직업으로 하는 사람들은 오죽할까요? 미국의 과학자 앨버트 마이컬슨과 에드워드 몰리는 빛의 속도가 지구의 공전 속도에 의해 어떻게 달라지는지 알고자 1885년부터 약 2년간 "마이컬슨몰리실험"이라고 불리는 유명한 실험을 했습니다. 지구의 공전 속도는 29.76km/s 가량이므로 광속의 약 1/10,000에 불과합니다. 따라서 그 영향을 알아내려면 매우 정밀한 실험 장치가 필요합니다. 하지만 이때 마이컬슨이 고안한 실험 장치는 정밀도가 극히 높아 빛의 속도에 지구의 공전 속도만큼 차이가 난다면 분명히 알 수 있었습니다. 이 장치는 "마이컬슨 간섭계Michelson interferometer"라고 하는데, 여러 모로 개선되어 오늘날 많은 분야에서 쓰입니다. 먼저 이 실험을 단순화한 그림을 봅시다.

강의 넓이가 10m, 강물의 유속이 3m/s, 보트의 속도가 5m/s이면 같은 거리를 왕복할 때 ㉮와 ㉯의 경우 각각 5초와 6.25초가 걸립니다. 하지만 이론적으로 이와 똑같은 마이컬슨몰리실험에서 광속은 어떤 경우에나 같았습니다.

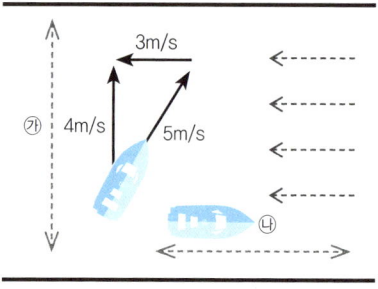

| 단순화한 마이컬슨몰리실험

　강의 넓이가 10m, 강물의 유속이 3m/s, 보트의 속도가 5m/s인데, 먼저 ㉮처럼 강을 가로질러 왕복하고, 이어서 ㉯처럼 상류와 하류로 같은 거리를 왕복한다고 합시다. ㉮의 경우 유속을 감안하면 보트의 방향을 약간 상류 쪽으로 틀어야 똑바로 나아갑니다. 피타고라스정리를 응용하면 보트의 실제 왕복 속도는 그림처럼 4m/s입니다. 왕복 거리는 20m이므로 시간은 5초 걸립니다. ㉯의 경우 상류 쪽으로 갈 때는 보트의 속도가 5−3=2m/s이므로 10m 올라가는 데 5초가 걸립니다. 반면 하류 쪽으로 갈 때는 보트의 속도가 5+3=8m/s이므로 10m 내려가는 데에 1.25초가 걸립니다. 따라서 왕복하는 데 6.25초가 걸립니다. 그런데 ㉮와 ㉯의 경로에서 시간 차이가 난다는 것보다 더 중요한 게 있습니다. 그것은 바로 ㉮와 ㉯에서 보트의 왕복 속도와 시간 차이를 측정하면 거꾸로 강물의 유속을 구할 수 있다는 사실입니다!

　이제 마이컬슨과 몰리의 실험을 살펴봅시다. 당시에는 뉴턴의 절대공간, 곧 절대적으로 정지한 관성계가 있다고 믿었습니다. 그리고 온 우주에는 에테르가 충만하고, 빛도 다른 파동처럼 매질을 통해 전파된다고 믿었습니다. 그런데 맥스웰방정식에 따르면 빛의 속도는 상수입니다. 따라서 "빛은 절대공간인 에테르를 매질로 삼아 일정한 속도로 전파되는 파동이다"라는 것이 당시의 자연스런 결론이었습니다.

지구는 태양을 중심으로 공전합니다. 따라서 지구에 사는 사람 입장에서 생각하면 지구의 주위로 언제나 "에테르의 강물"이 흐르는 셈입니다. 실제로는 지구가 자전하지만 지구에 사는 사람의 입장에서는 해가 뜨고 지는 것처럼 보이는 것과 마찬가지입니다. 그렇다면 위의 그림에서 강물은 에테르, 보트는 빛에 해당합니다. 그리고 지구에서 공전 방향과 수직으로 빛을 보내 반사시키면 ㉮, 공전 방향과 평행하게 빛을 보내 반사시키면 ㉯에 해당합니다. 이렇게 빛을 두 방향으로 같은 거리만큼 왕복시켜 시간차를 비교하면 지구가 절대공간인 에테르에 대해 얼마의 속도로 움직이는지 알 수 있습니다. "절대공간인 에테르의 존재를 밝혀낼 수 있다"는 뜻입니다! 마이컬슨은 정교한 장치를 개발하여 실험에 나섰습니다.

두 사람은 빛을 지구의 공전 방향과 같은 쪽 및 수직인 쪽으로 발사하고 거울로 반사시켜 같은 거리를 왕복하게 한 후 속도를 비교했습니다. 빛도 공 던지기의 공처럼 행동한다면 당연히 공전 방향으로 보낸 빛의 속도가 더 빠를 것입니다. 그러나 실제 실험에서는 두 방향의 광속에 아무 차이도 없었습니다.

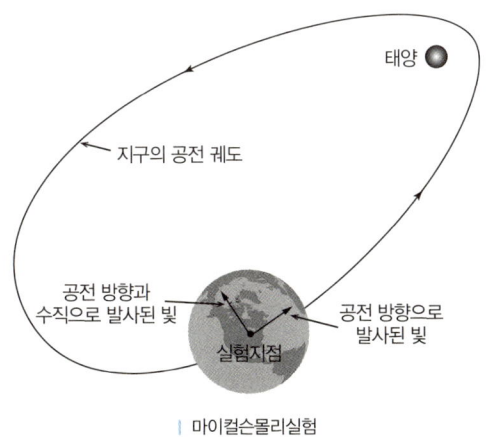

| 마이컬슨몰리실험

그들은 결과를 도무지 믿을 수 없었습니다. 그러나 방향도 바꿔보고, 장소도 옮겨보고, 심지어 계절도 달리하면서 실험을 반복했지만 마찬가지 결과가 나왔습니다. 실망한 마이컬슨은 실험을 실패로 단정하고, 1902년 말까지 원인을 찾는 데 골몰했습니다. 학자로서 납득이 가지 않는 결과를 그냥 받아들일 수 없었던 것이지요. 하지만 이 실험의 중요성이 널리 인식된 데 힘입어 1907년 노벨 물리학상을 받았습니다.

광속일정원리의 등장

마이컬슨은 자신의 실험을 불신했지만 오히려 다른 물리학자들은 그 결과를 그대로 수용하면서 합리적인 설명을 시도했습니다. 아무리 살펴봐도 흠잡을 데 없는 실험 결과를 부정할 수 없었기 때문입니다. 핏제럴드(George FitzGerald, 1851~1901)와 로렌츠(Hendrik Lorentz, 1853~1928)는 실험 결과를 토대로 "물체는 운동하는 방향으로 수축된다"는 부자연스러운 이론을 제시하며 이를 "로렌츠핏제럴드수축Lorentz-FitzGerald contraction"이라고 했지만, 이것은 에테르의 개념을 유지하려고 억지로 짜 맞춘 것에 불과했습니다.

아인슈타인은 에테르의 필요성을 과감히 부정하고 진공광속이 일정하다는 결론을 받아들여, "광속일정원리"를 특수상대성이론의 제2가정으로 채용했습니다. 놀랍게도 억지로 짜 맞추어 얻었던 로렌츠핏제럴드수축이 에테르의 개념을 전혀 사용하지 않고도 자연스럽게 유도되었습니다. 이런 성공에 힘입어 특수상대성이론은 많은 호응을 얻었습니다. 하지만 광속일정원리는 당시 상식으로 받아들이기 어려울 정도로 도발적이라 초기에는 반대자도 많았습니다. 특히 직접적 계기가 된 실험의 주역인 마이컬슨은 아이러니컬하게도 특수상대성이론을 그다지 달가워하지 않았다고 합니다.

절대시간의 부정

특수상대성이론의 "㉮제1가정인 상대성원리는 절대공간의 존재를 부정"한다고 했는데 "㉯제2가정인 광속일정원리는 절대시간의 존재를 부정"합니다. 이미 보았듯 ㉮에 대한 설명은 매우 단순합니다. ㉯에 대한 설명도 단순한데, 대표적인 예가 특수상대성이론의 4대 귀결 가운데 "동시상대성"과 "시간지연"입니다. 이처럼 평이한 가운데 심오한 의미를 내포하는 점이 특수상대성이론의 진정한 매력입니다. 어려움은 특수상대성이론 자체나 거기 필요한 수학이 아니라 그동안 잘못 형성되어온 선입관에 있습니다.

㉮와 ㉯의 취지를 살리자면 제1가정과 제2가정을 각각 "공간상대성원리*"와 "시간상대성원리*"라고 부르는 것도 좋을 것입니다. 이렇게 하면 "특수상대성이론은 상대성원리에 근거한 이론이고, 상대성원리에는 공간상대성원리와 시간상대성원리 두 가지가 있다"라고 깔끔하게 정리됩니다. 그러나 참고적으로만 알아두기 바라며, 이 책에서는 종래의 용어를 그대로 사용하겠습니다.

(4) 안개 속의 데이트 : 시공 관념의 재정립

특수상대성이론의 제1가정인 상대성원리는 공간, 제2가정인 광속일정원리는 시간의 관념을 재정립할 것을 요구합니다. 상대성원리를 이해하기는 아주 쉽습니다. 그러나 사실 광속일정원리를 이해하는 데는 상당한 난관이 있습니다. 이 난관을 파악하는 것이 특수상대성이론을 이해하는 데 핵심적일 뿐 아니라 다음 절을 이해하기 위해서도 필요하므로 조금 더 구체적으로 알아보겠습니다.

호수에서 "물결"과 "빛결*"이 발생하는 경우를 상상합시다. 둘 다 파동이지만 빛결의 경우 광속일정원리 때문에 물결과 다른 특별한 현상이 나타납니다. 안개가 자욱히 깔린 어느 날 캠퍼스 커플인 돌이와 순이는 호수에서 데이트를 하기로 했습니다. 막상 호수에서 만나 짙게 낀 안개를 보니 갑자기 장난기가 발동하여 각자 다른 보트를 타고 서로를 찾는 놀이를 하기로 했습니다. 안개 속을 헤매다 만나는 순간 돌이는 물에 돌을 던져 물결을 만들고, 순이는 불꽃놀이에 쓰는 불꽃을 터뜨려 빛결을 만들자고 약속했습니다. 빛결이 퍼져나가는 모습은 안개에 비쳐 선명하게 드러나며, 돌이와 순이는 이를 충분히 관찰할 수 있다고 가정하겠습니다. 물론 물결이 호수 위에 퍼져나가는 모습도 잘 보인다고 가정합니다.

두 사람은 상당한 시간이 흘러 마주쳤습니다. 그 순간 돌이는 물에 돌을 던졌고 동시에 순이는 불꽃을 터뜨렸습니다. 과연 1초 후에 두 사람이 보는 물결과 빛결의 모습은 어떻게 다를까요? 그림에서 보듯 물결의 경우는 큰 문제가 없습니다. 물결은 돌이가 던진 돌에 의하여 만들어졌으며 따라서 분명히 하나입니다. 이 물결을 속도가 다른 두 사람이 보면 물결의 속도가 각기 다르게 보일 것은 당연합니다.

비교하기 쉽도록 돌이의 속도를 순이의 2배로 그렸습니다. 물결의 속도는 두 사람에게 서로 다르게 관찰됨을 쉽게 알 수 있습니다.

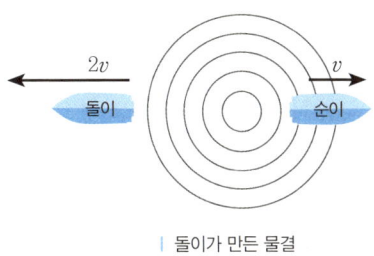

| 돌이가 만든 물결

순이가 만든 빛결은 어떨까요? 물결과 달리 빛결, 곧 빛에 대해서는 "광속일정원리"라는 특별한 원리가 적용됩니다. 따라서 누가 만들었든 빛결의 속도는 모든 등속 관찰자에게 똑같이 보입니다. 이 원리대로 그림을 그리면 돌이와 순이가 관측하는 빛결의 모습은 아래 그림처럼 "서로 다른 빛결"이라는 이상한 결과가 나옵니다.

본래의 빛결은 하나이지만 광속일정원리에 따라 각자 서로 다른 빛결을 보는 것처럼 나타납니다.

| 하나의 빛결에 대한 두 사람의 관찰

왜 이런 결과가 나올까요? 빛결을 만든 사람은 분명히 순이라는 한 사

람인데 어째서 두 관찰자는 각자 다른 빛결을 보게 될까요? 본래 하나인 빛결이 둘로 나뉘어 두 관찰자에게 각각 주어진다는 일은 있을 수 없습니다. 그럴 수 있다면, 관찰자가 셋이면 셋으로, 천 명이면 천 개로 나뉘어야 하는데, 누가 봐도 어이없는 이야기입니다. 빛결도 물결처럼 하나만 퍼져나갑니다. 하지만 "광속일정원리"를 지키려면 그림처럼 각자에게 빛결을 부여하는 수밖에 없습니다. 이 모순을 어떻게 해소할까요? 유일한 방법은 "돌이와 순이의 시간과 공간이 변형된다"고 보는 것입니다. "빛결은 분명 하나이고 나뉠 수 없는 이상, 속도가 다른 두 사람이 똑같은 모습의 빛결을 관찰하려면 두 사람의 시공이 변형되는 수밖에 없다"는 뜻입니다. 이것이 바로 "광속일정원리"의 놀라운 귀결입니다.

시간과 공간이 기이하게 뒤틀리며 변화하는 모습을 하나의 그림이나 동영상으로 나타낼 수 있으면 얼마나 좋을까요? 애석하게도 그렇게 쉽게 나타낼 수는 없습니다. 따라서 직관적으로 이해하는 데 약간 어려움이 있습니다. 다행인 것은 변화의 양상을 수식으로 쉽게 이끌어낼 수 있으며, 시간과 공간의 변화를 개별적으로나마 간단한 그래프로 그릴 수 있다는 점입니다. 관찰하는 계의 속도가 빨라지면 "시간은 지연"되고 "공간은 수축"하는 현상은 이론적으로 도출되었을 뿐 아니라 실험으로도 확인되었습니다. 이 밖에도 특수상대성이론에는 많은 귀결이 있지만, 이 책에서는 이 두 가지를 포함한 "특수상대성이론의 4대 귀결"을 중점적으로 살펴보겠습니다.

쉼터 — 아인슈타인의 유감

아인슈타인은 자신의 이론이 "상대성이론"으로 불리는 것을 큰 유감으로 여겼습니다. "모든 게 상대적이므로 절대적인 것은 없다"는 잘못된 선입관을 줄 수 있다고 생각했기 때문입니다. 그것은 기우가 아니었습니다. 실제로 그렇게 생각하는 경우가 많았습니다. 『또 다른 교양』의 저자 피셔(Ernst Fischer, 1947~)는 독일의 어떤 문학 교수가 "아인슈타인의 상대성이론의 가장 중요한 핵심을 한 문장으로 표현할 수 있다"고 주장하면서 "모든 것은 어떤 식으로든 상대적이라는 뜻"이라고 쓴 것을 지적했습니다. 이런 생각을 가진 사람이 의외로 많습니다.

이런 생각은 어이없는 오류입니다. 특수상대성이론의 두 가지 가정 자체가 이미 결코 상대적일 수 없는 "진정한 절대성"을 보여주기 때문입니다. 먼저 "상대성원리"를 살펴봅시다. "상대성"이란 말이 들어갔지만 내용은 전혀 다릅니다. "물리법칙은 모든 관성계에서 동일하게 표현된다"는 말은 어떤 관성계로 옮겨가든 물리법칙은 언제나 동일하게 표현된다는 "불변성invariance"을 강조합니다. "진공광속은 모든 관성계에 대해 일정하다"는 "광속일정원리" 또한 명쾌하게 진공광속의 절대성을 명시하고 있습니다.

그렇다면 왜 아인슈타인의 유감에도 불구하고 "상대성이론"이라고 불리게 되었을까요? 아인슈타인이 이론을 내놓기 전에 과학계에서 "관찰자의 상대적 위치"에 따른 효과들이 논의되고 있었는데, 이를 "상대성relativity"이라고 불렀기 때문입니다. 아인슈타인은 자신의 이론이 "상대성이론theory of relativity"이 아니라 "불변성이론theory of invariance"으로 불리기를 바랐습니다. 하지만 고치기에는 너무 늦었고, 결국 그대로 굳어지고 말았습니다.

3. 특수상대성이론의 4대 귀결

특수상대성이론의 4대 귀결은 동시상대성relativity of simultaneity, 시간지연 time dilation, 길이수축length contraction, 질량증가mass increase입니다. 모두 한 관성계의 관찰자가 다른 속도로 움직이는 다른 관성계를 볼 때 일어나는 현상입니다. 특수상대성이론의 2대 가정이 시간과 공간에 대한 근본적인 변혁을 요구한다는 점에서 볼 때, 동시상대성은 가장 기본적인 "동시"라는 관념에 대한 혁신이며, 시간지연과 길이수축은 이에 대응하는 시공의 조정 현상이라고 볼 수 있습니다. 한편 질량증가는 시간이나 공간이란 관념과 직결되지는 않지만 우리의 목표인 $E = mc^2$을 향한 중간 정류장으로서 의의가 있습니다.

이 귀결들에서 우리의 상식을 뒤흔드는 원인은 제2가정에 내재합니다. 그래서 광속일정원리를 처음 소개할 때 "단순하되 당돌하고 도발적인 원리"라고 말했습니다. 이 점에 유의하며 구체적인 과정을 이해하기 바랍니다.

(1) 동시상대성

4대 귀결 가운데 가장 쉽게 이해할 수 있는 동시상대성relativity of simultaneity은 "도발적"이라고까지 말한 광속일정원리의 독특한 면모를 보여주는 좋은 예입니다. 뉴턴이 상정한 절대시간의 관념은 사실상 이로 인해 무너졌는데, 이는 둘째 귀결인 시간지연에 의해 더욱 분명히 확인됩니다.

"동시"의 상대성

열차에 탄 "돌이"와 길에서 돌이를 보는 "순이"를 상상합시다. 돌이는 객차의 중앙에 있고, 객차의 앞뒤 문에는 반짝이는 손잡이가 있어 빛을 반사합니다. 돌이가 순이와 스치는 순간에 돌이가 라이터를 켰고, 불빛이 객차 앞뒤 문의 손잡이에 반사되어 오는 것을 돌이와 순이가 같이 관찰합니다.

> **좌: 돌이가 보는 상황**: 빛이 앞뒤로 같은 속도로 진행하고, 반사되어 오는 시간도 같습니다. 따라서 두 반사는 동시에 일어난 사건이라고 말합니다.
>
> **우: 순이가 보는 상황**: 순이가 볼 때도 빛은 앞뒤로 같은 속도로 진행하지만 뒷문에서 먼저 반사되므로 두 반사가 동시에 일어난 사건이 아니라고 말합니다.

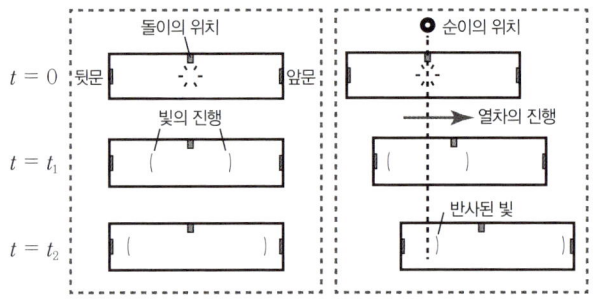

| 열차의 돌이와 길가의 순이

돌이는 객차의 중앙에 있으므로 앞뒤 문까지의 거리가 같습니다. 광속일정원리에 따르면 광속은 어느 방향으로 측정해도 일정하므로 돌이의 라이터 불빛은 앞뒤 손잡이에 동시에 도달하고, 반사한 뒤에도 동시에 돌이에게 도달합니다. 그러나 순이가 보는 상황은 다릅니다. 순이가 볼 때도 광속일정원리에 따라 빛은 객차의 앞뒤를 향해 같은 속도로 나아갑니다. 하지만 객차 앞문의 손잡이는 빛이 거기로 가는 동안에 어느 정도 멀어지므로 빛이 도달하는 데에 걸리는 시간이 늘어나서 좀 늦게 반사합니다. 반면 뒷문의 손잡이는 오는 빛을 향해 다가가므로 더 빨리 반사하게 됩니다.

이 간단한 예가 의미하는 것은 무엇일까요? 돌이와 순이가 관찰하는 것은 "손잡이에서의 빛의 반사"라는 동일한 현상입니다. 그런데 "열차라는 관성계"에서는 두 손잡이에서의 반사를 "동시 사건"으로 관찰하는 반면, "길가라는 관성계"에서는 같은 현상을 "이시異時 사건"으로 관찰합니다. 곧 "동시는 관성계에 따라 달라지는 상대성"이란 뜻인데, 이는 광속일정원리를 취하는 한 피할 수 없는 귀결입니다.

허물어진 동시절대성

광속이 일정하지 않고 공 던지기처럼 변한다면 어찌될지 생각해봅시다. 돌이의 경우는 어차피 열차 안에서의 일이므로 두 손잡이에서 동시에 반사하고 동시에 되돌아옵니다. 이때 객차 중앙에서 앞문 손잡이까지의 길이를 m이라고 하면 반사할 때까지의 시간은 $t_1 = m/c$입니다.

반면 순이의 경우 열차의 속도를 v라고 하면 앞문 손잡이로 가는 빛의 속도는 $c+v$이고 뒷문 손잡이로 가는 빛의 속도는 $c-v$입니다. 그런데 t_1초가 지나면 열차는 vt_1만큼 나아가므로 앞문 손잡이까지 가는 빛은 $m + vt_1$의 거리를 가야 합니다. 따라서 순이가 볼 때 앞문에서 반사할 때까지 $(m + vt_1)/(c + v)$의 시간(t_2)이 걸립니다. 여기에 $t_1 = m/c$을 대입하고 t_2를 구하면 다음과 같습니다.

$$t_2 = \frac{m + vt_1}{c + v} = \frac{m + v\frac{m}{c}}{c + v} = \frac{\frac{m(c+v)}{c}}{c + v} = \frac{m}{c}$$

순이가 보는 반사 시간은 돌이가 보는 반사 시간과 똑 같습니다. 빛의 속도가 고전역학에서처럼 달라진다면 두 사람은 동시에 반사를 관측합니다. 뒷문의 반사는 위 식의 '+' 부호를 '−' 부호로 바꾸면 되며, 답은 마찬가지로 m/c이므로 역시 동시에 관측됩니다. 고전역학에서 예상하는 것처럼 광속이 관성계의 속도에 따라 달라진다면 동시는 모든 관성계에서 일치합니다. 하지만 광속이 모든 관성계에서 같다면 동시는 관성계마다 달라집니다. 요컨대 광속일정원리는 "동시절대성"을 "동시상대성"으로 바꾸었습니다.

더 큰 규모로 보면

광속이 관성계에 따라 변한다면 동시의 절대성이 성립하므로 고전역학에서 절대시간이 존재한다고 본 것도 무리는 아니었습니다. 그래서 어떤 두 사건이 한 사람에게 동시에 일어났다면 다른 모든 사람에게도 동시에 일어난 사건이라고 여겼습니다. "문손잡이 반사 사건"을 "2개의 폭탄 테러 사건"으로 바꾸어봅시다. 고전역학에 따르면 사건을 목격한 모든 사람은 예를 들어 "두 사건이 모두 오전 10시 정각에 발생했다"고 증언할 것입니다. 경찰의 수사도, 재판도 이를 토대로 진행됩니다. 물론 이 때는 특수상대성이론을 적용해도 오차가 너무 작으므로 그냥 고전역학에 따라 처리해도 아무 문제가 없습니다.

이번에는 규모를 키워서 2012년 12월 12일 밤 12시 정각에 지구에서 반대 방향으로 아득히 멀리 떨어진 두 곳에서 동시에 초신성의 폭발이 관측된 경우를 생각해봅시다. 이때 지구를 매우 빠른 속도로 스쳐 가는 우주선에서는 두 개의 폭발이 동시에 관측되지 않습니다. 우주선에서는 앞쪽에서 폭발한 초신성의 빛이 먼저 보이고 뒤쪽에서 폭발한 초신성의 빛은 나중에 보입니다. 지구에서는 "12시 정각 동시 폭발"로 기록할 사건을 우주선에서는 "하나는 11시 55분, 다른 하나는 12시 5분에 폭발"이란 식으로 다르게 기록합니다. 특수상대성이론이 없다면 나중에 두 일지를 비교할 경우 누가 옳은지 알 수 없습니다.

이 예는 문손잡이나 폭탄 테러 사건과 본질적으로 같지만 규모를 천문학적으로 확대한 것에 불과합니다. 하지만 이런 확대에 의해 우주 공간에서 서로 다른 속도로 움직이는 수많은 관성계에서 "시간의 동시성"이 성립하지 않는다는 사실을 알 수 있습니다. 다시 말해서 광속일정원리에 따르면 절대시간의 존재가 부정됩니다. 뉴턴은 절대공간의 존재를 의심하면서 심적 갈등을 겪었다고 했습니다. 빛의 속도는 1675년에 측정되었으므로 뉴턴도 광속이 유한하다는 사실은 알았습니다. 하지만 관성계에 따라 달라진다는 사실을 밝힐 정도로 정밀한 측정은 200년이 훨씬 지나서야 가능했으므로 절대시간의 존재는 마음 편히 믿었을 것 같습니다. 이마저 알았다면 최후의 믿음마저 동요되어 더욱 깊은 갈등에 빠졌을지도 모릅니다.

(2) 시간지연

시간지연$_{\text{time dilation}}$도 이해하기 어렵지 않습니다. 수학도 피타고라스 정리만 알면 됩니다. 한 가지 마음에 걸리는 것은 "시간팽창"이라고 번역한 자료가 많다는 점입니다. 물론 "dilation"을 직역하면 "확장·팽창"입니다. 하지만 시간의 속성과 우리말의 어감을 고려한다면 적절하지 않습니다. 공간은 3차원이지만 시간은 과거에서 미래로만 흐르므로 1차원입니다. 그런데 확장이나 팽창이란 말은 2차원이나 3차원에는 어울리지만 1차원에는 어울리지 않습니다. 1차원의 경우 "늘인다"는 뜻의 "연장"이 더 적절하지만 "시간연장"이라고 하면 "시간이 늘어난다"기보다 "시간을 잡아늘인다"는 어감이 강합니다. 따라서 "지연"으로 표현하는 게 적절합니다. "시간팽창"은 시간이 좌우상하로 늘어나 "뚱뚱해지는" 모습을 연상시키지만, "시간지연"은 1차원적으로 길게 늘어나는 모습을 연상시키므로 시간의 본질에 더 잘 부합합니다. "시간지연"은 움직이는 시계가 관찰자의 시계보다 "느리게" 간다는 점을 직접적으로 드러낸다는 점에서도 좋습니다.

빛시계

두 관성계의 시계를 서로 비교하기 위해 돌이와 순이를 다시 출연시키겠습니다. 두 사람은 각자 시계를 갖고 있는데, 서로의 시계가 얼마나 빠르거나 느린지 비교하면 됩니다. 여기서 시계는 아주 간단한 것을 씁니다. 그림에서 보듯 두 거울이 마주 보는 사이에 빛이 갇혀서 양쪽 거울을 계속 왕복합니다. 이게 무슨 시계냐고요? 시계의 핵심은 "일정한 반복"입니다.

두 거울 사이에 갇힌 빛은 일정한 시간 간격으로 양쪽을 계속 왕복하므로 시계의 역할을 할 수 있습니다. 빛이 거울에 반사할 때마다 거울에 연결된 검출기로 기록하면 기록된 반사 횟수를 보고 시간을 잴 수 있습니다.

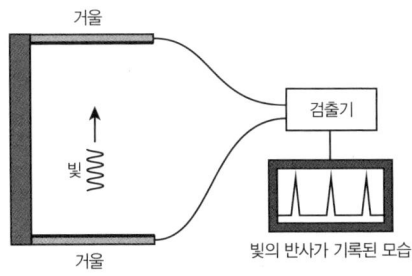

| 두 개의 거울로 만든 빛시계

똑같은 두 개의 시계를 하나는 돌이가 갖고 열차에 올라 지나가며, 다른 하나는 순이가 갖고 길가에서 비교합니다. 먼저 순이가 자신의 시계로 시간을 잽니다. 거울 사이의 간격을 L_0라고 하면 광속은 c이므로 한 거울에서 다른 거울까지 가는 시간은 $t_0 = L_0/c$입니다.

이제 순이가 돌이의 시계로 시간을 잽니다. 열차가 v의 속도로 움직이므로 빛이 왕복하는 모습은 그림처럼 지그재그로 보입니다. 따라서 빛이 갈 거리는 L_0에서 L로 늘어납니다. 빛이 한 거울에서 다른 거울까지 가는 시간을 t라고 하면 빛이 이동하는 거리는 ct가 됩니다. 빛이 갈 거리는 늘어났지만, 광속은 광속일정원리에 따라 변함이 없습니다. 따라서 한 거울에서 다른 거울까지 가는 데 걸리는 시간이 늘어납니다. 곧 $t > t_0$인데, 이는 똑같은 시계인데도 "순이가 보는 자기 시계의 일정한 시간 간격 t_0"보다 "순이가 보는 돌이 시계의 일정한 시간 간격 t"가 더 길어진다는 뜻입니다. 다시 말해서 "정지한 관성계의 시간 t_0"보다 "운동하는 관성계의 시간 t"가 더 길어진다는 뜻으로 광속일정원리 때문에 초래되는, 상식을 뒤엎는 시간지연 현상입니다.

순이가 볼 때 돌이가 가진 시계의 거울 사이를 왕복하는 빛의 경로는 지그재그로 보입니다.

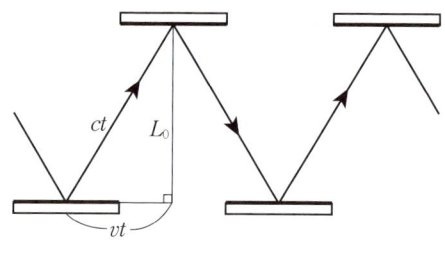

순이가 본 돌이의 시계

고전역학에 따라 빛도 공 던지기의 경우처럼 속도가 변한다고 생각해 봅시다. 그러면 순이가 돌이의 시계를 볼 때 돌이 시계에 있는 빛의 속도는 열차의 속도 때문에 더 빨라집니다. 따라서 빛이 갈 거리가 늘어나도 광속도 늘어나므로 두 시계의 시간 간격은 같아집니다. 곧 고전역학에서는 정지한 시계든 운동하는 시계든 시간은 일정하게 흐르며, 따라서 "절대시간"의 관념이 유효합니다.

시간지연의 식

시간지연의 정확한 관계식을 간단한 계산으로 구해보겠습니다. 위의 그림과 같은 직각삼각형을 그리고 피타고라스정리를 적용하면 다음 식이 나옵니다.

$$(ct)^2 = L_0^2 + (vt)^2$$

이를 t에 대해 풀면

$$t^2(c^2 - v^2) = L_0^2$$

$$t^2 = \frac{L_0^2}{c^2 - v^2} = \frac{L_0^2}{c^2\left(1 - \frac{v^2}{c^2}\right)} = \frac{L_0^2/c^2}{\left(1 - \frac{v^2}{c^2}\right)}$$

$$t = \pm \frac{L_0/c}{\sqrt{1 - \frac{v^2}{c^2}}}$$

시간이 거꾸로 흐르는 현상은 관찰된 적이 없으므로 "음의 근"은 버립니다. 한편 마지막 식의 분자인 L_0/c는 길가의 순이가 자신의 시계로 잰 시간 t_0입니다. 따라서 시간지연의 관계식은 다음과 같습니다.

$$\text{시간지연}: \quad t = \frac{t_0}{\sqrt{1 - v^2/c^2}}$$

상동관계

이야기를 바꾸어 "돌이가 순이의 시계를 보면서 비교하는 경우"를 생각해봅시다. 이때는 돌이가 자신을 중심으로 생각하므로 열차가 정지해 있고 순이가 뒤로 자꾸 멀어지는 것으로 보입니다. 다시 말해서 이때는 돌이가 "정지관성계"이고 순이가 "운동관성계"입니다. 이렇게 생각해도 달라질 것은 없습니다. 곧 이때 돌이가 순이의 시계를 보면 순이 시계의 빛이 지그재그로 가는 것으로 보입니다. 따라서 돌이 시계의 시간보다 순이 시계의 시간이 느리게 갑니다. 요컨대 시간지연은 "상동관계"여서, 속도가 다른 두 관성계의 시간은 항상 상대방이 더 느려집니다.

고유량과 상대량

위의 시간지연 식을 다시 봅시다. 그러면 좌변의 t는 "정지계가 운동계를 관측한 양"이며 우변의 t_0는 "정지계가 정지계를 관측한 양"입니다. 이것을 각각 "상대량*"과 "고유량*"으로 부르면 시간지연 식은 "상대량을 고유량으로 나타낸 식" 또는 "상대량의 고유량에 대한 관계"라고 풀이할 수 있습니다. 한편 $1/\sqrt{1-v^2/c^2}$은 "로렌츠인자 Lorentz factor"라고 하며 "γ(감마 gamma)"로 나타냅니다. 따라서 시간지연 식은 "상대시간* = 로렌츠인자 × 고유시간 proper time"이 되고 "$t = \gamma t_0$"와 같이 간단히 표현됩니다.

시간지연 : $t = \gamma t_0$, $(\gamma \equiv 1/\sqrt{1-v^2/c^2})$

정식으로는 고유량을 "대상과 함께 움직이는 관찰자가 측정한 양"이라고 정의합니다. 그런데 대상과 함께 움직인다면 대상은 정지해 보일 것이므로 "정지한 대상을 측정한 양"이나 마찬가지입니다. 아무튼 이상의 논의에서 중요한 것은 시간지연은 물론 앞으로 볼 길이수축과 질량증가 현상도 모두 "상대량 = 어떤 인자 × 고유량"으로 파악하는 게 좋다는 것입니다. 이를 잘 새겨두기 바랍니다.

주의 사항: 시간단축? 시간지연!

시간지연 식의 해석에서 주의할 게 한 가지 있습니다. 예를 들어 열차의 속도가 광속의 $\sqrt{3}/2 \fallingdotseq 0.866$ 정도라면 $1/\sqrt{1-v^2/c^2} = 1/\sqrt{1-3/4} = 1/\sqrt{1/4} = 1/(1/2) = 2$이므로 $t = 2t_0$가 나옵니다. 그런데 이 식에 따라 열차 밖의 순이 시계로 2초만큼 흘렀을 때 열차 안의 돌이 시계는 몇 초만큼 지났는지 알아보기 위해 $t_0 = 2$를 대입하면 $t = 4$가 나오므로 "①순이 시계가 2초를 지날 때 돌이 시계는 4초를 지난다"라고 생각하면 안 됩니다. "아니, 주어진 수치를 주어진 식에 대입해서 나온 값이 왜 답이 아니란 말인가?"라고 할 수 있습니다. 하지만 이 식의 참 뜻은 "열차 안의 돌이 시간 t가 열차 밖의 순이 시간 t_0의 2배"라는 것이므로 오히려 "②순이 시계가 4초를 지날 때 돌이 시계는 2초를 지난다"고 해야 합니다.

다시 말해서 시간지연의 식은 ①처럼 "열차 밖에서 볼 때 바깥 시계의 초침이 t_0를 가리키면 안쪽 시계의 초침은 t를 가리킨다"는 게 아니라 ②처럼 "열차 안쪽 시간 1초는 바깥 시간 γ초에 해당한다"와 같이 이해해야 합니다. 만일 ①과 같이 풀이하면 오히려 열차 안쪽의 시간이 빠르게 간다는 뜻이므로 "시간지연"이 아니라 "시간단축"이 됩니다.

시간지연은 모든 과정에서

시간지연 관계식은 "빛시계"를 이용해서 도출했습니다. 혹시 이 현상은 피타고라스정리가 쉽게 적용될 수 있는 경우에만 성립하는 게 아닐까요? 그렇지 않습니다. 빛시계는 편의상 택한 단순한 예일 뿐 실제로 시간지연 현상은 빛시계 같은 광학 현상뿐 아니라 물리·화학·생물학적인 모든 과정에서 일어납니다.

시간지연 현상이 광학 현상에서만 일어난다고 해봅시다. 빛은 전기와 자기가 결합된 현상입니다. 따라서 그 효과는 전자나 양성자와 같은 전하에 작용합니다. 전자와 양성자는 모든 물질을 이루는 기본 입자입니다. 물리·화학·생물학적 현상은 모두 이런 입자들의 운동을 통해 일어납니다. 따라서 광학 현상에서 일어나는 효과가 그 분야에만 국한될 수는 없습니다. 자연계의 모든 현상은 긴밀히 얽혀 있어 한 곳에서 근본적인 변화가 일어나면 널리 파급되기 마련입니다. 앞으로 살펴볼 길이수축과 질량증가도 마찬가지입니다.

(3) 길이수축

뮤온의 신비

길이수축length contraction은 시간지연 식을 응용하면 쉽게 얻어집니다. 이와 관계되는 흥미로운 관측 결과로서, 특수상대성이론을 다루는 거의 모든 책에 나오는 유명한 예를 살펴보겠습니다. 빛(전자기파)의 종류를 알아볼 때 "우주선cosmic ray"이라는 고에너지 입자들이 우주에서 지구로 날아든다고 했습니다. 그 근원은 초신성, 퀘이사, 블랙홀 등이며, 원래의 우주선은 1차우주선, 이것이 대기와 충돌하여 생성된 여러 가지 입자와 방사선을 2차우주선이라고 했습니다. 2차우주선 중에 뮤온muon이라는 입자가 있습니다. 상태가 불안정해서 곧 붕괴하여 전자나 양전자 등으로 변하는데 생성된 후 붕괴할 때까지 시간(수명)은 100만분의 2초 정도입니다. 뮤온은 몇 킬로미터 이상의 대기권 상층부에서 생성되고, 속도는 광속의 99.8%에 이릅니다. 따라서 100만분의 2초의 수명 동안 약 600m를 날아갑니다.

$$0.998 \times 299792458 \text{m/s} \times 2 \times 10^{-6}\text{s} \fallingdotseq 598.4\text{m} \fallingdotseq 600\text{m}$$

그런데 신기한 것은 뮤온이 지면 부근에서도 매우 많이 검출된다는 사실입니다. 위 계산대로라면 지면에 닿기 훨씬 전의 높은 상공에서 붕괴해야 하는데 말입니다. 뮤온이 짧은 수명에도 불구하고 지면까지 도달할 수 있는 것은 바로 특수상대성이론의 한 귀결인 길이수축 덕분입니다.

"수명"의 의미

이 문제에서 우선 주목할 점은 "뮤온의 수명이 100만분의 2초"라는 말을 명확히 이해하는 것입니다. 애완견의 수명이 10년이라 할 때, 이 10년은 집에서 애완견과 "함께 살면서" 측정한 시간입니다. 하지만 애완견을 광속의 0.866으로 달리는 열차 안에 두고 키우면서 주인은 밖에서 관찰한다면 시간지연의 계산에 따라 애완견의 수명은 20년으로 늘어납니다. 다시 말해서 통상 "수명"이라고 부르는 시간은 그 대상과 함께 있는 관성계에서 측정한 고유량으로서 고유시간을 가리키는 것이지, 움직이는 대상을 정지한 관성계에서 보며 측정한 상대량으로서 상대시간을 가리키는 게 아니라는 뜻입니다.

그러므로 뮤온의 수명이 100만분의 2초라는 것은 뮤온과 함께 움직이면서 측정하는 고유시간을 뜻하며, 지상에서 관측기로 상대시간을 측정할 경우에는 시간지연 효과에 의해 뮤온의 수명이 늘어납니다. 얼마나 늘어날까요? 시간지연 식에 주어진 수치를 넣고 계산하면 다음과 같습니다.

$$t = \frac{t_0}{\sqrt{1-v^2/c^2}} = \frac{2 \times 10^{-6}}{\sqrt{1-(0.998c)^2/c^2}} = 3.16 \times 10^{-5} 초$$

그리고 이렇게 늘어난 시간 동안 뮤온이 진행한 거리는 다음과 같습니다.

$$0.998 \times 299792458 \text{m/s} \times 3.16 \times 10^{-5} \text{s} ≒ 9500\text{m}$$

따라서 지상의 관찰자는 뮤온이 본래 수명으로 갈 수 있는 600m보다 약 16배나 긴 거리를 진행한 것으로 관측합니다.

"길이"의 의미

이제 뮤온의 입장에서 생각해봅시다. 뮤온은 당연히 자신과 함께 움직이므로 자신의 수명을 100만분의 2초로 여깁니다. 그리고 속도는 광속의 0.998이므로 수명이 다할 때까지 가는 거리를 600m로 계산합니다. 이 상황에 내포된 의미는 무엇일까요?

위에서 수명은 본래 고유시간으로 측정해야 한다고 했는데, "길이(또는 거리)"도 마찬가지입니다. 곧 우리가 통상 말하는 "길이"는 그 대상과 "함께 살면서" 측정한 것을 가리킨다는 뜻입니다. 어떤 막대의 길이가 10m라고 함은 그 막대와 함께 있으면서 측정한 고유량으로서 "고유길이proper length"를 가리키는 것이지, 정지한 관측자가 날아가는 막대를 보며 측정한 상대량으로서 "상대길이*"를 가리키는 게 아닙니다.

그렇다면 뮤온이 계산한 600m는 무엇일까요? 뮤온이 광대한 진공의 우주 공간에 있다면 600m라는 길이를 잴 대상이 없겠지요. 하지만 이 문제에서는 지구의 대기권을 날아가므로 지상의 어떤 두 지점을 대상으로 삼아 그 거리가 600m라고 측정하게 됩니다. 그런데 지상의 두 지점은 뮤온과 함께 움직이지 않습니다. 따라서 뮤온이 측정하는 600m는 고유길이가 아니라 상대길이입니다. 반면 두 지점 사이의 거리를 지상의 사람이 재면 고유길이가 됩니다. 지상의 사람은 두 지점과 함께 있는 존재니까요.

길이수축의 식

이제 이 상황에 내포된 의미를 완벽히 알 수 있습니다. 시간지연·길이수축·질량증가를 모두 "상대량 = 어떤 인자 × 고유량"으로 파악하는 게 좋다고 했습니다. 이 상황에서 상대길이는 뮤온이 잰 지상의 거리 600m이고 고유길이는 지상의 관찰자가 잰 뮤온의 비행 거리 9500m입니다. 반면 상대시간은 관찰자가 잰 3.16×10^{-5}초이고 고유시간은 뮤온의 수명 100만분의 2초입니다. 시간지연은 이미 살펴보았으므로 여기서는 거리(길이)에 주목하면 되는데, 고유길이 9500m가 상대길이 600m가 되었으므로 결과는 "길이수축"입니다. 남은 문제는 "어떤 인자"를 찾는 것인데, 아래 그림을 보면 이해할 수 있습니다.

뮤온이 지상에서도 관찰되는 현상은 지상 관측자의 입장에서는 시간지연 효과로 설명할 수 있음에 비해 뮤온의 입장에서는 길이수축 효과로 설명할 수 있다는 점이 대조적입니다.

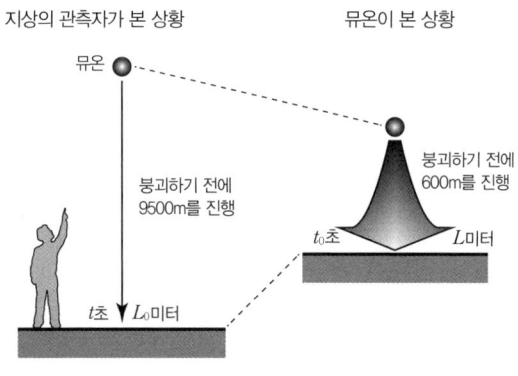

| 뮤온의 운동과 길이수축

왼쪽 그림에서 지상의 관측자는 뮤온이 $v = 0.998c$로 t초 동안 날아

가 L_0미터를 간 것으로 보므로 그 속도는 $v = L_0/t$입니다. 반면 오른쪽의 뮤온은 자신이 $v = 0.998c$로 t_0초 동안 날아가 L미터를 간 것으로 보므로 그 속도는 $v = L/t_0$입니다. 따라서 아래의 식이 성립합니다.

$$v = L_0/t = L/t_0$$

이를 고쳐 쓰고 시간지연 식 $t = \gamma t_0$를 대입하면 다음 결과를 얻습니다.

$$L = L_0 \frac{t_0}{t} = \frac{L_0}{\gamma} = L_0 \sqrt{1 - \frac{v^2}{c^2}}$$

곧 길이수축 식의 "어떤 인자"는 $1/\gamma$이며, 최종적으로 정리하여 쓰면 다음과 같습니다.

길이수축 : $L = L_0\sqrt{1 - v^2/c^2}$

시공의 변화

시간지연 식의 인자는 γ이고 길이수축 식의 인자는 $1/\gamma$로서 서로 역수입니다. 곧 속도가 다른 두 관성계 사이에서 시간과 공간은 반대 방향으로 변형됩니다. 이게 바로 상대시간과 상대공간의 관념으로, 뉴턴이 믿고자 했던 절대시간과 절대공간의 관념은 이로 인해 부정되었습니다. 물론 절대시간은 이미 보았던 동시의 상대성에 의해서도 일부 허물어졌지만 시간지연에 의해서 완전히 붕괴되었다고 하겠습니다.

돌이와 순이의 "안개 속 데이트"를 잠시 되새겨보기 바랍니다. 절대시간과 절대공간이 유지되면서 광속이 일정하다면 순이가 터뜨린 폭죽이 만드는 빛결은 관측자의 수만큼 나뉘어 각자에게 주어져야 한다는 역설을 낳았지요. 이 역설을 해결하려면 두 사람의 시공이 어떻게든 변형되어야 한다고 했는데, 시간지연과 길이수축이 바로 그 변형입니다. 그림이나 동영상처럼 구체적으로 상상하기는 어렵지만 수식으로는 쉽게 파악할 수 있으니 다행이라고 하겠습니다.

상동관계와 수축 방향

시간지연과 마찬가지로 길이수축도 상동관계입니다. $\sqrt{1-v^2/c^2}$이 1보다 작은 것도 마찬가지입니다. 그러므로 속도가 다른 두 관성계의 길이는 항상 상대방이 더 짧게 보입니다. 길이수축에서 "수축되는 방향"은 "진행 방향"이란 점에 유의합시다. 달리는 열차를 보면 길이만 줄어들 뿐 열차의 높이는 변하지 않습니다. 마찬가지로 열차 안에 서 있는 사람을 밖에서 보면 몸의 폭이 줄어들어 날씬하게 보일 뿐 키가 작아져 보이지는 않습니다. 물론 일상적인 속도에서 이렇게 눈에 띌 정도의 변화가 생기지는 않습니다.

길이수축의 식은 아인슈타인의 특수상대성이론보다 약 10년 앞서 로렌츠와 핏제럴드가 유도했으며, "로렌츠핏제럴드수축"이라고 합니다. 그러나 이것은 실험 결과의 부자연스런 짜 맞추기에 불과할 뿐 현상의 본질을 꿰뚫는 통찰은 아니었습니다. 로렌츠는 1902년에 노벨 물리학상을 받았지만 이 식의 유도가 아니라 "방사선에 대한 자기장의 영향"이라는 연구로 수상했습니다. 이 식이 논리적으로 매끄럽게 유도된 것은 광속일정원리 덕분이었기에 이 현상의 진정한 해명은 아인슈타인의 업적으로 돌아갔습니다.

(4) 질량증가

질량증가mass increase 실험에도 열차에 탄 돌이와 길가에 있는 순이가 나섰습니다. 두 사람이 할 일은 배구공을 서로에게 같은 속도로 던져 중간에서 충돌시키는 것입니다. 아래에 필요한 기호와 뜻을 열거했습니다. 열차는 x축 방향으로 가고, 공은 y축 방향으로 던지며, ′prime 기호는 돌이가 본 것들입니다.

- v : 열차의 속도
- Y : 돌이와 순이 사이의 간격
- a : 순이의 배구공
- b : 돌이의 배구공
- v_a : 순이가 본 순이가 던진 배구공의 속도
- v_b : 순이가 본 돌이가 던진 배구공 속도의 y축 성분
- v_b' : 돌이가 본 돌이가 던진 배구공의 속도
- v_a' : 돌이가 본 순이가 던진 배구공 속도의 y축 성분
- m_a : 순이가 본 순이 배구공의 무게
- m_b : 순이가 본 돌이 배구공의 무게

배구공의 충돌 광경

배구공의 질량이 같다면 순이와 돌이가 똑 같은 힘으로 던지면 $v_a = v_b'$가 됩니다. 배구공은 중간 지점인 $Y/2$에서 부딪쳐 각자에게 돌아갑니다. 각자의 관성계에서 볼 때 자기 공이 왕복하는 데 걸린 시간을 t_0라

고 하면 $t_0 = Y/v_a = Y/v_b{'}$으로 같습니다. 각자가 보는 충돌 광경도 완전히 대칭적입니다.

열차의 진행 방향(오른쪽)을 x축, 순이에서 돌이의 방향을 y축으로 삼았습니다. 따라서 순이가 보는 돌이의 공은 열차와 같은 방향으로 가지만, 돌이가 보는 순이의 공은 열차와 반대 방향으로 갑니다.

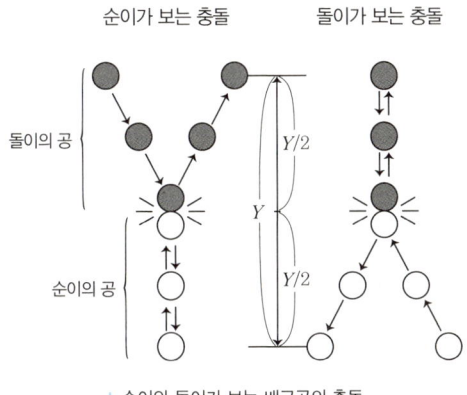

| 순이와 돌이가 보는 배구공의 충돌

운동량보존법칙

이 충돌에 운동량보존법칙을 적용하면 순이의 관성계에서 "$m_a v_a = m_b v_b$"가 됩니다. 운동량보존법칙은 좌표 성분마다 성립하는데, 여기서는 공을 y축 방향으로 던지므로 y축 성분만 고려하면 됩니다. 이 식을 이용하려면 v_a와 v_b를 구해야 하는데 앞서 본 왕복 시간의 식에 따라 v_a는 다음과 같습니다.

㉮ $v_a = Y/t_0$

이제 v_b를 구하면 되는데, 순이가 볼 때 열차는 운동관성계이므로 시간지연이 일어납니다. 따라서 돌이가 던진 공의 왕복 시간을 순이가 측정하고 이 시간을 t로 쓰면 아래처럼 늘어납니다.

$$t = \frac{t_0}{\sqrt{1-v^2/c^2}}$$

그런데 이 시간은 Y/v_b와 같으므로 v_b는 다음과 같습니다.

$$\frac{t_0}{\sqrt{1-v^2/c^2}} = \frac{Y}{v_b} \quad \rightarrow \quad ㉯ \; v_b = \frac{Y\sqrt{1-v^2/c^2}}{t_0}$$

이렇게 구한 ㉮의 v_a와 ㉯의 v_b를 순이의 관성계에 대한 운동량보존법칙의 식 $m_a v_a = m_b v_b$에 넣으면 다음 식이 나옵니다.

$$m_a \frac{Y}{t_0} = m_b \frac{Y\sqrt{1-v^2/c^2}}{t_0} \quad \rightarrow \quad m_a = m_b\sqrt{1-v^2/c^2}$$

질량증가의 식

두 배구공의 질량은 같습니다. 그런데 이 식의 m_b는 순이가 자기의 정지관성계에서 볼 때 돌이가 열차라는 운동관성계에서 던진 배구공의 질량입니다. 따라서 순이가 가진 공의 질량 m_a를 m_0로 쓰고 열차의 속도로 움직이는 공의 질량 m_b를 m으로 고쳐 쓰면 바로 질량증가 식이 나옵니다.

질량증가 : $m = \dfrac{m_0}{\sqrt{1-v^2/c^2}}$

순이가 정지해 있으므로 곧바로 $m_a = m_0$라고 썼습니다. 그런데 시간지연·길이수축·질량증가를 모두 "상대량 = 어떤 인자 × 고유량"으로 파악하자고 했으며, 고유량은 "대상과 함께 움직이는 관찰자가 측정한 양"이라고 정의했지요? 고유량의 정의에 따라 "순이가 던진 순이의 공"은 순이에 대해 정지한 게 아니어서 "고유질량"이 아니므로 곧바로 $m_a = m_0$라고 쓸 수 없습니다. 어떻게 해결해야 할까요?

이때는 열차의 속도는 빠르지만 순이와 돌이가 던진 배구공만 극히 느린 속도의 "슬로 모션"처럼 충돌시킨다고 생각하면 됩니다. 그러면 순이가 던진 공은 사실상 순이와 함께 정지해 있다고 볼 수 있으므로 어림잡아 $m_a = m_0$으로 놓고 고유질량으로 삼을 수 있습니다. 반면 열차의 속도는 빠르므로 순이가 보는 돌이의 배구공은 사실상 열차의 속도 v로 움직인다고 볼 수 있고, 따라서 돌이의 배구공 질량을 $m_b = m$이라는 상대질량으로 삼을 수 있습니다.

질량증가 식 $m = m_0/\sqrt{1-v^2/c^2}$은 이러한 극한 과정을 통해 유도되며 본질적으로 미분에서 보았던 극한 과정과 다를 게 없습니다. 이렇게 하여 시간지연·길이수축·질량증가를 모두 유도했는데, 정리하면 시간지연은 $t = \gamma t_0$, 길이수축은 $L = L_0/\gamma$, 질량증가는 $m = \gamma m_0$로서, 로렌츠인자 γ가 곱셈으로 들어가면 상대량이 고유량보다 커지고, 나눗셈으로 들어가면 작아집니다.

질량증가와 속도의 한계

질량증가 식이 질량의 "증가"를 나타낸다는 점은 분모에 내포되어 있지요. 관찰자에 대해 움직이는 물체의 속도 v가 커지면 v^2/c^2이 커지고,

$\sqrt{1-v^2/c^2}$은 작아집니다. 분모가 작아지면 분수 전체의 값은 커지므로 물체의 속도가 커질수록 질량은 점점 증가합니다. 하지만 여기에는 한계가 있습니다. 물체의 질량이 늘어날수록 가속에도 더 많은 힘이 들어갑니다. 만일 물체의 속도 v가 빛의 속도 c에 이르면 분모는 0에 접근하고, 물체의 질량은 무한대로 커집니다. 그러나 전 우주의 에너지를 총동원해도 이런 식의 가속은 불가능하므로 결국 "어떤 물체의 속도이든 빛의 속도를 결코 넘을 수 없다"는 결론이 나옵니다.

아래 그림은 질량증가 식의 그래프입니다. 물체의 속도가 광속의 절반 이하일 때는 질량증가 효과가 뚜렷하지 않습니다. 광속의 절반만 해도 상상할 수 없는 빠른 속도이므로 일상생활 속에서는 그 효과를 전혀 감지할 수 없습니다. 그러나 물체의 속도가 광속과 비슷해지면 질량증가 효과는 급격히 커집니다. 이런 속도를 가진 입자를 다루는 입자가속기 같은 설비는 이 효과를 정확히 고려하여 운영해야 합니다.

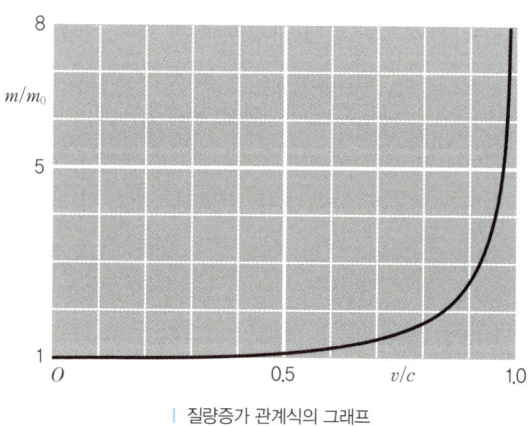

| 질량증가 관계식의 그래프

속도의 한계, 곧 "초광속은 불가능하다"는 점은 질량이 무한대로 증가

할 수 없다는 물리적인 논거 외에 수학적으로도 설명할 수 있습니다. 시간지연·길이수축·질량증가에는 모두 $\sqrt{1-v^2/c^2}$ 라는 인자가 곱셈 또는 나눗셈으로 들어갑니다. 그런데 여기서 $v > c$ 이면 이것은 $\sqrt{음수}$, 곧 허수가 됩니다. 따라서 시간·길이·질량이 모두 허시간·허길이·허질량으로 변하는 결과가 초래됩니다. 물론 수학적으로 허수가 나왔다고 해서 곧바로 부정하기는 좀 곤란합니다. 실제로 이차방정식을 비롯한 여러 방정식에서 "허근"이 나오는 경우가 많지만 상황에 따라서는 부정하지 않고 이용하기도 하지요. 허시간·허길이·허질량도 지금까지는 알려지지 않았지만 언젠가는 그 실존이 드러날지도 모릅니다. 한때 허질량을 갖고 초광속으로 움직이는 가상의 입자를 타키온(tachyon)이라 이름 짓고, 그것을 탐구하고 발견하기 위해 적극적으로 나서기도 했습니다. 하지만 그간의 노력에도 불구하고 이런 입자가 검출된 적은 없었고, 이제는 관심도 적어졌습니다. 타키온의 존재를 이론적으로 인정할 경우 "화살을 쏘기 전에 과녁에 맞는다"는 식으로 원인과 결과가 뒤바뀌는 사태를 인정해야 하는 논리적인 문제도 제기됩니다. 현재로서는 이를 부정하는 게 타당하며, "허시간·허길이·허질량은 존재하지 않으므로 초광속은 불가능하다"는 식으로 설명해도 무방합니다.

상동관계의 상대성

이상으로 특수상대성이론의 4대 귀결을 모두 살펴보았습니다. 질량증가 현상도 상동관계에 있어서 관찰자에 대해 움직이는 물체의 질량은 관찰자의 계에 있을 때의 질량보다 항상 늘어나 보입니다. 이처럼 특수상대성이론의 4대 귀결은 관찰자가 자기와 다른 속도로 움직이는 상대방을 관찰할 때 보이는 현상일 뿐 상대방의 입장에서 실제로 그런 효과가 나타난다는 뜻은 아닙니다. "상동관계의 상대성"은 "역지사지易地思之", 곧 상대방과 입장을 바꾸어 생각해보면 쉽게 이해할 수 있습니다. 길이수축에서 보았던 뮤온을 떠올려봅시다. 뮤온은 광속의 0.998배로 달리므로 뮤온의 입장에서 우리를 보면 우리의 질량은 엄청나게 증가합니다. 하지만 정작 우리는 그런 효과를 전혀 느끼지 못합니다.

4. 도착점 : $E = mc^2$

$E = mc^2$의 유도

$E = mc^2$이란 식은 "질량에너지상등원리mass-energy equivalence principle"라고 합니다. 그 유도 과정은 고전역학의 창시자인 뉴턴의 식과 아인슈타인이 유도한 질량증가 관계식으로부터 출발합니다. 이제 목적지에 거의 이르렀으니 그동안 쌓은 지적 내공으로 마지막 장벽을 단숨에 돌파해 봅시다.

정지한 물체에 힘을 가하면 $a = F/m$에 따라 움직이고, 움직이는 물체는 속도에 따른 운동에너지 K를 가집니다. 고전역학에서 이 에너지는 $K = mv^2/2$이며, 여기서 질량 m은 정지하든 움직이든 항상 같다고 보았습니다. 하지만 특수상대성이론에 따르면 움직이는 물체의 질량은 증가하므로 이 식은 달라져야 합니다. 특수상대성이론에 따라 정지한 물체에 힘을 가하면 다음과 같은 운동에너지를 얻게 됩니다.

$$K = \int_0^s F ds$$

s는 힘을 가하는 동안 움직인 거리이므로 이것은 $w = FS$라는 식을 적분의 형태로 바꾼 것에 불과합니다. 그리고 이렇게 행한 일 w가 물체에 운동에너지 K로 저장됩니다.

한편 힘은 운동량의 시간에 대한 미분이므로

$$F = \frac{d(mv)}{dt}$$

로 주어지는데, 이것을 K의 식에 넣습니다.

$$K = \int_0^s F ds = \int_0^s \frac{d(mv)}{dt} ds$$

그런데 $\frac{d(mv)}{dt} ds = d(mv) \frac{ds}{dt}$이고, $\frac{ds}{dt}$는 거리의 시간에 대한 미분이므로 속도 v입니다. 따라서 K의 식은 아래와 같이 바뀝니다.

$$K = \int_0^s \frac{d(mv)}{dt} ds = \int_0^s d(mv) \cdot \frac{ds}{dt}$$
$$= \int_0^{mv} d(mv) \cdot v = \int_0^{mv} v\, d(mv)$$

거리 s에 대해 적분을 할 때는 적분구간이 0부터 s까지지만, 운동량 mv에 대해 적분할 때는 적분구간도 0부터 mv가 되므로 바꿔주었습니다. 곧 처음에 힘을 가할 때는 정지 상태였으므로 $mv = 0$이지만, 최종 상태에서는 속도가 v이므로 운동량이 mv가 됩니다.

이미 보았듯 질량은 속도에 따라 변하므로 위 식의 질량 m에 질량증가 관계식을 넣으면,

$$K = \int_0^{mv} v d(mv) = \int_0^v v d\left(\frac{m_0 v}{\sqrt{1-v^2/c^2}}\right)$$

로 바뀝니다. 마지막 식의 적분은 결국 속도 v에 대한 형태가 되었으므로 적분구간도 0부터 v로 바꿔줍니다. 처음에는 정지 상태였지만 최종 상태에서는 속도가 v이기 때문입니다.

이 결과는 이미 공부했던 부분적분의 형태입니다. 부분적분의 공식은

$$\int x dy = xy - \int y dx$$

인데 위 결과의 v가 x, 그리고 $\left(\frac{m_0 v}{\sqrt{1-v^2/c^2}}\right)$가 y에 해당합니다. 이제 이에 따라 적분하면 됩니다.

$$K = \int_0^v v d\left(\frac{m_0 v}{\sqrt{1-v^2/c^2}}\right)$$
$$= \frac{m_0 v^2}{\sqrt{1-v^2/c^2}} - \int_0^v \frac{m_0 v}{\sqrt{1-v^2/c^2}} dv$$

여기서 둘째 적분, 곧 $-\int_0^v \frac{m_0 v}{\sqrt{1-v^2/c^2}} dv$을 구해야 하는데, 이는 $\sqrt{1-v^2/c^2}$의 식을 v에 대해 미분해보면 어떻게 처리할지 알 수 있습니다. $\sqrt{1-v^2/c^2}$은 v에 대한 합성함수의 형태입니다. 합성함수의 미분법은 이미 공부한 것처럼 연쇄율을 이용합니다. 이제 $1-v^2/c^2 = z$라고 놓고 연쇄율을 적용하여 $\sqrt{1-v^2/c^2}$을 v에 대해 미분하면 다음과 같습니다.

$$\frac{d}{dv}\sqrt{1-v^2/c^2} = \frac{d(z^{1/2})}{dz} \cdot \frac{dz}{dv}$$

$$= \left(\frac{1}{2}z^{-1/2}\right)\cdot\left(-\frac{2v}{c^2}\right)$$
$$= -\frac{v}{c^2\sqrt{1-v^2/c^2}}$$

이것을 정리하면 다음과 같습니다.

$$\frac{d}{dv}\sqrt{1-v^2/c^2} = -\frac{v}{c^2\sqrt{1-v^2/c^2}}$$

그리고 양변에 c^2을 곱하면 다음과 같습니다.

$$\frac{d}{dv}c^2\sqrt{1-v^2/c^2} = -\frac{v}{\sqrt{1-v^2/c^2}}$$

다시 말해서 $-\dfrac{v}{\sqrt{1-v^2/c^2}}$ 를 적분하면 $c^2\sqrt{1-v^2/c^2}$ 이 된다는 뜻입니다. 그러므로 위에서 말한 "둘째 적분"은 아래와 같이 해결됩니다.

$$-\int_0^v \frac{m_0 v}{\sqrt{1-v^2/c^2}}dv = m_0\int_0^v -\frac{v}{\sqrt{1-v^2/c^2}}dv$$
$$= m_0\left[c^2\sqrt{1-v^2/c^2}\right]_0^v$$

이 결과를 이용하면 K의 식은 결국 다음과 같이 계산됩니다.

$$K = \frac{m_0 v^2}{\sqrt{1-v^2/c^2}} + m_0\left[c^2\sqrt{1-v^2/c^2}\right]_0^v$$
$$= \frac{m_0 v^2}{\sqrt{1-v^2/c^2}} + m_0 c^2\sqrt{1-v^2/c^2} - m_0 c^2$$

$$= \frac{m_0 v^2 + m_0 c^2 (1 - v^2/c^2)}{\sqrt{1 - v^2/c^2}} - m_0 c^2$$

$$= \frac{m_0 c^2}{\sqrt{1 - v^2/c^2}} - m_0 c^2$$

$$= mc^2 - m_0 c^2$$

곧 $K = mc^2 - m_0 c^2$이란 뜻인데, 이것을 조금 고쳐 쓰면 다음과 같습니다.

$$m_0 c^2 + K = mc^2$$

그런데 K는 운동에너지인 반면 $m_0 c^2$은 정지한 물체가 갖는 에너지라는 뜻입니다. 그래서 m_0와 $m_0 c^2$을 각각 "정지질량rest mass"과 "정지에너지rest energy"라고 부르기도 합니다. 그러므로 좌변은 처음에 정지했다가 움직이게 된 물체가 가진 총 에너지를 나타내는데, 이것을 E로 나타내면 일반적인 물체의 총 에너지는 바로 우리의 최종 목표인 질량에너지상등원리의 식으로 주어집니다.

질량에너지상등원리 : $E = mc^2$

이렇게 하여 $E = mc^2$을 유도해냈습니다. 목표에 이른 순간 한꺼번에 긴장이 탁 풀리면서 잠시 텅 빈 마음이 될 것입니다. 잠시 마음을 가다듬으며 휴식을 취한 뒤 서서히 마무리하겠습니다.

질량보존법칙과의 관계

$E = mc^2$이 뜻하는 가장 기본적인 의미는 질량과 에너지의 동등성입니다. 질량과 에너지 사이의 동등성이 인정된 이상, 종래의 전통적인 에너지보존법칙은 수정되어야 했습니다. 이에 따라 그 이름도 "질량에너지보존법칙"으로 부르게 되었다고 했습니다.

그런데 고전물리학에서는 "에너지보존법칙"과 함께 "질량보존법칙 law of conservation of mass"도 알려져 있었습니다. 그 기원은 "아무것도 무에서 나올 수 없다"고 말하는 고대 그리스 철학까지 거슬러 올라갑니다. 사원소설을 제창한 엠페도클레스는 "있는 것은 사라질 수 없다"는 인식까지 보완하여 처음으로 그 철학적 관념을 명확히 밝혔습니다. 과학적으로 처음 확립한 사람은 "근대화학의 아버지"라고 불리는 프랑스의 화학자 라부아지에(Antoine Lavoisier, 1743~1794)였습니다. 이전까지 화학은 물질의 성질을 밝히는 "정성과학 定性科學 qualitative science" 수준에 머물렀지만, 이후 양적 변화까지 추적하는 "정량과학 定量科學 quantitative science"으로 한 단계 올라 진정한 과학으로 발전하게 되었습니다.

그러나 정밀한 정량과학이라도 일반적인 화학반응에서 "에너지의 변화"를 측정하기는 쉽지만 "질량의 변화"를 측정하기는 사실상 불가능합니다. 따라서 이론적으로는 화학반응에서 질량에너지보존법칙을 고려해야겠지만 일상적으로는 질량보존법칙과 에너지보존법칙을 따로 고려하는 것만으로도 충분합니다.

에너지의 추출

$E = mc^2$의 내면적 의미는 질량과 에너지의 동등성인데, 표면적으로

가장 큰 특징은 뭐니 뭐니 해도 c^2이라는 거대한 비례상수입니다. 이 때문에 미미한 질량이라도 에너지로 계산하면 엄청난 값이 나오며, 일반적인 화학반응에서 "질량의 변화"를 측정하는 것이 사실상 불가능한 것도 바로 이 때문입니다.

이 비례상수가 얼마나 큰지 다시 한 번 살펴봅시다. m/s의 단위로 (광속)^2 ≒ $(3 \times 10^8)^2$ ≒ 10^{17}, 곧 10경입니다(경[京]은 조[兆]의 만 배). 따라서 10kg의 질량은 약 100경J의 에너지에 해당하며, 현재 전 세계 하루 에너지 소비량과 대략 맞먹습니다. 한 손으로 가볍게 들 수 있는 질량이면 전 세계의 모든 전력을 다 공급하고, 그 많은 자동차, 배, 비행기도 모두 운행할 수 있다니 참으로 매력적인 공식입니다. 아인슈타인은 특수상대성이론의 여러 귀결들 가운데 질량에너지상등원리를 가장 중요하게 여겼는데, 질량과 에너지의 상등성이라는 내적 의미도 중요하지만 엄청난 외적 위용도 높이 평가했기 때문인 것 같습니다.

애석하게도 $E = mc^2$은 그런 막대한 에너지가 물질에 내재되어 있다는 사실만 알려줄 뿐, 어떻게 끌어낼 것인가에 대해서는 말이 없습니다. 식의 내용과 현실화는 별개의 문제입니다. 그 후 이 식이 실험적으로 증명되기까지 25년이 걸렸습니다. 그러나 한번 물꼬가 트인 뒤로는 물질 에너지의 해방이 걷잡을 수 없이 진행되었습니다. 1945년 7월 16일 최초의 원자폭탄 실험이 미국 뉴멕시코 주에서 성공을 거두었습니다. 이어 8월 6일과 9일 일본의 히로시마와 나가사키에 원자폭탄이 투하되어 제2차 세계대전이 종결된 것은 너무나 유명한 이야기입니다. 한편 이 에너지를 안정적 및 지속적으로 추출하는 노력이 시도되어 1951년 12월 20일 미국에서 처음으로 원자력을 이용한 발전에 성공했습니다. 이어 1954년 6월에는 소련에서 처음으로 송전망과 연결하여 운전하는 원자력발전이 이루어졌고, 1956년 10월에는 영국에서 처음으로 상업적 규모의 원자력발전이 개시되었습니다.

핵분열과 핵융합

원자폭탄과 원자력발전 모두 핵반응nuclear reaction을 이용합니다. 질량을 가진 에너지를 해방하는 데 가장 효율적인 방법은 물질과 반물질을 충돌시키는 것입니다. 이때 물질과 반물질은 함께 소멸하면서 100% 에너지로 바뀌는데, 예를 들어 전자electron와 양전자positron가 만나면 감마선을 방출하면서 함께 소멸합니다. 하지만 반물질을 만드는 데 더 많은 에너지가 들어가므로 수지가 맞지 않고, 대량으로 만드는 효과적인 방법도 확실하지 않습니다. 현재 실용 가능한 방법은 핵반응뿐인데, 이때는 전체 질량의 0.1~0.7% 가량만 에너지로 바뀌는 데도 불구하고, c^2가 워낙 커서 충분히 의미 있는 수준이 됩니다. 참고로 일반적인 화학반응의 경우 질량의 변화율이 10억분의 1 정도에 불과합니다. 다시 말해서 화학반응은 핵반응에 비해 질량의 에너지 변환 효율이 대략 100만분의 1 미만이며, 이 때문에 화학반응에서의 질량 변화는 사실상 측정이 불가능하므로 질량보존법칙을 그냥 인정해도 무방합니다.

핵반응에는 가벼운 원자핵이 합쳐져 무거운 것이 되는 핵융합nuclear fusion과 무거운 원자핵이 가벼운 것으로 쪼개지는 핵분열nuclear fission 등 두 가지가 있습니다. 현재 핵폭탄에서는 두 가지가 모두 이용되고, 원자력발전에서는 핵분열만 쓰입니다. 핵분열을 이용한 것을 원자폭탄이라 하며, 핵융합을 이용한 것을 수소폭탄hydrogen bomb이라 합니다. 수소 원자가 융합하여 헬륨이 되는 핵융합 반응은 오랫동안 수수께끼로 전해온 태양에너지의 원천입니다. 태양 에너지는 인류가 사용하는 모든 에너지의 원천으로, 오늘날 중요한 에너지원인 석유와 석탄도 아득한 옛날부터 태양 에너지가 지구에 축적된 결과입니다.

핵분열에 의한 원자력발전의 원료인 우라늄은 매장량이 한정되어 있을 뿐 아니라 방사능 처리가 완벽하지 못해 언젠가는 폐기될 운명입니다. 현재 가장 바람직한 미래의 에너지원은 단연 핵융합입니다. 원료도 바닷물에 무진장 들어 있으며 방사능 문제도 없는 깨끗한 에너지이기 때문입니다. 그러나 기술적으로 매우 어렵고 들어가는 비용도 막대하여 실용화되려면 수십 년이 더 걸릴 것으로 예상합니다. 하지만 실용화되기만 하면 인류의 에너지 문제는 완전히 해결될 것으로 생각합니다. 아인슈타인은 1905년 질량에너지상등원리에 관한 논문을 펴낼 때만 해도 생전에 그 효과를 보리라고는 예상하지 못했습니다. 나중에 이 원리가 원자폭탄으로 활용되자 비탄에 젖어 철폐에 앞장서기도 했습니다. 그러나 장차 인류의 에너지 문제가 자신이 밝혀낸 원리를 평화적으로 활용해서 얻어진 핵융합발전에 의해 완전히 해결된다면 죽은 뒤에라도 보람을 느낄 것입니다.

소년의 의문과 해답

이제 실마리로 돌아가 봅시다. 빛과 나란히 달리면서 빛을 보면 정지해 보일까요? 아인슈타인이 가졌던 의문에는 "나란히 달린다"와 "정지해 보인다"라는 두 가지 요소가 있습니다. 후자에 대해 그는 "빛의 속도는 관찰자의 속도가 어떻든 상수로 일정하다"는 맥스웰방정식의 결론을 특수상대성이론의 둘째 가정으로 채택했습니다. 따라서 "누가 보든 정지해 보이지 않는다"는 결론이 나옵니다.

"나란히 달린다"는 어떤가요? 시간지연 식과 질량증가 식에 따르면 진공광속은 속도의 한계이므로 어떤 물체도 그 속도에 이를 수 없습니다. 따라서 "사람이 빛과 나란히 달린다"는 것 자체가 불가능합니다. 요컨대 질량이 있는 한 어떤 물체도 광속에 이를 수 없고, 그 한계 안의 어떤 관성계에서도 빛은 언제나 광속으로 달립니다.

광속의 "사실"과 "이유"

진공광속이 일정하다는 "사실"은 맥스웰방정식에서 밝혀졌습니다. 하지만 빛이 광속으로 달리는 "이유"는 어디 있을까요? 놀랍게도 이에 대한 답도 $E = mc^2$입니다. 질량증가 식을 이용하여 $E = mc^2$을 고쳐 쓰면 다음과 같습니다.

$$E = mc^2 = \frac{m_0 c^2}{\sqrt{1 - v^2/c^2}}$$

여기서 $v \to c$이면 맨 우변의 분모가 0에 접근하여 에너지가 무한대가 되므로 물체의 속도는 광속이 될 수 없다고 했습니다. 그런데 만일 이때 우변의 m_0가 0이라면 어떻게 될까요?

$$E = \frac{0}{0}$$

이 되는데, 이는 부정 不定 indeterminate이라는 형태입니다. "무엇이라고 정할 수 없다"는 뜻이지만, 바꿔 말하면 "무엇으로도 정할 수 있다"는 뜻이기도 합니다. 어떤 존재가 정지질량이 없으면서도 에너지를 가지려면 반드시 c라는 속도로 움직여야 하며, 그 에너지는 어떤 값이라도 될 수 있습니다. 빛이 바로 이런 존재입니다. 빛이 전파에서 감마선에 이르는 다양한 에너지를 갖는 까닭도 여기에 있습니다.

예전에는 중성미자中性微子 neutrino와 중력자重力子 graviton도 광속으로 움직일 후보로 여겨졌지만 중성미자는 질량이 있음이 확인되어 후보에서 탈락했습니다. 중력자의 경우 그 자체는 검출이 사실상 불가능하지만 간접적 증거인 중력파重力波 gravitational wave가 2015년에 최초로 검출되어 그동안 광막한 우주를 잠시도 쉬지 않고 광속으로 떠도는 외로운 방랑자로 알려졌던 빛의 숨겨진 동료라는 사실이 밝혀졌습니다.

5. 특수상대성이론의 역설들

특수상대성이론은 일반적인 상식을 뒤엎는 여러 가지 귀결들을 내놓았습니다. 그 가운데는 역설적으로 보이는 것들도 많은데, "쌍둥이역설twin paradox"과 "차고역설garage paradox"이 가장 유명합니다. 본래 "역설"이란 "자체로 모순이 되는 명제"를 가리키는데, 가장 흔한 예로 "내 말은 거짓말이다"라는 "거짓말쟁이역설liar paradox"을 꼽습니다. 이 문장을 참이라고 하면 자체의 주장에 의해 거짓이 됩니다. 반면 거짓이라고 하면 자체의 주장에 의해 참이 되어 버립니다. 이 역설은 성경에도 비슷한 것이 나오므로 그 역사는 2천 년이 넘는데, 내용은 단순하지만 해소할 방법에 대해서는 논리학자들 사이에 아직도 논란이 있습니다.

쌍둥이역설과 차고역설은 이름만 역설일 뿐 실제로는 역설이 아닙니다. 자체적인 모순이 없고 명확한 해답이 있기 때문이지요. 하지만 이 "역설"들을 잘 생각해 보면 특수상대성이론을 보다 깊이 이해할 수 있을뿐더러 논리적인 힘을 키우는 데도 좋습니다.

쌍둥이역설

쌍둥이역설의 유래는 아인슈타인이 발표한 특수상대성이론의 논문에 나오는 두 시계 이야기입니다. 조금 각색해서 A와 B라는 똑같은 시계가 있는데 A는 지구에 두고 B를 달로 보냈다가 다시 지구로 가져와 서로 시간을 비교한다고 합시다. A가 볼 때는 B가 움직였으므로 B의 시간이 늦습니다. 하지만 시간지연은 상동관계입니다. B가 볼 때는 A가 움직였으므로 A의 시간이 늦습니다. 결국 서로 상대방의 시간이 늦다고 주장하는 모순이 나옵니다.

처음에 이 문제는 "시계역설clock paradox"로 불렸지만 특수상대성이론의 내용을 종합적으로 이해하기 좋다고 하여 사람들이 "쌍둥이역설"로 바꾸어 불렀습니다. 예를 들어 돌이와 순이라는 쌍둥이가 있는데 순이는 지구에 있고 돌이는 광속의 80% 속도로 20광년 떨어진 별까지 다녀온다고 합시다. 둘 다 상대방이 움직인다고 보므로 나중에 만났을 때 상대방의 나이가 더 적을 것이라고 예상합니다. 과연 이 모순은 어떻게 해소할까요?

아인슈타인은 논문에서 먼 곳을 다녀온 시계가 느리게 간다고 밝혔습니다. 이후 사람들은 좀 더 쉽게 설명하기 위해, 또는 더 깊은 문제와의 관련성을 논의하기 위해 여러 가지 해법을 내놓았습니다. 대충 보면 두 사람의 "상대적 처지"가 동등한 것 같은데, 정말 동등하다면 이 문제는 역설입니다. 그러나 실제로는 아주 다릅니다. 순이는 "지구라는 관성계"에 처음부터 끝까지 있습니다. 하지만 돌이는 별까지 갈 때는 "지구에서 $0.8c$로 멀어지는 관성계"에 있지만 별에서 지구로 올 때는 "지구에 $0.8c$로 다가오는 관성계"에 있습니다. 이처럼 상대적 처지가 다르므로 각자 시간 경과도 다릅니다. 정확히 따져보면 서로 만났을 때 돌이의 나이가 적다는 결과가 나오는데, 여기서는 쉽게 이해하도록 제시된 세 가지 풀이를 살펴보겠습니다.

첫째로 시간지연 식을 이용하여 구해봅시다. 순이에게는 돌이가 왕복 40광년을 다녀오는 데 $40 \div 0.8 = 50$년의 시간이 흐릅니다. 그러나 순이가 볼 때 돌이의 시계는 느려지며 왕복에 걸리는 시간 T는 순이의 시간 $T_0 = 50$년에 비해 시간지연 식의 역수 비율만큼 줄어듭니다. 따라서 돌이는 순이보다 20년 젊은 모습으로 귀환합니다.

$$t = \frac{t_0}{\sqrt{1-(v/c)^2}} \rightarrow \frac{T}{T_0} = \frac{T}{50} = \frac{\sqrt{1-(0.8)^2}}{1} \rightarrow T = 30년.$$

둘째로 길이수축 식을 이용해서 구할 수도 있습니다. 그 식은

$$L = L_0\sqrt{1-(v/c)^2} \quad \text{①}$$

이며 "정지한 사람에게 L_0로 보이는 길이가 v로 움직이는 사람에게는 L로 줄어들어 보인다"고 풀이됩니다. 다시 말해서 별까지의 거리가 지구의 순이가 보기에는 20광년이지만 우주선의 돌이가 보기에는 12광년으로 줄어듭니다. 따라서 돌이의 입장에서는 왕복하는 데 "$24 \div 0.8 = 30$"년이 걸립니다. 그러나 순이의 계산으로는 위에서 보았듯 왕복 50년이 걸립니다. 이 계산으로 볼 때도 돌이가 순이보다 20년 젊은 모습으로 귀환합니다.

끝으로 "도플러효과Doppler effect"에 관한 식을 이용하면 두 사람이 겪는 시간적 경과를 더 구체적으로 알아볼 수 있습니다. 도플러효과는 관찰자와 파원이 가까워지면 파동의 주기(p)가 본래 주기(p_0)보다 빨라지고, 반대로 멀어지면 느려지는 현상을 가리킵니다. 열차가 다가오면 소리가 높

은 음으로 들리다가 멀어지면 낮은 음으로 들리는 것이 좋은 예이지요. 빛의 경우에도 마찬가지이며 이에 대한 식은 다음과 같습니다.

$$p = p_0 \sqrt{\frac{1-(v/c)}{1+(v/c)}} \quad\quad ②$$

상대속도 v는 관찰자와 파원이 다가서면 양수, 멀어지면 음수입니다. 두 사람이 1년에 한 번씩 전파 신호를 보낸다고 합시다. 그러면 ②에 따라 서로 멀어지는 동안에는 3년에 한 번, 가까워지는 동안에는 1년에 세 번 신호를 받게 됩니다. 먼저 돌이는 ①에 따라 가는 데 15년 걸리므로 가는 중에 15÷3 = 5번 신호를 받고, 오는 데 15년 걸리므로 오는 중에 15÷(1/3) = 45번 신호를 받습니다. 모두 50번의 신호를 받으므로 돌이는 여행하는 동안 순이의 나이가 50살 늘어난다는 사실을 알게 됩니다. 반면 돌이는 가는 중에 15번의 신호를 보내는데, 순이가 이 신호를 받는 데는 15×3 = 45년이 걸리고, 오는 중에도 신호를 15번 보내는데, 순이가 이 신호를 받는 데는 15×(1/3) = 5년이 걸리므로 모두 50년이 걸립니다. 순이는 50년 동안 30번의 신호를 받으므로 돌이의 나이가 30살 늘어난다는 사실을 알게 됩니다. 도플러효과를 이용한 분석에서도 돌이가 순이보다 20년 젊은 모습으로 귀환합니다.

차고역설

쌍둥이역설이 시간지연과 길이수축에 관한 것이라면 차고역설garage paradox은 "동시상대성과 길이수축"에 대한 것입니다. 쌍둥이역설을 "시계역설"이라고도 하는 것처럼, 차고역설도 "사다리역설ladder paradox", "막대헛간역설pole-barn paradox" 또는 "헛간막대역설barn-pole paradox"이라고도 합니다. 차고가 헛간으로 바뀌고 차가 막대나 사다리로 바뀔 뿐 내용은 같습니다. 차고역설도 이름만 역설일 뿐 진짜 역설은 아닙니다. "왜 역설처럼 보이는지", 이어서 "왜 역설이 아닌지"를 알아보겠습니다. 차가 차고를 안전하게 벗어나는 "차 멀쩡 버전"과 차고에서 박살나는 "차 박살 버전" 두 가지가 있는데, 좀 더 쉬운 "차 멀쩡 버전"부터 보겠습니다.

차 멀쩡 버전

이 사고실험에서 돌이는 차를 몰고 차고를 향해 들어오며, 순이는 차고에 있으면서 처음에 열려 있는 차고의 앞뒤 문을 닫고 여는 일을 맡았습니다. 사고실험에는 비용이 들지 않으므로 특별히 비싼 리무진을 준비했더니 차고의 길이는 6m인데 차의 길이는 12m나 됩니다. 성능도 대단해서 주행 속도가 광속의 $\sqrt{3}/2 ≒ 0.866$배에 달했습니다. 그러면 차고에 있는 순이가 볼 때 차고로 향해 오는 차는 길이수축에 의해 절반인 6m로 보입니다.

$$L = L_0\sqrt{1-v^2/c^2} = 12\sqrt{1-(\sqrt{3}/2)^2} = 12\sqrt{1/4} = 12 \times (1/2) = 6$$

따라서 순이가 볼 때 돌이의 차는 어느 순간 차고에 정확히 딱 들어맞게 들어올 수 있습니다. 그 순간 순이는 재빨리 차고의 앞뒤 문을 동시에 닫았다가 엽니다. 그러면 돌이의 차는 아무런 손상을 입지 않고 멀쩡하게 차고를 통과합니다. 물론 이토록 빠르게 문을 닫고 열거나 차가 광속의 0.866배로 달리는 것은 비현실적입니다. 하지만 이 사고실험의 요체는 "열려 있던 차고의 앞뒤 문을 차가 차고에 꽉 차게 들어온 순간 재빨리 닫았다 열면 차는 멀쩡하게 차고를 지나간다"는 것이고, 다른 모든 요소들은 이를 충족하도록 작동한다고 보겠습니다.

돌이의 입장에서는 어떨까요? 돌이가 보면 차고가 광속의 0.866배로 다가오는 것으로 보입니다. 따라서 자기가 모는 차는 그대로 12m인 반면 차고의 길이가 오히려 길이수축에 의해 본래의 절반인 3m로 보입니다. 그렇다면 차는 차고에 딱 맞게 채워지지 않으므로 순이가 문을 닫는 순간 차와 문이 함께 박살나겠지요.

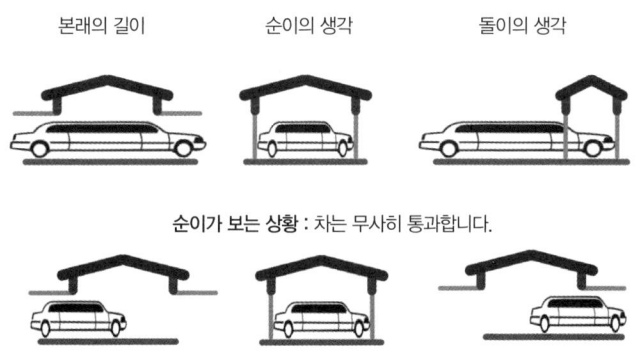

"차가 순간적으로 차고에 꽉 찰 수 있다"는 순이의 생각과 "차는 차고에 꽉 차게 들어갈 수 없다"는 돌이의 생각은 모두 옳습니다. 길이수축을 각자의 상황에서 올바로 적용한 것으로 아무런 오류가 없습니다. 하나의 상황에 대해 돌이와 순이라는 두 관성계가 서로 모순된 결과를 예측하게

되므로 역설이라고 부릅니다. 하지만 이는 진짜 역설이 아닙니다. 왜 그 럴까요? 해결의 열쇠는 "동시의 상대성"에 있습니다. 차고의 앞뒤 문을 동시에 닫고 여는 것은 순이의 관성계에서는 분명 동시지만, 돌이의 관성 계에서는 동시가 아닙니다. 왜 그런지 생각해봅시다.

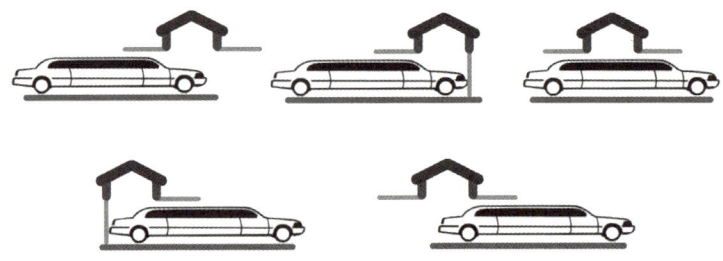

차가 보는 상황 :
차가 차고보다 훨씬 크지만 문이 때맞춰 닫히고 열려서 역시 무사히 통과합니다.

　차가 앞문을 통과하여 뒷문을 향하면 순이는 앞뒤 문을 동시에 내리기 시작합니다. 그런데 이게 순이에게는 동시지만 뒷문을 향해 돌진하는 돌이에게는 동시가 아닙니다. 돌이는 앞뒤 문의 영상, 즉 앞뒤 문에서 오는 빛을 보고 문이 닫히고 열리는 것을 알게 됩니다. 차가 앞문을 통과하면 앞 범퍼의 입장에서는 뒷문에서 오는 빛에 다가가므로 뒷문은 더 빨리 작동하는 것으로 보는 반면, 앞문에서 오는 빛에 대해서는 도망가는 입장이므로 더 늦게 작동하는 것으로 보게 됩니다. 그리하여 앞 범퍼가 뒷문에 닿는 순간 다시 뒷문이 열리므로 앞 범퍼는 박살나지 않고 뒷문을 통과합니다. 이때까지도 앞문이 닫히는 영상은 아직 돌이에게 도착하지 않습니다. 앞문이 닫히는 영상은 돌이가 뒷문을 통과하고 나서 돌이에게 도착하는데, 이때는 차의 상당 부분이 이미 뒷문을 빠져나간 뒤이며, 돌이는 이 영상에 의해 차의 뒤 범퍼가 앞문과 부딪치지 않고 통과하는 모습을 확인하게 됩니다. 돌이에게는 차고가 줄어드는 것으로 보이지만, 차가 차고에 들어온 뒤 뒷문이 먼저 닫혔다 열리므로 앞 범퍼가 손상을 입지 않고 뒷문을 통과하고, 나중에 뒤 범퍼가 앞문을 지나는 순간 앞문이 닫혔다 열리므로 뒤 범퍼도 손상을 입지 않습니다. 즉, 돌이와 순이가 길이수축으로 각각 차고와 차가 줄어드는 것으로 보는 것은 옳지만, 순이의 동시가 돌이에게는 동시가 아니라는 동시상대성 덕분에 차는 멀쩡하게 차고를 통과합니다.

차 박살 버전

이번에는 차고의 뒷문을 어떤 충격에도 관통되지 않는 튼튼한 재료로 만들어 폐쇄하고 앞문만 열어놓은 상태를 보겠습니다. 순이는 길이수축으로 짧아진 돌이의 차가 차고에 꽉 찬 순간 앞문을 닫는 일을 합니다. 당연히 차는 뒷문과 충돌하여 박살이 나겠지요. 아무리 사고실험이라지만 돌이가 사망하면 기분이 좋지 않을 테니 돌이는 최고의 스턴트맨처럼 차고에 들어서기 직전에 차 문을 열고 뛰어내려 안전하게 순이에게 돌아간다고 가정하겠습니다.

차가 차고에 꽉 찬 순간 앞문을 닫으면 차의 앞 범퍼가 뒷문과 충돌하여 박살나는 것은 물론, 광속의 0.866배로 가던 차가 갑자기 정지하면 길이수축 효과가 사라지므로 다시 $12m$로 늘어나면서 뒤 범퍼도 앞문을 깨뜨리며 박살납니다. 하지만 아무튼 순이의 관성계에서 보면 적어도 충돌 직전의 극히 짧은 순간이나마 차가 차고에 꼭 맞게 들어설 수 있다는 점은 분명합니다.

순이가 보는 상황: 수축된 차의 앞 범퍼가 뒷문과 충돌하여 멈춰서는 순간 차의 길이가 본래대로 늘어나 차와 차고가 박살납니다.

그러나 돌이의 관성계에서 보면 다릅니다. 돌이가 막 탈출하고 난 뒤 차의 입장에서 생각하면 차고가 길이수축을 일으켜 3m로 줄어들지만 차의 길이는 여전히 12m입니다. 따라서 앞 범퍼가 뒷문에 충돌하여 통과할 수 없는 순간에 순이가 앞문을 닫으면 앞문이 차의 앞에서 3m 부분을 때려서 손상시킵니다. 곧 순이의 관성계에서는 차가 차고에 꼭 맞게 들어가는 순간이 분명 존재하지만, 차의 관성계에서는 그런 순간이 없다는 게 모순입니다.

이 모순도 동시의 상대성으로 해소됩니다. 먼저 차의 앞 범퍼가 차고의 뒷문에 부딪혀 박살나는 것은 당연합니다. 그리고 일상적으로는 차가 충돌하는 순간 차 전체가 동시에 정지한다고 여깁니다. 그러나 실제로는 앞 범퍼가 충돌하여 받은 충격이 차의 몸체를 통해 뒤 범퍼까지 전달되는 데는, 아주 짧지만 약간 시간이 걸립니다. 충격의 전달 속도가 아무리 빨라도 우주 최고의 속도인 광속보다는 못하겠지만 편의상 광속으로 전달된다고 가정하겠습니다. 충격이 광속으로 전달되더라도 뒤 범퍼에 도달하기 전까지 뒤 범퍼는 앞 범퍼의 상황을 알 도리가 없으므로 여전히 $0.8866c$의 속도로 돌진합니다. 따라서 차가 볼 때는 차고의 열린 앞문이 $0.8866c$의 속도로 차를 향해 다가오는데, 아래의 계산에서 보듯 "①충격이 앞 범퍼에서 뒤 범퍼까지 오는 시간"보다 "②차고의 열린 앞문이 뒤 범퍼까지 오는 시간"이 더 짧습니다. ①의 "앞 범퍼에서 뒤 범퍼까지의 길이"는 12m이지만 ②에서는 차의 앞 부분 3m는 길이수축으로 줄어든 차고에 들어가 있으므로 "차고의 열린 앞문에서 뒤 범퍼까지의 길이"는 9m입니다.

① $12\text{m} \div 299792458\text{m/s} \fallingdotseq 4 \times 10^{-8}$초

② $9\text{m} \div (299792458 \times 0.866)\text{m/s} \fallingdotseq 3.47 \times 10^{-8}$초

차가 보는 상황: 차의 앞 범퍼가 뒷문과 충돌하여 멈추더라도 그 충격이 뒤 범퍼에 전해질 때까지 뒤 범퍼는 계속 돌진하여 수축된 차고에 꽉 차게 되며, 그 순간 뒷문이 닫히고 차가 정지하여 차와 차고가 본래의 길이로 늘어나면 모두 박살나게 됩니다. 앞서 순이의 관점에서는 12m의 차가 6m의 차고에 들어갔지만 차의 관점에서는 12m의 차가 3m의 차고에 들어간다는 차이에 유의하기 바랍니다.

따라서 앞 범퍼의 충돌에 의해 뒤 범퍼도 멈춰 서기 약 10억분의 5초 전에 앞문이 뒤 범퍼로 먼저 다가와 닫힙니다. 다시 말해서 이 10억분의 5초 동안에는 차의 관성계에서도 차가 차고 안에 꼭 맞게 들어가 있는 모습을 보게 된다는 뜻이며, 이로써 모순이 해소됩니다. 순이의 관점에서는 12m의 차가 6m로 줄어 6m의 차고에 들어가지만, 차의 관점에서는 12m의 차가 3m로 줄어 3m의 차고에 들어가게 된다는 차이점에 유의하

기 바랍니다.

하지만 안타까운 결과는 마찬가지입니다. 각각의 관성계에서 마지막 정지 상태는 같으므로 당연한 귀결이지요. 차가 차고에 꼭 맞게 들어가고, 앞문이 닫히면, 10억분의 5초 뒤에 차가 충격에 의해 멈춰서고, 길이 수축 효과가 사라집니다. 그러면 차고의 길이가 6m로 늘어나지만 차의 길이도 본래의 12m로 늘어나므로 차의 뒤 범퍼도 앞문을 깨뜨리며 박살납니다. 결국 앞뒤의 충격이 더해져서 차 전체가 크게 손상되고 맙니다.

쉼터

아인슈타인 : 최고의 과학자, 최후의 철학자

1921년 노벨상을 받은 42살 때의 모습(출처 https://en.wikipedia.org/wiki/Albert_Einstein)

만년의 모습(출처 https://en.wikipedia.org/wiki/Albert_Einstein)

알베르트 아인슈타인(Albert Einstein, 1879~1955)은 그가 가장 존경하는 과학자 중 하나인 제임스 맥스웰이 세상을 떠난 1879년 독일 남부 작은 도시 울름Ulm에서 태어났습니다. 태어난 지 6주 뒤 가족이 뮌헨으로 이사하여 그곳에서 15살에 중퇴할 때까지 초등 및 중등 교육을 받았습니다. 아인슈타인이 네댓 살 무렵 앓아누웠을 때 아버지는 나침반을 하나 주었습니다. 이 경험이 그의 평생을 결정했다고 합니다. 아무것도 없는 빈 공간에서 뭔가가 작용하여 바늘이 움직인다는 것이 큰 충격이었던 것입니다.

나중에 패러데이가 내세운 "장field"의 개념에 매료된 것, 맥스웰이 개발한 전자기장 방정식에서 깊은 감동을 받고, 중력장 방정식을 개발하는 데 노력한 배경입니다.

아인슈타인은 서너 살이 되도록 말을 제대로 못해서 병원에 다니기도 했습니다. 하지만 후일 "나의 가장 오래된 기억 가운데 하나는 말을 하기 전에 완전한 문장을 만들려고 노력했던 것이다. …… 표현들을 조용히 되뇌었고, 마침내 완전해졌다 싶을 때 비로소 크게 말하곤 했다"라고 회상했습니다. 이런 버릇이 예닐곱 살까지 이어져 발육이 늦다는 오해가 생긴 것으로 보입니다. "성장이 너무 느렸던 나는 충분히 자란 뒤에야 비로소 시간과 공간이 궁금해지기 시작했다. 결과적으로 나는 보통 아이들보다 훨씬 깊이 생각해볼 수 있었다." 사람들이 세상의 잣대로 겉모습만 보고 평가하는 것의 우를 잘 나타내주는 사례라 할 만합니다. 대학 입시에 실패했다는 것도 실상 실패라고 할 수 없습니다. 아버지는 아인슈타인이 중고등학교에 해당하는 김나지움gymnasium에 다니던 때 사업이 기울어 뮌헨에서 이탈리아의 밀라노로 이사했습니다. 하지만 아들은 김나지움을 마치고 오도록 혼자 남겨두었습니다. 아인슈타인은 당시 독일에 팽배했던 군국주의 영향으로 너무나 엄격했던 교육에 강한 혐오감을 느꼈습니다. 17살 이전에 이민을 해야 군대에 가지 않을 수 있었으므로 15살 가을에 학교를 그만두고 이탈리아로 건너가 독일 국적을 포기하고 5년 동안 무국적으로 지냈습니다. 16살 때 취리히공대에 지원했는데, 수학과 과학 시험은 통과했으나 다른 과목들을 통과하지 못했습니다. 하지만 1년 뒤 합격했으며, 당시 취리히공대의 일반적인 입학 연령이 18살이란 점을 생각하면 오히려 1년 앞선 셈이었습니다. 아인슈타인은 대학 입학을 준비하던 1

년 동안 스위스의 아라우Aarau에서 지냈습니다. 그곳의 교육은 독일과 달리 자유로웠으며 아인슈타인은 평생 이때를 그리워했습니다. "자유로운 정신이 넘치고 교사들은 친절하지만 진지했으며 …… 그런 가운데 나는 개인의 책임과 자유의지를 존중하는 교육이 엄격하고 권위주의적인 교육에 비해 훨씬 우월하다는 점을 절실히 깨달았다. 참된 민주주의는 결코 공허한 환상이 아니다."

아인슈타인의 어린 시절을 자세히 살펴본 이유는 그의 과학적 업적이 "초인적인 천재성"이 아니라 "자유로운 사고와 놀라운 집중력의 산물"이라는 점을 강조하려는 것입니다. 아인슈타인은 독일의 엄격한 교육 아래서 자유로운 정신이 질식되지 않은 것을 다행으로 여겼습니다. 그의 이런 정신은 뉴턴처럼 엄청나게 강한 집중력에 의해 뒷받침되었습니다. 16살 때 품은 의문을 10년 동안 줄기차게 추구한 끝에 기어코 해결했으며, 26살 때 떠올린 문제도 이후 10년 동안의 노력으로 정복했습니다. 특히 두 번째의 과정은 치열했는데, 대중적인 과학 전도사로 유명한 물리학자 가쿠 미치오(加來 道雄, 1947~)는 저서 『아인슈타인의 우주Einstein's Cosmos』에서 "아인슈타인은 이때 아마 자신의 생애 중 가장 고도의 집중력을 발휘했을 것이다. 모든 잡념을 끊고 무자비하게 스스로를 채찍질했는데 …… 구체적인 작업은 매우 더디게 진행되었다. 하지만 체력과 정신력이 완전히 바닥나도록 몰아붙여 마침내 이 탁월한 연구를 1915년 11월 말에 마무리 지었다"고 썼습니다. 1915년의 업적이란 일반상대성이론을 가리킵니다. 그런데 아인슈타인은 이론적 난이도는 이에 못 미치지만 뛰어난 과학적 가치를 가진 네 편의 논문을 1905년에 쏟아냅니다. "광전효과photoelectric effect"와 "브라운운동Brownian motion" 그리고 "특수상대성이론"과 그 귀결인

"질량에너지상등원리mass-energy equivalence principle"에 대한 논문들입니다. 이토록 놀라운 성과가 한 해에 이루어진 것을 높이 평가하여 1905년을 "기적의 해miracle year"라고 하는 것입니다.

아인슈타인은 1900년에 취리히공대를 졸업했지만 직장을 잡지 못해 고생하다 1902년 베른Bern 특허국 보조검사원으로 근무하게 됩니다. 그러나 기적의 해를 거쳐 최고의 과학자로 부상하며 찬란한 성공가도에 들어섰습니다. 하지만 내적으로는 어두운 그늘이 드리워졌습니다. 아인슈타인은 대학 동급생이었던 밀레바 마리치(Mileva Marić, 1875~1948)와 사귀었습니다. 사랑에 빠지면 눈과 귀가 먼다지만 아인슈타인과 마리치의 관계는 불가사의했습니다. 마리치는 네 살 연상이었고, 선천적으로 다리 길이가 많이 달라 눈에 띄게 절룩거렸습니다. 성격은 침울하고 은둔적이었으며, 집안에 조현병 내력이 있었고, 사회적 지위도 유태인들이 경멸했던 유럽 남부 발칸반도 출신이었습니다. 이 때문에 양쪽 집안에서도 그들의 결혼을 축복해준 사람은 아무도 없었습니다. 1903년 결혼 전에 이미 둘 사이에는 리세를Lieserl이라는 딸이 하나 있었지만 태어난 뒤 곧 성홍열로 죽었다거나, 사생아를 가졌다는 사실을 감추기 위해 입양시켰다는 추측만 있을 뿐 어떻게 되었는지 전해지지 않습니다. 정식으로 결혼식을 올린 뒤 아인슈타인은 두 아들을 얻었습니다. 첫째 아들은 대학교수가 되어 정상적인 삶을 살았지만, 둘째 아들은 조현병에 걸려 정신병원에서 비참한 생애를 마칩니다. 마리치를 배우자로 택한 이유는 사랑의 결과라기보다 평생 이어갈 연구의 동반자로 여겼기 때문인 것 같습니다. 당시 여자가 대학에 간다는 것 자체가 어려웠는데, 장애인인 데다 먼 타향 출신 여성이 공학도였다는 것은 마리치의 수학적 재능이 매우 뛰어났음을 보여줍니다. 아인슈타인은 과학적 직관은 탁월했지만 수학적 재능은 그렇지 못해 보완이 절실하다고 판단했던 것 같습니다. 이 점은 취리히공대 수학 교수였던 민코프스키(Hermann Minkowski, 1864~1909)가 아인슈타인을 "게으른 개"라고 혹평한 데서도 엿보입니다. 그러나 사생아 문제, 주변의 반대, 마리치의 졸업시험 실패, 아인슈타인의 실업 상태 등 냉혹한 현실 속에서 마리치는 연구의 동반자는커녕 남편과 자식들 뒷바라지만도 힘겨운 지경에 빠지고 말았습니다. 결국 결혼생활은 서서히 파탄의 구렁텅이로 빠져듭니다. 마리치는 아인슈타인을 위해 모든 것을 희생하면서 심신이 피폐해져 갔습니다. 주변의 반대를 무릅쓰고 추구했던 구원의 동반자 관계는 허무하게 무너져 내렸습니다. 1909년에 얻은 둘째 아들의 조현병은 결정타였습니다. 아인슈타인은 "느리지만 불가항력적으로 비극이 다가오는 것을 고통스럽게 지켜보았다"라며 "저주스런 유전"이라고 한탄했습니다. 결국 일반상대성이론을 확증하는 유명한 개기일식 관측이 성공을 거두어 과학계를 초월한 유명인이 되었던 1919년, 첫 결혼은 이혼으로 막을 내렸습니다.

아인슈타인은 1908년 베른대학 강사가 되어 정식으로 학계에 들어섰으며, 1909년에는 취리히대학 교수가 되었습니다. 이후 프라하로 잠시 옮겼다가 1914년 파격적인 대우를 받고 그토록 싫어했던 독일로 돌아가 베를린의 훔볼트대학교Humboldt University 교수로 취임했습니다. 베를린행은 결혼생활에 치명타였습니다. 밀레바는 곧 취리히로 떠나 돌아오지 않았으며, 1919년 이혼한 뒤 아인슈타인이 1921년에 받은 노벨 물리학상의 상금을 보내오자 이것으로 생활을 꾸려갔습니다. 둘째 아들은 너무나 무거운 짐이었습니다. 병이 악화되자 비용도 늘어나 생활은 쪼들렸습니다.

그녀는 아들의 뒷바라지에 20년 가까운 여생을 바치고 1947년 외롭게 눈을 감았는데, 아들은 이후에도 정신병원에서 17년을 더 살다가 삶을 마쳤습니다. 아인슈타인은 베를린에서 혼자 살며 어릴 때부터 알고 지내던 3살 연상의 사촌 누이 엘자 뢰벤탈(Elsa Löwenthal, 1876~1936)과 가까이 지내다 1919년에 결혼했습니다. 이혼녀였던 엘자는 마리치와 달리 밝고 따뜻한 성격으로 아인슈타인을 잘 돌보았고 위대한 과학자의 아내가 된 것을 즐겼습니다. 세계적인 저명인사로 떠오른 아인슈타인의 적절한 반려자로 아무런 손색이 없었던 것입니다.

아인슈타인은 상대성이론으로 유명하지만 노벨상은 광전효과 연구로 받았습니다. 그때만 해도 상대성이론이 논란의 여지가 많았던 데다, 노벨상 위원들이 충분히 이해하지 못했기 때문이란 이야기도 있습니다. 이후 미국을 방문하고 세계일주를 하며 수많은 강연을 하는 등 높은 명성에 어울리는 삶을 만끽했습니다. 그런데 히틀러(Adolf Hitler, 1889~1945)가 정권을 잡으면서 새로운 전환점이 다가왔습니다. 1933년 유태인을 박해하는 히틀러의 탄압을 피해 미국으로 건너간 아인슈타인은 프린스턴에 세워진 고등과학연구소Institute for Advanced Study에 몸을 담았고 이후 평생 그곳에서 지냈습니다. 그래서 "아인슈타인은 히틀러가 미국에 준 최고의 선물"이라고도 합니다. 하지만 이미 그의 과학적 창의성은 쇠퇴기에 들어섰으며 이후 제2차 세계대전을 포함한 격동기에는 세계 평화와 정치 문제에 많이 관여했습니다. 전쟁을 종식시키기 위해 루스벨트(Franklin Roosevelt, 1882~1945) 대통령에게 원자폭탄 개발을 건의했지만 전쟁이 끝난 뒤에는 오히려 이를 억제하려고 노력했다는 이야기는 잘 알려져 있습니다. 하지만 과학에서 아주 손을 뗀 것은 아니었습니다. 일반상대성이론을 완성한 뒤 "통일장이론unified field theory" 연구를 시작하여 평생 여기에 매달렸습니다. 하지만 다른 사람들은 물론 스스로도 어떤 가시적인 성과는 기대하지 않았습니다. 사실 아인슈타인은 광전효과의 해명을 통해 양자역학에서도 그 토대를 닦은 선구자였습니다. 그러나 나중에 양자역학이 자연계의 근본 현상에 대해 불확정성원리와 "확률해석원리*"를 제시하는 등 자신의 믿음에 어긋나는 방향으로 나아가자 배척하게 되었습니다. 양자역학의 근본적인 문제들을 두고 많은 논쟁을 펼쳤던 보어(Niels Bohr, 1885~1962)는 "이 위대한 친구와 동행하지 못하는 게 참으로 아쉽다"고 안타까운 심정을 토로했습니다.

아인슈타인이 성공을 별로 기대하지 않으면서도 통일장이론에 매달린 데는 이유가 있었습니다. 그는 맥스웰이 전기와 자기를 통일했듯 자연계의 다양한 법칙들은 궁극적인 원리 속에 하나로 통일될 것이라는 믿음을 지녔습니다. 이것은 너무나 엄청난 과업이었습니다. 한창 과학적 경력을 쌓아야 할 젊은 과학자들은 섣불리 도전할 수 없었습니다. 오랜 시간과 많은 노력이 물거품이 된다면 돌이킬 수 없는 타격을 입을 것이기 때문이지요. 아인슈타인은 이미 충분한 성취를 이뤘기 때문에 성공 가능성이 낮더라도 자신이 좋아하는 문제에 매진할 수 있었던 것입니다. 완전한 성공은 아니라도 조금이나마 가시적인 성과가 나온다면 후대 과학자들에게 새로운 길을 열어줄 수도 있다고 생각한 거지요. 하지만 이는 이룰 수 없는 꿈이었습니다. 핵물리학이나 소립자물리학 등 기본적인 여건이 성숙하지 않았기 때문입니다. 그래도 그는 "흘러간 인물"로 여겨지는 것을 감수하고 묵묵히 이 길을 갔습니다. 자료에 따르면 그는 죽기 바로 전날에도 뭔가 수식을 썼으며, 침대 옆에 남긴 마지막 서류에는 여러 번 수정을 거친 통일장이론에 관한 수식들이 빽빽이 쓰여 있었다고 합니다. 그의 노력은 헛수고였을까요? 그렇지 않습니다. 그가 죽은 뒤 약 20년 동안 통일론의 꿈이 침체했지만 1980년대에 들어 초끈이론을 비롯한 성과들이 조금씩 나타났으며, 오늘날에는 자연의 근본력들에 대한 통일의 꿈을 향해 수많은 과학자가 정열을 불사르고 있습니다. 아인슈타인은 복부 대동맥이 풍선처럼 부푸는 동맥류로 몇 해를 고통 받다 죽음을 맞았습니다. 그는 시신을 화장하여 아무도 알지 못하는 곳에 뿌려달라고 유언했습니다. 또한 자신을 위해 어떤 박물관이나 기념물도 세우지 말라고 당부했습니다. 지적 업적 외에 아무 것도 세상에 남기려고 하지 않았던 것입니다. 생전에 거주했던 프린스턴의 집과 연구실에도 다른 사람들이 살고 있으며, 동상이나 기념관도 없이 오직 생전에 산책했던 작은 길에만 "아인슈타인로Einstein Drive"라는 이름이 붙여졌을 뿐입니다. 그런데 그가 죽은 뒤 병원에서는 유언을 무시하고 가족의 동의도 받지 않은 채 뇌를 따로 적출하여 오늘날까지 보관하고 있습니다. 여기서 아인슈타인의 천재성에 티끌만한 암시라도 얻어낼 수 있을까요? "나는 특별한 재능이 아니라 열정적인 호기심을 가졌을 뿐이다"라고 했던 그가 이런 것을 바랄을까요? 이제라도 빨리 화장하여 산분하는 게 도리이자 예우일 것입니다.

아인슈타인의 업적은 오늘날에도 많은 영향을 미치는데 대략 보기에도 너무 많으므로 양자론과 상대론에서 하나씩만 살펴보겠습니다. 그는 양자론에서 일찍 손을 뗐지만 놀랍게도 이를 토대로 1917년에 레이저laser의 작용 원리를 이론적으로 밝혔으며 결국 1960년대에 들어 현실화되었습니다. 한편 상대론에서는 그의 "최대의 실수"가 유명합니다. 아인슈타인은 일반상대성이론을 완성한 뒤로도 "우주는 거시적으로 일정한 상태를 유지한다"는 "정적 우주론"을 믿었습니다. 일반상대성이론에서 논리적으로 "동적 우주론"을 예언했음에도 불구하고 정적 우주론을 유지하기 위해 1917년 자신의 방정식에 "우주상수cosmological constant"라는 항을 덧붙였던 것입니다. 그러나 1929년 미국의 천문학자 허블(Edwin Hubble, 1889~1953)이 머나먼 은하들이 서로 멀어져 우주가 팽창한다는 사실을 발견하자 우주상수의 도입을 일생일대의 실수라고 말했습니다. 그러나 2000년대에 들어 우주는 갈수록 더욱 빨리 팽창하는 "가속팽창"을 하고 있음이 밝혀졌습니다. 그리하여 우주상수는 새로 각광을 받게 되었고 그 역할에 대한 탐구가 계속되고 있습니다.

아인슈타인의 일생에 대한 이야기를 마무리하며 주목하고 싶은 것은 사람들이 그다지 주의를 기울이지 않는 측면입니다. 아인슈타인이 유럽에서 미국으로 건너온 게 과학과 철학 사이 전통적인 관계의 단절을 보여주는 상징적 사건으로 여겨진다는 점입니다. 전통적으로 유럽에서는 과학과 철학 사이의 유대 관계가 강했습니다. 아인슈타인도 어렸을 때 칸트(Immanuel Kant, 1724~1804)에 대해 배우고 많은 관심을 가졌습니다. 사실 대표적인 철학자로 알려진 칸트도 과학 연구에 많은 노력을 바쳤습니다. 하지만 제2차 세계대전을 계기로 미국이 초강대국으로 떠오르면서 미국의 실용주의가 유럽을 휩쓸었고 과학은 점점 삭막한 학문이 되어갔습니다. 이런 상황에서 아인슈타인이 과학과 인생과 우주에 대해 남긴 수많은 단상을 살펴보면 또 다른 차원의 깊은 울림이 느껴집니다. 아인슈타인을 과학자들 가운데 "최후의 철학자"라고 말할 수 있을 정도입니다. 과학과 철학의 관계는 나중에 따로 살펴보겠습니다.

부 록

지금까지 1900년 이전의 고전물리학(고전역학·열역학·전자기학)을 대략 모두 훑어보았고, 현대물리학 가운데 특수상대성이론을 이 책의 목표인 $E = mc^2$과 관련하여 살펴보았습니다. 일반상대성이론과 양자역학만 덧붙이면 물리학의 모든 분야를 둘러보는 셈입니다. 물론 "수박 겉핥기"에 불과하다고 여길 수도 있습니다. 하지만 깊은 "속"을 조금씩이나마 음미할 정도는 됩니다. 부록에서 일반상대성이론과 양자역학을 맛볼 수 있도록 간략하게 정리했으니 장차 이를 토대로 더욱 풍성한 지적 향연을 누리기 바랍니다.

1. 일반상대성이론 맛보기

물질은 시공이 어찌 휠지 말해주고 시공은 물질이 어찌 움직일지 말해준다. — 존 휠러

만유인력법칙의 결함

아인슈타인이 일반상대성이론을 생각하게 된 것은 뉴턴의 만유인력법칙이 특수상대성이론에 위배되었기 때문입니다. 만유인력법칙은 "두 물체 사이에 작용하는 중력은 두 물체가 가진 질량의 곱에 비례하고 거리의 제곱에 반비례한다"는 것으로 식으로 나타내면 다음과 같습니다.

$$F = G\frac{m_1 m_2}{r^2}$$

이 식은 "중력이 있다"는 사실만 보여줄 뿐 "중력이 구체적으로 어떻게 전달되는가?"는 알려주지 않습니다. 다시 말해서 물체 m_1과 m_2가 거리 r만큼 떨어져 있으면 F만큼의 중력이 "즉각" 결정된다는 것만 알려줍니

다. 언뜻 생각하면 별 문제가 없는 것 같지만 두 물체 사이의 거리가 매우 큰 경우를 생각해보면 결함이 나타납니다. 밤하늘은 마냥 고요해 보이지만 아득히 머나먼 우주 공간에서는 어디선가 항상 격렬한 충돌이나 폭발이 일어납니다. 광속이 유한하므로 그 현상이 지구에서 관찰되는 것은 그로부터 한참 후의 일입니다. 그런 격렬한 현상이 일어나면 별이 붕괴하거나 합체하여 부근에 심한 중력의 변화가 생길 것입니다. 그런데 만유인력법칙의 식에 따르면 거리에 상관없이 중력은 즉각 결정되므로 별의 붕괴나 합체는 빛보다 빠르게, 아니 빠른 정도가 아니라 "즉시" 지구에 영향을 줘야 합니다. 그러나 특수상대성이론에 따르면 빛보다 빠른 존재는 없습니다. 광속일정원리에 따라 광속이 변할 수도 없습니다. 따라서 "중력의 작용이 빛보다 빠르게 즉각적으로 전달된다"는 것은 불합리합니다.

가장 행복한 생각

이런 불합리를 해결하기 위해 아인슈타인은 특수상대성이론을 개발할 때처럼 "실마리"를 찾아 나섰습니다. 그는 16살 때 "빛과 나란히 달리면서 빛을 보면 정지해 보일까?"라는 의문을 실마리로 10년을 고투한 끝에 특수상대성이론을 수립했습니다. 이 문제와 관련된 실마리는 무엇이었을까요? 추측컨대 아인슈타인의 무의식은 이렇게 흘러갔을 것 같습니다. 16살 때의 실마리는 "빛의 정지"를 떠올리면서 얻었습니다. 그런데 이 문제의 주역은 "중력"입니다. 그렇다면 "중력의 정지"를 떠올리면 어떨까요? 그 순간 단순하면서도 경이로운 생각이 번개처럼 뇌리를 스쳤습니다. "자유낙하"를 하면 중력이 사라진다는 사실입니다!

아인슈타인은 이 단순한 생각을 실마리 삼아 다시 10년의 고투 끝에 최고의 업적으로 평가되는 일반상대성이론을 얻었습니다. 이토록 오래 걸린 것은 구체적인 연구가 매우 힘들었기 때문입니다. 하지만 그 복잡한 과정이 이토록 단순한 사실에 근거를 둔다는 점에서 그의 놀라운 직관을 느끼게 됩니다. 그는 나중에 이 실마리를 "내 인생에서 가장 행복한 생각 the happiest thought of my life"이라고 회고했습니다.

가속중력상등원리

엘리베이터를 탔다고 합시다. 정지해 있으면 중력이 작용하므로 당연히 몸무게를 느낍니다. 그런데 엘리베이터의 케이블이 끊어져 자유낙하를 한다면 무중력 상태가 되어 몸무게를 느끼지 못합니다. 다시 말해 중력이 차단된 것인데, 그 이유는 자유낙하로 인한 가속이 중력의 작용을 상쇄하기 때문입니다. 아인슈타인은 여기서 "중력과 가속의 작용이 동등하다"는 일반상대성이론의 실마리를 떠올렸습니다.

상황을 바꿔 아래 그림을 봅시다. 왼쪽 그림은 우주 공간을 날아가는

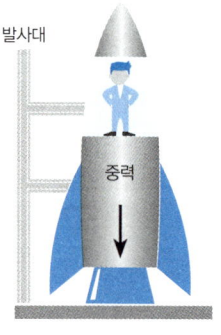

| 가속 중인 로켓과 지구의 중력

로켓입니다. 로켓이 분사를 하지 않으면 일정한 속도로 날아가며, 그 안은 무중력 상태가 됩니다. 분사를 시작하면 위로 추진력이 발생하고, 안의 사람은 반대로 아래로 쏠리는 힘을 느낍니다. 아인슈타인은 중력과 가속의 작용이 동등한 이상 "아래로 쏠리는 힘"은 지구에서 가만히 있을 때 느끼는 "중력"과 성질이 완전히 같다고 보았습니다.

로켓의 가속 a와 지구의 중력가속 g가 같고, 안에 있는 사람은 로켓이 우주 공간에 있는지 지구의 발사대에 있는지 모른다고 합시다. 과연 이 상황에서 이 사람이 느끼는 힘이 로켓의 가속 때문인지 아니면 지구의 중력 때문인지 구별할 수 있을까요? 아인슈타인에 따르면 이를 구별할 길은 없습니다. 그래서 그는 "가속계와 중력계는 동등하다"는 "가속중력상등원리*"를 내세웠습니다. 로켓 안에 있는 사람의 질량을 m이라고 할 때 이 상황은 "$ma = mg$"로 쓸 수 있습니다. 그런데 좌변의 m은 "가속에 저항하는 관성을 나타내는 질량"이라고 보아 "관성질량 inertial mass"이라 하고 m_i로 나타내며, 우변의 m은 "중력의 영향을 받는 질량"이라고 보아 "중력질량 gravitational mass"이라고 하고 m_g로 나타냅니다. 로켓의 가속 a가 중력가속 g와 같다면 "$m_i = m_g$", 곧 "관성질량 = 중력질량"이라는 관계가 되며, 이에 따라 가속중력상등원리를 "관성질량과 중력질량이 동등하다고 보는 원리"라고도 합니다.*

---

* 상대성이론에는 두 가지 상등원리가 있습니다. 하나는 질량에너지상등원리고 다른 하나는 가속중력상등원리입니다. 두 원리는 단순히 값(價)만 같은 게 아니라 본질이 서로 같다는 데 진정한 의의가 있습니다. 따라서 흔히 "등가원리"라고 부르지만 "상등원리"라고 부르는 게 더 타당합니다.
  질량에너지상등원리는 특수상대성이론의 두 가지 가정에서 유도되는 결론이지만, 가속중력상등원리는 일반상대성이론에서 가정의 역할을 합니다. 그러므로 "원리"라는 용어의 본래 의미에 더 부합하는 것은 가속중력상등원리입니다. 따라서 그냥 "상등원리(등가원리)"라고 할 경우 대개 가속중력상등원리를 가리키는데, 정확하게는 문맥에 따라 판단하면 됩니다.

중력이 빛을 휜다

로켓의 예는 아주 쉽고, 가속계와 중력계가 동등하다는 것도 수긍이 갑니다. 그런데 이 사실은 실제적으로 어떤 의미가 있을까요? 그림과 같이 로켓의 한쪽 벽에 수평으로 매단 레이저로 빛을 쪼였다고 합시다. 로켓이 일정한 속도로 갈 때는 빛도 정확히 직진하여 반대쪽 벽에 닿습니다. 그러나 로켓이 분사를 시작하여 가속 중이라면 빛이 가는 길은 점점 아래로 휘어져 아까보다 아래쪽에 닿게 됩니다.

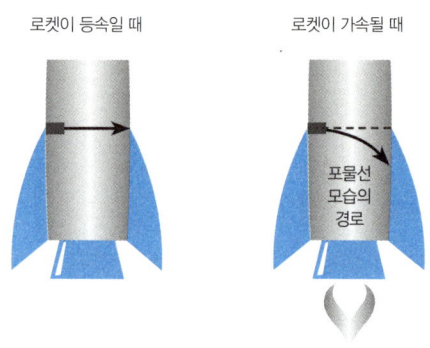

| 빛의 진행에 대한 실험

여기까지는 어려울 것도 신기할 것도 없습니다. 그러나 이제 장소를 바꾸어 로켓을 지상에 둔 채 똑같은 실험을 했다고 합시다. 과연 이 빛은 직진할까요? 아니면 로켓이 가속될 때처럼 아래로 휘어질까요?

| 빛의 진행 실험 : 로켓이 지상에 있을 때

언뜻 보기에는 로켓이 지상에 가만히 있는 한, 빛은 그냥 직진하여 그림의 위쪽 경로를 지날 것으로 생각됩니다. 그러나 가속계와 중력계는 동등하다는 새로운 상등원리에 따르면 빛은 아래로 휘어지는 경로를 지날 것입니다. 어느 쪽일까요? 과연 중력은 빛을 휘게 할까요?

일식 원정대

아인슈타인은 가속중력상등원리가 성립하는 한 중력계에서도 당연히 빛은 휘어진다고 주장했고, 직접 확인할 수 있는 방법도 제시했습니다. 중력이 약한 지구에서는 이 효과를 감지할 수 없지만, 중력이 매우 강한 태양 주위를 지나는 별빛이 휘어지는 현상은 충분히 측정할 수 있으리라 보고, 그 수치까지 계산했던 것입니다. 태양이 밝게 빛나는 낮에는 별빛을 볼 수 없으므로 이 효과를 보려면 달이 태양을 완전히 가리는 개기일식을 이용해야 합니다.

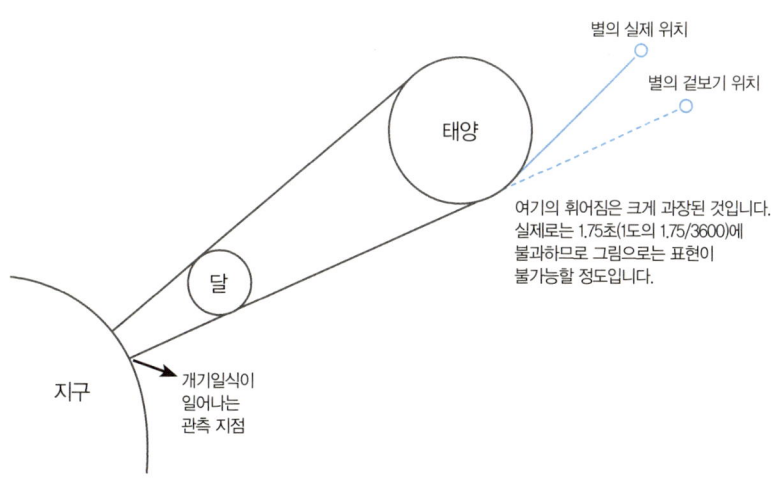

| 태양의 중력장에 의한 별빛의 휘어짐

정말로 별빛이 휘는지 관측하기 위해 1919년 영국은 아프리카 서해안에 있는 프린시페 섬Principe Island으로 특별 원정대를 파견했습니다. 측정 결과는 예측과 일치했고 아인슈타인의 상등원리는 완전히 공인되었습니다. 제1차 세계대전이 끝난 이듬해였습니다. 독일 출신 과학자의 예측을 영국 원정대가 확인한 이 실험은 전쟁으로 인한 적대관계를 우호적으로 이끄는 상징적 계기로 여겨져 커다란 뉴스거리가 되었습니다. 이 실험의 성공에 힘입어 아인슈타인은 대중적인 저명인사로 급부상했습니다.

중력이 공간을 휜다

이 현상을 다른 관점, 곧 빛의 입장에서 볼 수도 있습니다. "빛은 공간상의 두 점을 가장 짧은 시간이 소요되는 길로 지나간다"고 하는 "최단시간원리principle of least time"라는 성질이 있습니다. 그런데 빛이 중력장에서 휘어진다면 지름길을 두고 빙 돌아가는 것이므로 이 원리에 위배됩니다. 그러나 빛이 중력장을 지난다고 해서 이 원리를 위반한다고 보는 것은 부자연스럽습니다. 서울에서 뉴욕으로 가는 비행기를 생각해봅시다. 비행기는 연료와 시간을 아끼기 위해 가능한 한 가장 빨리 갈 수 있는 길을 택해서 날아갑니다. 하지만 이 경로는 직선이 아니라 지구의 표면을 따라 둥글게 휘어지는 곡선입니다. 이때는 비행기의 길보다는 비행기가 날아가는 공간이 휘어져 있다고 보는 게 자연스럽습니다. 따라서 중력이 있으면 빛보다는 공간이 휘어진다고 해석하는 게 더 타당합니다. 요컨대 중력은 공간을 휩니다.

중력이 시간을 늦춘다

중력이 공간을 휘는 데서 도출되는 귀결 가운데 하나는 중력이 강한 곳에서는 약한 곳에서보다 시간이 늦게 간다는 것입니다. 그림의 굵은 곡선은 중력이 강한 별의 표면입니다. 이 별의 상공에서 폭이 1m인 서치라이트로 표면과 평행하게 빛을 쏘았다고 합시다. 곧 그림의 ①과 ② 사이의 거리는 1m입니다. 그런데 빛은 중력의 영향을 받아 그림처럼 휘어져 나아가며 바깥쪽 A~B 사이의 거리는 C~D 사이의 거리보다 깁니다. 하지만 하나의 서치라이트에서 나온 빛의 안쪽 부분과 바깥쪽 부분은 나란히 진행해야 합니다. 한편 "거리=속도×시간"이며 광속은 일정합니다. 그런데 "A~B 〉 C~D"이므로 A~B를 지나려면 C~D를 지나는 것보다 더 긴 시간이 필요합니다. 예를 들어 A~B와 C~D를 지나는 데 걸리는 시간이, 편의상 크게 과장해서, 2초와 1초라고 합시다. 그러면 ②의 시간 1초는 ①의 시간 2초와 같다는 뜻이고, 바꿔 말하면 ②의 시간이 ①의 시간보다 2배 느리게 간다는 뜻입니다. 그런데 중력은 별과 가까운 곳일수록 더 강하므로 중력이 강할수록 시간이 더 느리게 간다는 뜻이 됩니다. 곧 중력은 시간을 늦춥니다.

아래의 굵은 곡선은 중력이 강한 별의 표면이고 ①과 ②는 한 광선의 너비로 보면, 광속은 일정하므로 중력이 강한 ②의 경로를 지나는 부분의 시간이 느리게 가야 합니다.

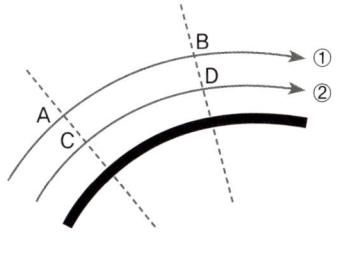

| 중력에 의한 시간지연

주의할 것은 일반상대성이론에서 "중력에 의한 시간지연"은 상동관계가 아니라는 점에서 특수상대성이론의 "상대속도에 의한 시간지연"과 본질적으로 다르다는 점입니다. 특수상대성이론에서는 속도가 다른 두 관찰자가 서로 상대방을 보면 모두 상대방의 시간이 느리게 갑니다. 하지만 일반상대성이론에서는 ①의 관찰자가 ②를 보면 ②의 시간이 느리며, ②의 관찰자가 ①을 보면 ①의 시간이 빠릅니다. 곧 중력에 의한 시간지연 효과는 중력이 강할수록 시간이 일방적으로 느려지는 효과입니다.

또한 질량이 있으면 중력이 생성되는데, 지금 보았듯 중력은 시간과 공간을 함께 변형시킵니다. 따라서 시간과 공간은 더 이상 따로 분리할 수 없으며, 상대성이론에서는 이 둘을 합쳐서 "시공 spacetime"이라고 합니다. 물론 특수상대성이론에서도 이미 시공의 조정 현상을 보았지만 일반상대성이론에서는 그 효과가 더욱 두드러지며, 이를 간명히 "중력은 시공을 휜다"라고 말합니다.

상대성이론의 영향

특수상대성이론을 배울 때 시공에 대한 관념에 혁신이 필요했습니다. 일반상대성이론을 배우고 보니 또 다른 혁신이 필요함을 깨닫습니다. 이처럼 아인슈타인은 두 번에 걸쳐 우주의 구성에 대한 관념에 놀라운 혁신을 가져왔습니다. 상대성이론은 시간과 공간과 에너지와 물질이라는 네 가지 요소가 긴밀하게 연결되어 있음을 보여주어 현대적인 우주론의 형성과 발전에 커다란 역할을 했습니다. 빅뱅, 우주의 팽창, 우주의 궁극적인 운명, 블랙홀 등 이름만 들어도 흥미진진한 주제가 모두 상대성이론과 뗄 수 없는 관계에 있습니다. 그런데 이런 것들은 과학자들에게는 중요하고 일반인들에게도 흥미롭기는 하지만 일상과 너무 동떨어진 것 같다는 느낌을 받습니다. 과학자들은 고전물리학의 세계가 허상이고 현대물리학이 보여주는 세계가 진정한 실상이라고 강조합니다. 그러나 이성은 이 말을 수긍하면서도 감성은 여전히 머뭇거립니다.

근래에 상대성이론을 일상적으로 생생하게 실감할 수 있는 좋은 예가 나타났습니다. 흔히 "GPS"라고 하는 위성항법장치global positioning system가 바로 그것입니다. GPS는 셋 이상의 인공위성과의 거리를 측정하여 위치를 알려주는 장치입니다. 이 위성들은 "①4km/s 정도의 속도로" "②지상 약 2만km의 궤도에서" 지구 둘레를 돕니다. 지상의 시간에 비해 위성들의 시간은 ①에 의해서는 특수상대성이론에 따라 늦어지지만, ②에 의해서는 중력이 지면보다 약하므로 일반상대성이론에 따라 빨라집니다. 하루를 기준으로 정확히 계산해보면 ①에 의해 100만분의 7.1초쯤 느려지고 ②에 의해 100만분의 45.7초쯤 빨라져 결국 하루에 100만분의 38.6초쯤 빠릅니다. 이를 보정하지 않으면 GPS는 하루에 약 11km 정도 오차를 나타냅니다. GPS의 오차를 바로잡아준다는 점을 생각하면 멀게만 느껴졌던 상대성이론이 훨씬 친밀하게 다가옵니다. 물론 아직은 이론적인 측면이 더 두드러집니다. 하지만 장차 과학이 더 발달하고 인간의 활동 영역이 드넓은 우주공간까지 확장되면 실제적인 응용성도 더욱 부각될 것입니다.

왜 "특수"와 "일반"인가?

"특수"와 "일반"이란 용어의 일상적 의미는 약간 모순적인 측면이 있습니다. 예를 들어 "그 사람은 특수한 능력을 지녔다"라고 말하면 대개 좋은 뜻이며 일반보다 우월하다는 의미입니다. 반면 "이것은 특수한 경우이다"라고 하면 좋을 수도 나쁠 수도 있지만 어쨌든 예외적이라는 뜻이므로 적용 범위라는 면에서 일반보다 열등하다는 의미가 됩니다. 따라서 특수와 일반의 우열은 상황별로 파악해야 하는데 특수상대성이론과 일반상대성이론의 경우는 둘째 용법으로 쓰인 것입니다. "일반상대성이론"이란 말은 아인슈타인이 1916년에 발표한 중력 이론에 쓰였지만 "특수상대성이론"이란 말은 1905년의 논문에 나오지 않습니다. 1905년 논문의 제목은 "움직이는 물체의 전기역학에 대하여"였습니다. 따라서 특수상대성이론이란 말은 일반상대성이론이란 말이 나온 뒤 이에 대응하는 이론을 지칭하기 위해 만들어진 것입니다.

특수상대성이론과 일반상대성이론의 가장 큰 차이점은 적용 분야입니다. 특수상대성이론은 관성계에 적용되는데, 엄밀히 말하면 관성계는 실제로는 존재할 수 없습니다. 우주란 일단 물질이 있어야 성립되는데, 물질이 존재하는 한 중력이 필연적으로 생성되고, 중력이 생성되면 어떤 물질이든 가속을 받으므로 엄밀한 의미에서 등속운동이란 있을 수 없습니다. 한편 일반상대성이론은 애초부터 가속계와 중력계를 대상으로 출발한 이론이므로 현실적인 계에 적용됩니다. 중력의 영향이 극히 작아 무시할 수 있는 경우에는 특수상대성이론을 적용해도 별 문제가 없습니다. 특수한 경우에만 적용된다는 뜻입니다. 특수상대성이론에서 상대성원리는 "①모든 관성계에서 물리법칙은 동일하게 표현된다"고 했습니다. 일반상대성이론에 원용하면 "②모든 가속계에서 물리법칙은 동일하게 표현된다"고 할 수 있습니다. 가속계에서 가속이 0이면 바로 관성계가 되므로, 일반상대성이론은 특수상대성이론을 포괄하는 이론입니다.

한 가지 덧붙일 게 있습니다. 지금껏 관성계나 가속계에 작용하는 힘은 언제나 중력을 말하는 것처럼 이야기했지만, 전자기력이라는 힘을 잊어서는 안 됩니다. 일반상대성이론을 발표한 뒤 아인슈타인은 전자기력도 공간의 휘어짐을 통해 설명하려고 많은 노력을 했는데, 이를 통일론unified theory이라고 합니다. 그러나 당시로서는 알 수 없는 문제가 많았으므로 이것까지 완성할 수는 없었습니다. 이후 강력strong force과 약력weak force이라는 두 가지 힘이 추가되어, 오늘날에는 모두 네 가지 힘을 통합하려는 통일론이 물리학에서 가장 중요한 연구 주제 중 하나입니다. 새로운 통일론이 완성되는 날, 상대성이론도 보다 깊은 의미를 펼쳐낼 것으로 기대합니다. 고전물리학에서 분리되었던 공간·시간·에너지·물질의 네 관념이 특수상대성이론과 일반상대성이론에서 어떻게 융합되는지 그림으로 요약하면 다음과 같습니다.

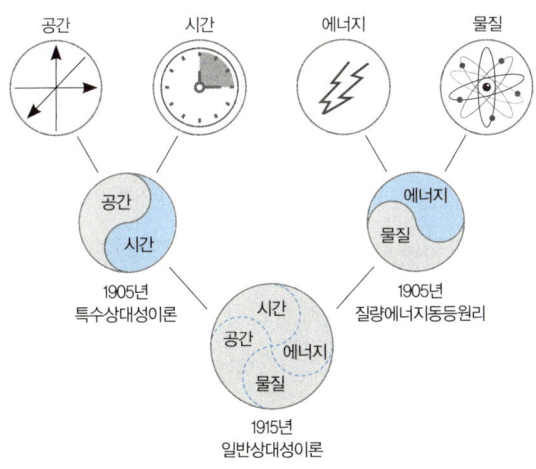

| 공간·시간·에너지·물질의 융합

2. 양자역학 맛보기

> 양자역학을 이해하는 사람과 그렇지 않은 사람의 차이는 인간과 원숭이의 차이보다 크다.
> — 머리 겔만

겔만의 말은 충격적이지만 양자역학이 얼마나 중요한지 말해줍니다. 양자역학을 탐구하다보니 그 기본적 이해가 "진정한 인간의 조건" 가운데 하나라고 여길 정도였던 모양입니다. 과연 "양자역학"이 무엇인지 가장 핵심적인 네 가지만 간략히 살펴보고자 합니다. 즉 "양자의 의미"와 "이중성원리", "불확정성원리", "확률해석원리"라는 세 가지 주요 원리를 알아봅시다. 직관적인 이해를 위해 "돈", "무한확대경", "속도위반", "일기예보"라는 비유를 들어 설명합니다.

(1) 양자의 의미

양자란?

"양자量子 quantum"는 "양의 단위체"라는 뜻입니다. "단위체"란 "가장 기본적인 낱개"를 뜻하므로 쉽게 이해됩니다. 분자molecule, 원자atom, 전자electron, 양성자proton, 중성자neutron 등이 모두 단위체를 뜻합니다. "양"은 "물리량"입니다. 물리량의 종류는 다양하지만 양자역학에서는 특히 "에너지"와 "운동량"이 중요합니다. 이렇게 "양자"란 말을 "양"과 "자"로 나누어 볼 때는 별 어려움도, 이상한 점도 없습니다.

하지만 "양"과 "자"를 합쳐 "양자"라는 한 단어로 만들면 심상치 않은 점이 있습니다. 분자, 원자, 전자 등은 모두 "물질"의 단위체인데, 에너지와 운동량은 "비물질"입니다. 원자의 개념을 돌이켜봅시다. 어떤 물체를 반으로 쪼개고, 그것을 또 반으로 쪼개는 과정을 반복하여 얻어진, 더 이상 나눌 수 없는 조각을 원자라고 합니다. 원자를 뜻하는 "atom"이란 말 자체가 "더 이상 쪼개지 못하는 단위체"라는 뜻입니다.

"물질"을 쪼개는 것은 이상할 게 없습니다. 그러나 에너지나 운동량처럼 물질이 아닌 "무형의 실체"도 더 이상 쪼갤 수 없는 "조각"이 있다는 것은 쉽게 이해되지 않습니다. 그 "조각"은 "무형의 실체"가 아니라 "물질적인 실체"라는 말일까요? 형체가 없는 것이 "조각"을 가질 수 있을까요? 고전역학은 이를 부정합니다. 분자나 원자 등 물질적 실체의 기본 단위체는 인정하지만, 에너지 같은 무형의 물리량은 더 작은 양으로 무한히 나눌 수 있으므로 단위체가 있을 수 없다고 봅니다. 하지만 놀랍게도 양자역학은 "그렇다"고 대답합니다. 비물질적 실체인 에너지나 운동량 같은 물리량에도 분자, 원자, 전자 등의 물질적 실체와 마찬가지로 "낱낱의 조각", 즉 "기본 단위체"가 있다고 합니다. 이 기본 단위체를 "양자"라고 합니다.

에너지의 양자 관념을 처음 제시한 사람은 독일의 플랑크(Max Planck, 1858~1947)입니다. 그는 19세기가 저무는 1900년 12월 14일 독일물리학회에서 "빛의 에너지는 최소 단위 에너지의 자연수 배로 되어 있다"는 양자가설을 최초로 밝혔습니다. 이때 내놓은 식을 "플랑크법칙Planck's law"이라고 합니다.

플랑크법칙 : $E = nh\nu$

E : 빛의 에너지

n : 자연수(1, 2, 3, ……)

h : 플랑크상수Planck constant. 6.626×10^{-34}Js

ν : 빛의 진동수. 뉴nu라고 읽습니다.

양자역학의 실마리 - 흑체복사

플랑크법칙은 "흑체복사blackbody radiation" 실험에서 나왔습니다. 당시 독일은 제철업을 키우는 데 주력했는데 철의 품질은 용광로에서 용융된 철의 온도에 민감합니다. 용광로에는 보통 온도계를 쓸 수 없었지만 숙련된 기술자들은 용융된 철의 색깔로 온도를 판단했습니다. 용융된 철이 내뿜는 빛의 스펙트럼이 온도에 의존하며, 이 관계를 잘 파악하면 철의 온도를 정확히 알 수 있다는 뜻입니다. 흑체복사는 열역학에서 증기기관처럼 실용적인 문제가 과학 발전의 중요한 계기가 된 좋은 예입니다.

흑체는 "모든 파장의 빛을 차별 없이 흡수하고 방출하는 물질"을 가리킵니다. 이상적 물질로 실제로는 존재하지 않지만 일상에서 가까운 예는 숯입니다. 숯불갈비를 먹을 때 알 수 있듯, 숯은 온도가 올라가면서 어두운 빨강에서 밝은 빨강, 주황색을 거쳐 푸른색과 백색으로 변합니다. 숯뿐만 아니라 다른 물체들도 고온에서는 모두 비슷한 변화를 보입니다. 태양도 흑체에 속하며 그 스펙트럼을 분석하여 표면 온도가 약 6,000℃임을 알게 되었습니다.

흑체복사의 문제 자체는 이처럼 단순하지만 그 결과를 고전역학적으로 설명하기는 어려웠습니다. 그러나 플랑크는 과감하게 고전역학을 따르지 않는 양자가설을 채택하여 한 점 의문도 없이 깨끗하게 설명을 해냈습니다. 사실 플랑크는 스스로 양자가설을 오랫동안 미심쩍어했습니다. 그러나 나중에 아인슈타인이 물려받아 더욱 확장했고, 많은 실험에 의해 뒷받침되면서 마침내 양자역학이 꽃피게 되었습니다.

양자의 직관적 이해 – 돈의 비유

플랑크법칙의 식은 빛의 에너지를 설명할 때 이미 살펴보았습니다. 그때는 $E = h\nu$로 써서 n을 생략했는데, 아무튼 "빛의 에너지는 진동수에 정비례한다"는 단순한 관계를 보여줍니다. 그런데 이제는 왜 n이 들어가 있을까요? 플랑크는 $n = 1, 2, 3$ 등 자연수 값만 취한다고 했으므로 빛의 에너지가 하나, 둘, 셋 등 낱개로 이루어져 있다는 점을 보여주는 수입니다. 진동수가 ν인 빛으로는 $1h\nu$, $2h\nu$, $3h\nu$ 등의 에너지만 만들 수 있을 뿐, $0.5h\nu$나 $\sqrt{2}\,h\nu$와 같은 에너지는 만들 수 없습니다. 전자 1개, 2개, 3개는 가능하지만, 전자 0.5개나 $\sqrt{2}$개는 있을 수 없듯, "에너지도 단위화, 곧 양자화되어 있다"는 뜻입니다.

에너지 양자화에 대해서는 "돈의 비유"가 유용합니다. 길에 10원짜리 동전이 떨어져 있다면 너무 적은 금액이어서 많은 사람이 그냥 지나칠 것입니다. 1원짜리라면 더욱 그렇지요. 하지만 1,000원이나 10,000원짜리 지폐는 물론, 매달 받는 월급도 모두 "1원"이라는 기본 단위가 모인 것입니다. 우리나라 최고의 부자가 가진 전 재산도 마찬가지입니다. "통화"를 뜻하는 영어 "currency"는 본래 "해류나 조류 같은 연속적인 흐름"을 뜻하는 current에서 나왔습니다. 옛사람들은 실제로 강물이나 바람을 "연속체"로 여겼습니다. 하지만 과학이 발달함에 따라 모든 물질은 극히 작은 "단위체의 모임"이란 점이 밝혀졌습니다. "통화의 유통"이나 "현금 흐름" 같은 용어도 단위체가 아주 작을 경우에는 연속체로 여긴다는 점을 보여줍니다. "양자"의 관념에 따라 현대 과학에서는 물질은 물론 에너지도 단위체의 모임으로 보게 되었습니다.

(2) 이중성원리

빛과 물질의 이중성

이중성원리 duality principle는 "모든 물질은 입자성과 파동성을 동시에 갖는다"는 원리입니다. 이중성원리의 실마리는 플랑크법칙에 담겨 있습니다. 플랑크법칙은 유형의 물질은 물론 무형의 에너지도 양자화되어 있다는 뜻인데, 이는 "유형의 실체와 무형의 실체가 어딘지 통한다"는 암시를 전해주기 때문입니다. 이중성원리는 바로 이 암시의 구체화라고 할 수 있습니다.

플랑크법칙의 주인공은 빛의 에너지인데, 이중성원리가 확립되는 과정에서도 빛은 매우 중요한 역할을 했습니다. 빛의 본질을 다시 요약하면, 처음에는 뉴턴의 입자설이 하위헌스의 파동설보다 우세했지만, 18세기 말부터 파동설이 우세해졌고, 19세기 들어 파동설의 압도적 승리로 마감되는 듯했는데, 20세기 초 양자역학이 출현하면서 "빛은 입자이면서 파동이다"라는 이중설이 제기되어 200여 년에 걸친 대립은 무승부로 끝났습니다. 빛의 본질에 대한 탐구에서 막바지 60여 년은 특히 극적인 반전과 통합이 어우러진 흥미로운 과정입니다. 그 주역은 맥스웰과 아인슈타인, 그리고 드브로이(Louis de Brogile, 1892~1987)입니다.

맥스웰

제임스 맥스웰은 1861~62년에 "맥스웰방정식"을 발표했는데, 이것은 빛의 본질 문제에서 파동설에 최종 승리를 안겨주는 결정타였습니다. 맥스웰방정식에 의해 전자기학이 확립되었고, 이를 계기로 "전기문명"이 급속한 발전을 이루었습니다. 세계 곳곳에 거대한 발전소들이 건설되어 지구의 밤을 유사 이래 가장 환히 밝혔는데 과학 역사상 질적, 양적으로 이처럼 "눈부신" 발전은 다시 없습니다. 맥스웰방정식은 또한 전자기파의 존재를 예언함으로써 통신에 혁명을 일으켜 "전파문명*"의 시대를 활짝 열었습니다. 오늘날의 방송·휴대폰·GPS 등을 보면 충분히 공감할 수 있을 것입니다. 맥스웰방정식이 예언하는 전자기파는 독일의 물리학자 하인리히 헤르츠가 확인했는데, 속도를 포함한 모든 본질은 이 방정식에 의해 깨끗이 해명됩니다. 이런 성과 때문에 많은 과학자가 맥스웰방정식을 "가장 위대한 식"으로 꼽습니다. 아인슈타인도 이를 배우고 너무나 감격한 나머지 그의 방에 맥스웰의 초상화를 걸어두었다고 합니다.

아인슈타인

그런데 정작 맥스웰의 파동설을 결정적으로 혁파하고 빛의 본질을 새로 규명한 사람은 바로 아인슈타인이었습니다. 아인슈타인은 특수상대성이론을 발표한 1905년에 "광전효과photoelectric effect"에 관한 논문을 발표했습니다. 이 논문에 빛의 본질에 대한 "광량자설"이 제창되어 있으며, 아인슈타인은 상대성이론이 아니라 이 업적에 의하여 노벨 물리학상을 받았습니다.

광전효과는 이름 자체가 말하듯 "빛을 금속에 쪼였을 때 전자가 튀어나오는 현상"을 가리킵니다. 이 현상을 직접 응용한 게 광전관photoelectric tube이며, 영화를 볼 때 듣는 음향은 광전관으로 얻은 신호를 처리하여 만듭니다. 광전효과에서 신기한 것은 빛의 진동수가 어느 정도 이상이 되어야 전자가 튀어나오고, 진동수가 이보다 작은 빛은 아무리 밝게 비추어도 전자가 나오지 않는다는 점입니다. 왜 이게 신기할까요? 빛을 파동으로 보면 설명하기가 곤란하기 때문입니다. 이 상황은 작은 쇠구슬이 많이 담겨있는 상자에 "㉮물을 쏟아 붓는 경우"와 "㉯자갈을 톡톡 던지는 경우"로 비유한 그림에서 알 수 있습니다.

> 쇠구슬이 담겨 있는 상자는 금속, ㉮물을 많이 쏟아 붓는 경우는 기준 진동수에 미치지 못하는 빛을 밝기만 강하게 비추는 경우, ㉯전자보다 약간 큰 쇠구슬을 톡톡 던지는 경우는

빛을 광량자로 보는 경우에 해당합니다. ㉯의 경우가 전자의 방출에 더 효과적이라는 점은 직관적으로 명백합니다.

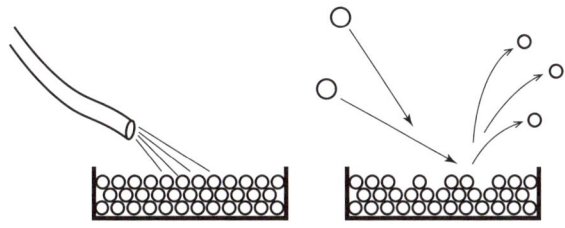

| 광전효과의 비유

그림에서 보듯, 전자를 퉁겨내는 데는 투입하는 에너지의 "총량"이 아니라 "개개의 양"이 더 중요합니다. ㉮는 빛의 본질을 파동으로 본 설명입니다. 반대로 ㉯는 입자설에 의한 설명입니다. 광전효과의 실험 결과는 입자설로 더 쉽게 설명됩니다. 아인슈타인은 "빛은 에너지를 가진 덩어리"라는 뜻에서 "광량자 light quanta"라고 부르기도 했습니다. 광전효과는 빛의 파동설과 잘 부합하지 않지만 그렇다고 파동설을 완전히 부정할 수는 없습니다. 빛의 파동설은 나름대로 확고한 입지를 구축했으며, 부정한다는 것은 도무지 말이 되지 않습니다. 아인슈타인은 결국 "빛은 파동이면서 입자라는 이중성을 띤다"는 "빛의 이중설"을 제창했습니다. 이로써 빛의 본질에 대한 200여 년의 대립은 무승부로 막을 내렸습니다.

빛의 에너지에 대한 플랑크와 아인슈타인의 미묘하지만 중대한 견해 차이를 주목하기 바랍니다. 플랑크는 빛의 에너지가 어떤 최소 단위의 배수가 된다는 단순한 양자화에 머물렀습니다. 그러나 아인슈타인은 더 나아가 빛의 에너지가 "구슬과 같은 덩어리"로 행동한다고 주장했습니다. 요컨대 각각 "추상적 양자화"와 "실체적 양자화"라고 하겠습니다.

드브로이

아인슈타인의 견해를 한 걸음 더 발전시킨 사람이 바로 드브로이입니다. 드브로이는 빛에 대한 아인슈타인의 새로운 해석에 착안하여, 반대의 경우를 상상했습니다. 그때까지 입자의 모임으로만 여겨졌던 각종 물질도 입자성은 물론 파동성도 갖는다고 생각한 것입니다. 그는 박사과정 대학원생이었던 1924년에 다음과 같은 매우 간단한 식을 제시하면서 "이중성원리"를 박사학위 논문으로 제출했습니다.

드브로이관계식 de Broglie relation : $\lambda = h/p$

위 식에서 λ는 물질의 파동성에 따른 물질파 material wave의 파장, h는 플랑크상수, p는 물체의 운동량입니다. 생각해봅시다. 파장은 파동의 고유한 성질이고, 운동량은 입자의 고유한 성질입니다. 고전물리학에서는 두 가지를 서로 무관한 것으로 여겼는데, 이 식은 이것들을 등호로 연결해버린 것입니다. 드브로이의 학위논문을 받아든 지도교수는 당황하여 아인슈타인에게 자문을 구했습니다. 아인슈타인은 이 생각을 전폭적으로 지지했고, 드브로이는 아무 문제없이 박사학위를 받았습니다. 드브로이의 주장은 1927년에 실험적으로 확인되었습니다. 그리고 "모든 물리적 계에는 대응하는 파동함수가 존재한다"는 식으로 바뀌어 1925년부터 이론적으로 확립되어가던 양자역학의 제1가정으로 편입되는 영예를 안게 되었습니다. 그는 1929년 박사학위 논문으로는 최초로 노벨 물리학상을 수상했습니다. 이렇게 빛에서 출발한 입자설과 파동설의 통합은 모든 물질로 확장되어 한 단계 더 높은 차원에서 완전한 통합을 이루었습니다.

이중성원리의 역사

역사적으로 물질의 이중성은 빛의 본질에 관한 논의에서 시작하여 전자의 회절실험에 의해 실험적으로 확증되었습니다. 19세기 후반 이후 빛과 전자는 대조적인 길을 갔습니다. 곧 빛은 "파동성 → 입자성"을 거쳤지만 전자는 "입자성 → 파동성"을 거쳐 각각 이중성을 인정받았습니다. 이 과정을 표로 요약했습니다.

	빛	전자
17ᶜ~19ᶜ초	뉴턴의 입자설과 하위헌스의 파동설이 대립했다.	전자의 존재가 알려지지 않았다.
19ᶜ후반	1862년에 발표된 맥스웰방정식에 의해 파동설로 거의 굳어졌다.	1897년 톰슨(Joseph Thomson, 1856~1940)이 전자를 발견했고, 전하를 띤 입자로 판명되었다.
20ᶜ초	1905년 아인슈타인은 광전효과를 해명하여 입자성을 재발견했고, "광량자설"을 통해 빛의 이중성을 제창했다.	1924년 드브로이가 발표한 물질의 이중성에 관한 주장은 1927년 전자의 회절 실험에서 전자의 파장이 측정되어 확증되었다.
결론	드브로이의 이중성원리에 의해 빛은 물론 모든 물질도 입자성과 파동성을 동시에 가진다는 법칙이 확립되었다.	
비고	빛의 입자성은 1923년 빛과 전자의 충돌을 광전효과보다 더욱 분명히 보여주는 "컴프턴효과(Compton effect)"에 의해 확증되었다. 컴프턴은 빛의 입자성을 강조하는 "광자(photon)"라는 용어를 고안했는데, 입자설의 주창자인 뉴턴과 확증자인 컴프턴의 이름이 모두 입자를 뜻하는 "-on"으로 끝난다는 점, 입자설을 되살린 아인슈타인의 이름이 "ein+stein", 곧 "하나의 돌"로 풀이된다는 점은 기이한 우연이다. 어떤 자료들은 photon이란 이름을 미국의 물리화학자인 루이스(Gilbert Newton Lewis, 1875~1946)가 1926년에 처음 고안했다고 하는데, 루이스의 가운데 이름이 "뉴턴"이란 점도 재미있다.	
	전자회절실험은 미국에서 데이비슨(Clinton Davisson, 1881~1958)과 저머(Lester Germer, 1896~1971)가 공동으로, 영국에서는 전자를 발견한 조셉 톰슨의 아들 조지 톰슨(George Thomson, 1892~1975)이 모두 1927년에 수행했다. 이로써 데이비슨과 조지 톰슨은 1937년에 노벨 물리학상을 공동수상했다. 한편 조셉 톰슨도 전자의 발견으로 1906년에 노벨 물리학상을 받아 부자(父子)가 노벨상을 받는 영광을 누렸다. 아버지는 전자가 입자란 점을, 아들은 전자가 파동이란 점을 확인하여 노벨상을 받았다는 점 또한 흥미롭다.	

이중성원리의 직관적 이해 – 무한확대경의 비유

중력위치에너지의 기준점을 이야기할 때 "전자나 양성자 등은 그 '표면'이 정확히 어디인지 알 수 없으며, 이는 곧 이들 입자의 '크기'를 정확히 측정할 수 없다는 뜻"이라고 썼습니다. 왜 표면이 어디인지 알 수 없을까요? 이를 이해할 방법은 또한 이중성원리에 대한 직관적인 이해 방법이기도 합니다. "표면"이란 매끈하고 깨끗한 경계라고 생각하지만 실제로는 그렇지 않으며, 사실 상당히 모호한 말입니다. 밤하늘에 떠있는 달을 생각해봅시다. 눈으로는 달의 경계가 분명하며, 웬만한 배율의 망원경으로 보아도 마찬가지입니다. 그러나 막상 달에 다가서면 경계가 그다지 분명하지 않습니다. 높은 산이 있고 깊은 계곡이 있으며, 크고 작은 돌들이 널려 있어 정확한 경계가 어디라고 해야 좋을지 곤란해집니다. 지구는 더욱 애매합니다. 바다에는 파도가 일렁여 표면이 시시각각 변하기 때문입니다.

매우 매끈해 보이는 물건을 현미경으로 확대해도 마찬가지입니다. 아무리 곱게 연마한 다이아몬드의 표면도 거칠게 나타나며, 가장 선명한 경계로 여겨지는 면도날도 무디고 둔탁해 보입니다. 모든 물체를 무한대로 확대해 볼 수 있는 무한확대경이 있다면 전자나 양성자의 표면도 마찬가지일 것입니다. 전자나 양성자도 일상적인 물건에 비교할 때만 극히 작을 뿐, 엄청나게 확대하면 그것들의 표면만 유독 매끈할까요? 밀고 당기고 충돌하는데, 설령 표면이 완전히 매끈하다고 해도 그 상태가 영원토록 유지될까요?

무한확대경의 비유가 뜻하는 바는 "완전한 입자란 있을 수 없다"는 것입니다. 그렇다면 이 세상의 물질은 어떻게 그 형체를 형성할까요? 모호하지만 어쩔 수 없이 입자성과 파동성이 결합된 방식을 취하여 존재하는 수밖에 없습니다. 단순한 입자성이나 파동성은 인간의 일상적인 인식이 만든 환상에 불과합니다. 자연의 궁극적인 모습은 이 두 가지의 절충 또는 결합으로 존재합니다.

(3) 불확정성원리

불확정성원리와 불완전성정리

불확정성원리uncertainty principle는 "물체의 위치와 운동량은 동시에 정확히 측정될 수 없다"는 원리를 말합니다. 식을 조금 바꾸면 "측정 시간이 짧을수록 물체가 가진 에너지의 불확실성은 증가한다"고 표현할 수도 있습니다. 불확정성원리는 하이젠베르크(Werner Heisenberg, 1901~1976)가 1927년에 발표했는데, 자연과학을 잘 모르는 사람도 그의 이름은 알 정도로 유명합니다. "불완전성정리incompleteness theorem"도 유명한데, 이는 1931년 오스트리아 출신의 미국 수학자 괴델(Kurt Gödel, 1906~1978)이 발표한 것으로 불확정성원리는 물리학, 불완전성정리는 수학에서 각각 최고 원리에 속한다고 인정받습니다.

두 가지 원리가 일반에게 널리 알려진 것은 이름이 풍기는 불가사의한 마력도 작용했을 겁니다. 하이젠베르크는 본래 논문에 영어로 옮기자면 'uncertainty'가 아니라 'indeterminacy'라고 할 독일어 용어를 썼습니다. 그런데 어쩌다 uncertainty로 번역되어 그대로 굳어졌습니다. 하지만 우리말로 보면 uncertainty는 '불확실성'이고 indeterminacy는 '불확정성'입니다. 우리말로 번역되면서 본래의 용어를 더 잘 반영하게 된 셈입니다.

불확정성원리의 직관적 이해 - 속도위반의 비유

이해의 편의상 결론부터 보겠습니다. "물체의 위치와 운동량은 동시에 정확히 측정될 수 없다"는 표현에서 보듯 불확정성원리에서는 "위치"와 "운동량"이라는 두 요소가 중요합니다. 위치는 누구나 알지만 운동량은 여전히 좀 멀게 느껴질 겁니다. 쉽게 이해하려면 운동량 mv에서 질량 m을 떼고 속도 v만 고려하면 됩니다. 특수상대성이론에서 보았듯 광속에 아주 가깝지 않은 한 질량은 거의 일정하므로 운동량은 사실상 속도에 좌우되기 때문입니다. 그러면 불확정성원리는 "물체의 위치와 속도는 동시에 정확히 측정될 수 없다"라고 바뀝니다. 여기서 물체를 자동차로 생각해봅시다. 그렇게 하면 이 원리는 우리의 일상 경험과 완전히 어긋납니다. "속도위반죄"라는 것은 성립할 수 없기 때문입니다.

자동차를 몰다 제한속도를 위반하면 경찰이 다가와 "저기 'OO 지점'에서 '시속 OOOkm'로 달려 속도를 위반했습니다"라고 합니다. 그러나 불확정성원리에 따르면 "위치"와 "속도"를 동시에 정확히 잴 수 없으므로 이 경찰은 자연의 대원리를 위반한 것입니다. 곧 속도위반죄는 있을 수 없습니다. 속도위반죄는 "도로교통법"에 나와 있지만 법도 자연법칙을 위반할 수는 없습니다. 과연 이런 상황에서 자연의 대원리를 내세워 속도위반죄를 면제받을 수 있을까요? 곤란합니다. 일상생활에서도 불확정성원리는 분명히 작용하지만 오차가 극히 미미하여 무시해도 아무런 문제가 없기 때문이지요.

불확정성원리의 유도 – 자(尺)의 비유

불확정성원리가 어떻게 나온 것인지 알면 왜 일상생활에서 문제가 될 수 없는지 깨닫게 됩니다. 불확정성원리의 유도에는 "자(尺)의 비유"라는 방법이 있습니다. 불확정성원리의 식을 보면 다음과 같습니다.

$$\Delta x \Delta p \geq h/4\pi$$

Δx는 "위치의 불확정성"을 나타냅니다. 미적분에서 보았듯 Δ는 어떤 "범위"를 말합니다. 따라서 위치를 정확하게 할수록 Δx의 값은 작아집니다. Δp는 "운동량의 불확정성"을 나타내며, 의미는 마찬가지로 생각하면 됩니다. $h/4\pi$는 플랑크상수를 4π로 나눈 것이므로 $5 \times 10^{-35} Js$라는 극히 작은 값의 상수입니다.

어떤 물체의 크기를 측정할 때는 "자(尺)"를 씁니다. 그런데 물체의 크기를 만족스럽게 재려면 자의 눈금이 물체보다 작아야 합니다.

자의 눈금이 물체보다 너무 크면 측정치는 불확실성이 커서 별 쓸모가 없습니다. 대략이나마 만족하려면 자의 눈금은 아무리 크더라도 물체의 크기와 비슷한 정도는 되어야 합니다.

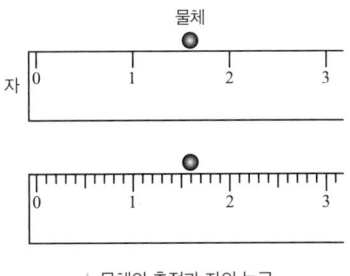

| 물체의 측정과 자의 눈금

일상용품은 자를 사용하여 재지만, 원자 정도의 크기는 무엇을 사용해야 할까요? 빛을 사용하는 수밖에 없습니다. 빛에서 자의 눈금에 해당하는 것은 "파장"입니다. 원자 수준의 크기나 위치를 측정할 때도 대략 그에 해당하는 파장의 빛을 써야 만족할 만한 값을 얻습니다. 보통 원자의 크기는 몇 옹스트롬(angstrom) 가량인데, 1옹스트롬은 1억분의 1cm입니다. 이 정도 파장을 가진 빛은 엑스선으로 에너지가 상당히 강합니다. 병원에서도 엑스선 촬영을 할 때는 안전설비를 잘 갖추는 등 여러 모로 주의를 합니다.

원자 안에 있는 전자의 위치를 알려면 파장이 원자 크기보다 작은 빛을 써야 합니다. 이때 전자 위치의 불확정성 Δx는 원자의 크기이자 측정하는 빛의 파장인 몇 옹스트롬 정도, 곧 $\Delta x ≒ \lambda$입니다. 한편 이중성원리에 따르면 빛은 입자이기도 하므로 운동량을 갖는데, 운동량을 가진 빛이 측정 중에 전자와 충돌하면 전자의 운동량이 변합니다. 이 변화를 정확히 계산하기는 어렵지만 대략 충돌한 빛의 운동량 범위를 벗어나지는 못할 것이므로 이것을 충돌로 인한 전자 운동량의 불확정성으로 간주할 수 있습니다. 곧 드브로이관계식에 따르면 $\Delta p ≒ h/\lambda$입니다. 이제 위치와 운동량의 불확정성을 서로 곱하면 아래와 같습니다.

$$\Delta x \Delta p ≒ \lambda \cdot (h/\lambda) = h$$

이 결과는 위에 제시한 불확정성원리의 식과 거의 비슷합니다. 좀 더 면밀히 계산하면 정확히 위에 제시한 식이 나오지만 여기서는 이러한 약식 유도로 만족하겠습니다.

엑스선보다 짧거나 긴 파장의 빛을 쓰면?

원자 안에 있는 전자의 위치를 대략 원자 크기의 범위에서 알려면 엑스선을 쓴다고 했습니다. 조금 더 정확히 알고 싶어서 더 짧은 파장의 빛, 예를 들어 감마선을 쓰면 어떻게 될까요? 감마선을 쓰면 눈금이 더 작은 자를 쓰는 것과 같으므로, 전자 위치의 불확정성 Δx가 줄어들어 위치를 더 정확히 알 수 있습니다. 그러나 감마선의 에너지는 엑스선보다 더 크므로 측정 시 전자는 더 큰 충격을 받게 됩니다. 계산에 따르면 원자핵과 전자 사이의 인력은 엑스선의 에너지와 비슷합니다. 따라서 원자를 엑스선으로 비추면 전자는 가까스로 원자핵 주변에 머물러 있게 됩니다. 하지만 에너지가 더 큰 감마선을 비추면 원자핵의 인력을 벗어나 어디론가 튕겨나가고 맙니다. 곧 이때는 Δx가 작아지는 대신 Δp가 커집니다.

반대로 엑스선보다 파장이 긴 자외선을 쓰면 어떨까요? 에너지가 작으므로 전자의 Δp도 줄어듭니다. 따라서 전자가 원자에서 튕겨나갈 걱정은 할 필요 없습니다. 그러나 반대로 Δx가 커지므로 전자의 위치가 모호해집니다. 이처럼 불확정성원리는 원자 크기의 세계에서 매우 중요합니다. 측정이나 실험을 할 때는 그 효과를 사전에 계산하고 예측하여 오류가 생기지 않도록 유의해야 합니다.

일상적인 물체의 경우

일상적인 물체는 원자에 비해 엄청나게 큽니다. 크기나 위치를 잴 때 엑스선이나 자외선보다 훨씬 긴 파장의 빛을 써도 오차를 걱정할 필요가 없습니다. 가시광선의 파장은 10만분의 1cm 가량이므로 Δx도 그 정도인데, 일상적으로 이 정도 오차는 문제가 되지 않습니다. 또한 가시광선의 에너지는 엑스선이나 자외선보다 훨씬 작으며, 일상적인 물체의 질량은 원자에 비해 엄청나게 크므로 운동량이 영향을 받을 걱정도 없습니다. 일상적인 물체가 햇빛이나 전등 빛에 의해 충격을 받는 것을 본 적이 있나요? 결국 Δp 또한 무시해도 됩니다. 이처럼 Δx와 Δp를 모두 무시할 수 있으므로 불확정성원리는 고려할 필요가 없습니다. 속도위반을 단속하는 스피드건speedgun은 극초단파를 사용하는데, 이는 가시광선보다도 에너지가 더 작은 빛입니다. 불확정성원리가 자연의 근본 원리라 해도 속도위반죄는 분명히 성립하는 것입니다.

불확정성원리의 변용

불확정성원리의 기본형은 $\Delta x \Delta p \geq h/4\pi$인데, 좌변을 조금 바꾸면 다음과 같습니다.

$$\Delta x \Delta p = \frac{\Delta x}{v} \cdot v \Delta p = \frac{\Delta x}{v} \cdot \Delta mv^2 = \Delta t \Delta (2E) = 2\Delta t \Delta E$$

곧 본래의 "위치와 운동량"의 관계가 "시간과 에너지"의 관계로 바뀌었습니다. 여기의 유도는 식이 대략 바뀌는 모습만 보여줄 뿐 정확한 것은 아니며, 정확한 절차에 따르면 다음 식이 됩니다.

$\Delta E \Delta t \geq h/4\pi$

이 식은 "측정 시간이 짧을수록 물체가 가진 에너지의 불확실성은 증가한다"고 풀이합니다. 가끔 "극히 짧은 시간 동안에는 계의 에너지가 크게 변할 수 있으므로 에너지보존법칙이 성립하지 않을 수 있다"고 풀이한 자료들이 있습니다. 이 식의 본질은 "짧은 시간 동안에는 계의 에너지를 정확히 알기가 더 어렵다"는 뜻일 뿐 "에너지 자체가 변하므로 에너지보존법칙이 성립하지 않는다"는 뜻은 결코 아닙니다. 에너지보존법칙은 불확정성원리와 본질적으로 무관하며, 불확정성원리 때문에 에너지보존법칙이 성립하지 않을 수 있다는 해석은 오류입니다.

불확정성원리의 철학적 함의

불확정성원리에는 철학적으로 흥미로운 함의가 있습니다. 불확정성원리가 알려지지 않았던 고전역학에 따르면 $\Delta x \Delta p = 0$입니다. 물체의 위치와 속도를 동시에 항상 정확히 알 수 있다는 뜻입니다. 그런데 어느 순간에 어떤 물체의 "위치와 속도"를 항상 정확히 알 수 있다면, 그 다음 순간의 위치와 속도, 또 그 다음 순간의 위치와 속도 등을 계속 추적할 수 있습니다. 어떤 물체의 "경로"를 알 수 있다는 뜻이지요. 한번 주어지면 뉴턴의 운동법칙에 따라 과거는 물론 미래까지 전체 경로가 결정되어 버립니다. 벗어날 가능성이 없습니다. 따라서 "경로"는 "운명"이 되며, 모든 물질적 존재의 운명은 하나의 순간만으로 전체가 결정되고 변화의 가능성은 부정됩니다. 이른바 "결정론determinism"의 물리학적 버전이라고 할 수 있는 이런 생각은 물리학을 넘어 다른 분야에도 많은 영향을 끼쳤습니다. 프랑스의 수학자 라플라스는 어떤 경이로운 지성이 있어서 우주 안의 모든 입자들의 위치와 속도에 대한 정보를 안다면 그의 눈에는 불확실한 게 아무것도 없어 미래도 과거처럼 존재할 것이라고 했습니다. 그는 이 존재를 "지성"이라고 불렀지만 사람들의 눈에는 부정적인 측면이 더 부각되었던지 "라플라스괴물Laplace's Demon"이라고 불렸습니다.

하지만 지금 보았듯 불확정성원리에 따르면 경로라는 개념 자체가 성립하지 않습니다. 위치와 속도가 동시에 정확히 결정되지 못하므로 경로란 게 있을 수 없고, 경로가 없으므로 과거도 미래도 본질적으로는 전혀 알 수 없습니다. 양자역학은 "비결정론indeterminism"의 입장에 서 있으며, 고전역학의 영향력도 컸지만 양자역학이 일으킨 철학적 파동은 더욱 널리 퍼져나갔습니다. 유의할 것은 불확정성원리의 이런 함의는 본질적 측면과 엄밀한 관점에서 그렇다는 점입니다. 일상적인 상황에서는 결정론도 여전히 우세하게 작용할 수 있습니다. 요컨대 고전역학이든 양자역학이든 이를 적용할 때는 어떤 판단이 필요한데, 이 최종적 판단의 주체는 이론 자체가 아니라 우리 인간의 의지라는 점을 잊지 말아야겠습니다.

(4) 확률해석원리

제1가정의 불완전성

"확률해석원리*"는 "시공의 한 곳에서 입자를 발견할 확률은 파동함수의 제곱에 비례한다"는 것입니다. 앞에서 이중성원리는 "모든 물리적 계에는 대응하는 파동함수가 존재한다"는 식으로 바뀌어 양자역학의 제1가정으로 편입되었다고 했습니다. 여기서 "물리적 계"는 "입자와 그 모임"을 가리키므로 사실상 자연계 전체를 포괄합니다. 그런데 이 가정에는 한 가지 미묘한 문제가 있습니다. 물리적 계에 대응하는 파동함수가 "존재한다"고 할 뿐 파동함수와 계와 완전히 "같다"고 하지는 않는다는 것입니다.

이 문제는 이중성원리를 되새겨 보면 쉽게 이해할 수 있습니다. 드브로이는 물질에 파동성과 입자성이라는 두 가지 성질이 "함께" 있다고 했지 결코 "물질=파동"이라고 주장한 것은 아닙니다. 물질의 파동성을 인정한다고 해서 당연히 인정되는 입자성을 잊어서는 안 됩니다. 양자역학의 제1가정은 드브로이의 주장 가운데 파동적 측면만 드러낼 뿐 입자적 측면에 대해서는 말하지 않습니다. 따라서 "입자적 측면"을 드러낼 다른 가정이 필요합니다.

불확정성원리의 재검토

여기서 원자의 크기와 내부 사정을 알아두는 게 좋겠습니다. 원자 안에 전자, 양성자, 중성자 등이 몰려 있으므로 상당히 비좁고 북적이는 공간으로 상상하기 쉽지만 그렇지 않습니다. 양성자와 중성자는 한데 모여 원자핵을 이루므로 비좁게 산다고 볼 수도 있습니다. 그러나 전자는 핵에서 매우 멀리 떨어져 있습니다. 얼마나 먼가 하면 원자핵을 대략 사람의 크기로 보면 전자는 100km 이상의 거리에서 돌아다닙니다. 원자핵과 이 전자의 활동 공간을 통틀어서 원자의 크기로 보며, 그 크기는 몇 옹스트롬Å 정도입니다. 원자의 크기에 비해 원자핵은 10만분의 1 가량에 불과합니다. 따라서 원자핵을 제외한 원자 안의 공간은 거의 텅텅 비어 있는 것이나 마찬가지입니다.

불확정성원리를 설명할 때 원자 정도의 크기 범위에서 전자의 위치를 알려면 엑스선을 써야 한다고 했습니다. 그런데 과연 이때 전자가 실제로 있는 곳은 어디일까요? 불확정성원리에 따르면 이때 전자의 위치를 원자 크기보다 더 정확히 알 수는 없습니다. 그렇다고 전자가 원자 크기의 공간에 두루 퍼져서 존재한다는 뜻은 절대 아닙니다. 전자는 분명히 원자 안의 어딘가에 있지만 불확정성원리에 따르면 엑스선을 쓰는 한 더 이상 정확히 알 수 없다는 뜻일 뿐입니다. 엑스선보다 파장이 더 짧은 감마선을 쓰면 전자의 위치를 더 정확히 알 수 있습니다. 그러나 감마선의 에너지는 너무 크므로 이를 맞으면 전자는 원자 밖으로 튕겨나가 버립니다. 다만 여기서는 어쨌든 그 전의 위치는 파악된다는 점이 중요합니다.

파동함수와 전자의 위치 예측

전자의 파동함수를 안다면 위치를 미리 예측할 수 있을까요? 불확정성원리의 한계 안에서 충분히 미세한 빛을 사용하면 언제라도 예측한 곳에서 전자를 발견할 수 있을까요? 하늘을 나는 비행기는 위치와 속도를 알면 뉴턴의 운동법칙으로 이후 위치를 항상 정확히 예측할 수 있습니다. 실제로 이런 예측에 따라 각종 항공기의 운항과 통제가 이루어집니다. 그러나 양자역학은 여기서 또 고전역학과 다른 길을 갑니다. 설령 전자의 파동함수를 알더라도 전자가 발견될 위치를 사전에 예측할 수 없다는 것입니다. 이 때문에 파동함수에 대한 독특한 해석이 필요합니다. 하지만 그전에 문제를 확실히 파악해봅시다. "전자의 파동함수"는 그림과 같은 "전자궤도orbital"를 말합니다. 곧 파동함수는 전자 자체가 아닙니다. 따라서 파동함수를 알더라도 위치가 바로 결정되는 것은 아닙니다. 이 점은 고전역학도 마찬가지입니다. 지구의 공전궤도가 지구 자체는 아니니까 말입니다. 고전역학에서 지구나 다른 행성은 궤도를 알면 언제라도 그 위치를 정확히 예측할 수 있습니다. 하지만 전자는 궤도를 알더라도 예측이 불가능합니다. 많은 노력을 했지만 실제적으로나 이론적으로나 고전역학에서와 같은 정확한 예측법은 찾아낼 수 없었습니다.

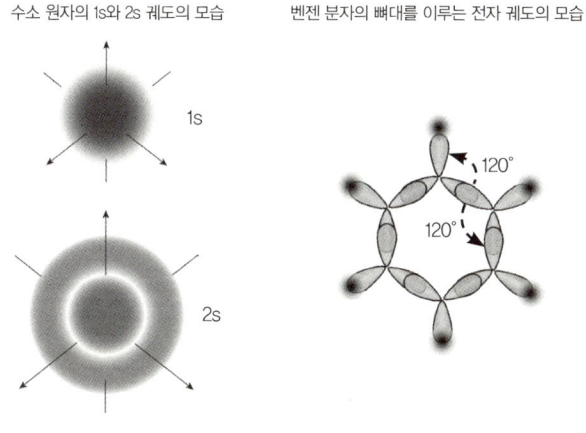

| 원자와 분자에서 전자의 궤도

코펜하겐해석

독일의 물리학자 보른(Max Born, 1882~1970)은 1926년 "통계적 해석statistical interpretation" 또는 "확률적 해석probabilistic interpretation"이란 이론을 내놓았습니다. "시공의 한 곳에서 입자를 발견할 확률은 파동함수의 제곱에 비례한다"는 것입니다. 이 확률해석원리는 불확정성원리와 비교하여 이해해야 합니다. 불확정성원리는 위치나 운동량의 측정과 그 이후에 대해 말합니다. 둘 중 하나는 인간의 능력이 뒷받침하는 한 얼마든지 정확하게 측정할 수 있지만 대신 다른 쪽의 정보를 잃으며, 측정 이후에는 아무것도 정확히 알 수 없다는 것입니다. 반면 확률해석원리는 측정 이전에 대해 말합니다. 측정을 하려면 대상이 있는 곳에 가야 하는데, 대상이 어디에 있을지는 오직 확률적으로밖에 알 수 없다는 뜻입니다.

불확정성원리와 마찬가지로 확률해석원리도 매우 큰 반향을 불러일으 켰습니다. 세계의 모습은 관측 이후는 물론, 관측 이전에도 불확정적이라 는 뜻이기 때문입니다. 오늘날까지도 이에 대한 논란이 계속되며, 다른 많 은 해석들이 제시되었습니다. 특히 아인슈타인은 가장 완강한 반대자의 한 사람으로 평생 이 해석을 받아들이지 않았고, "신은 주사위놀이를 하지 않는다"라는 유명한 말을 남겼습니다. 하지만 확률해석원리는 당시 "양 자역학의 메카Mecca"였던 덴마크의 코펜하겐에 머물거나 방문했던 많은 과학자들에게 받아들여졌으며, 이후 코펜하겐해석Copenhagen interpretation 이라 불리는 양자역학 전반에 대한 가장 정통적인 해석 체계의 일부로 편 입되었습니다. 보른은 이에 힘입어 1954년에 노벨 물리학상을 받았는데, 지금도 양자역학의 연구와 응용은 대부분 이를 근거로 합니다.

확률해석원리의 직관적 이해 – 일기예보의 비유

예전에는 일기예보에 확률의 개념을 쓰지 않았습니다. 그저 "오늘은 비가 옵니다, 안 옵니다"라는 단정적인 표현으로 예보했습니다. 그래서 듣는 사람은 물론 예보자 자신도 난감한 경우가 많았습니다. 구름의 양이 애매한 경우에도 무리하게 확실한 판정을 내려야 했기 때문이지요. 그러 나 요즘 인터넷의 일기 정보를 보면 "오늘 오후에(언제) 중부 지방에(어디에) 비가 올 확률은(어떤 입자가 존재할 확률은) 몇 퍼센트"라고 하여 각자 적절히 대 처할 수 있습니다. 이런 예보에서 비가 바로 양자역학적인 관점의 입자입 니다. 그곳에 가서 입자를 만날지 못 만날지는 미리 확답할 수 없고 가봐 야 알기 때문입니다.

이처럼 양자역학에 따르면 물리적 실체의 위치 자체가 확률에 의해 정해지므로 결국 "이 세상의 근본에는 아무 것도 미리 정해져 있지 않다"라는 결론에 이릅니다. 불확정성원리에서 양자역학은 비결정론적 입장이라고 했는데, 확률해석원리까지 더해서 보면 "양자역학은 이중으로 비결정론적"이라고 하겠습니다.

이상으로 양자역학의 기본적인 내용을 조금 맛보았습니다. 양자역학의 세계는 매우 방대하여 이 밖에도 흥미롭고 신비하고 심오한 주제들이 많습니다. 예컨대 터널링tunnelling, 슈뢰딩거고양이Schrödinger's cat, 파동함수응축collapse of wavefunction*, EPR역설EPR paradox과 Bell부등식Bell's inequality, 양자컴퓨터quantum computer, 초전도superconductivity, 순간이동teleportation, 다중우주multiverse와 병행우주parallel universe, 지연선택실험delayed choice experiment*, 진공에너지vacuum energy, 양자요동quantum fluctuation, 무연창조無緣創造 creatio ex nihilo* 등은 하나같이 흥미롭고 깊은 사고를 불러일으킵니다. 관심이 있다면 여러 자료를 통해 자세한 내용을 접할 수 있습니다. 이런 주제들을 공부할 때 여기서 살펴본 정도라도 잘 알고 접근하면 부족하지만 훨씬 부드럽게 다가갈 수 있을 것입니다. 앞으로 더욱 깊은 깨달음의 즐거움을 맛보며 많은 성취가 있기를 진심으로 기원합니다.

과학과 철학

쉼터

철학 없는 과학은 사막이고 과학 없는 철학은 신기루다. — 고중숙

널리 배우고 상세히 살핌은 장차 근본에서 간명히 하고자 함이다(박학이상세지 장이반세약야 博學而詳說之 將以反說約也). — 맹자(孟子, BC372?~289?)

전통적으로 과학과 철학은 밀접한 관계였지만 오늘날에는 사이가 아주 멀어졌습니다. 멀어진 결과 서로의 굴레를 벗고 더욱 발전하면 좋겠지만 실상은 반대입니다. 과학과 철학의 관계를 다시 상승적으로 융합하는 것은 절실한 문제입니다. 현대 학문의 근원인 고대 그리스의 여러 학문은 사실상 모두 철학이었습니다. 플라톤이 아카데메이아Akademeia라는 학교를 세우면서 "기하를 모르는 자는 들어오지 말라"고 쓴 현판을 내건 것은 철학을 하는 데 수학의 논리적 사고를 원용했다는 점을 잘 보여줍니다. 아리스토텔레스는 흔히 『자연학』으로 번역되는 『피지카Physica』를 썼는데, 이는 단순한 "자연과학natural science"이 아니라 "자연철학natural philosophy"이었습니다. 이처럼 과학을 철학과 결합하여 생각하는 전통은 19세기까지 이어졌으며, 여기 종사하는 사람들도 1834년 영국의 석학 휴얼이 "과학자scientist"라는 말을 만들기 전까지는 "자연철학자natural philosopher"라고 불렸습니다.

　오랜 전통 속에서 과학과 철학 사이의 교류는 폭넓고 풍부했습니다. 대표적으로 칸트를 살펴보겠습니다. 칸트는 역사상 가장 위대한 철학자의 한 사람이지만 과학에도 많은 관심을 보였습니다. 태양계의 기원에 대해 중요한 주장을 펴기도 했는데, 나중에 라플라스가 보완하여 "칸트라플라스성운설Kant-Laplace nebular hypothesis"로 부릅니다. 대표적 저작인 『순수이성비판』에서도 이른바 "인식론의 코페르니쿠스적 혁명Copernican Revolution in philosophy"을 이야기합니다.* 전통적으로 인간의 지성은 대상을 있는 그대로 받아들인다고 여겼지만 칸트는 인간이 보고자 하는 대로 대상을 본다고 주장했습니다. "동전"을 생각해봅시다. 동전을 난생 처음 본 아기는 "막연한 어떤 대상"으로 여깁니다. 나중에 "동그라미"라는 관념을 배우면 "동그란 물체"라고 이해합니다. "원"이라는 엄밀한 수학적 관념을 배우면 "동전은 원"이라는 식으로 "인식의 틀"을 개선합니다. 이 과정은 대부분 무의식적으로 진행됩니다. 칸트는 이런 발견이 인식론의 중대한 전환이라고 평가하여 스스로 "인식론의 코페르니쿠스적 혁명"이라고 불렀습니다. 논의가 대략 이 정도에 머물렀다면 이 평가는 과장입니다. 불교 화엄경華嚴經의 중심 사상인 "일체유심조一切唯心造"도 "만물은 오직 마음이 지어내는 것"이라고 설파하며, 비슷한 예를 다른 곳에서도 얼마든지 찾아볼 수 있기 때문입니다. 하지만 칸트는 이 생각을 발전시켜 "시간과

---

* 본래 "Copernican Revolution"은 코페르니쿠스가 지동설을 주장하며 1543년에 펴낸 『천구의 회전에 대하여(On the Revolutions of the Celestial Spheres)』라는 책의 제목에서 유래했습니다. 그런데 뭔가가 회전하면 본래의 모습이 역전되므로 "revolution"은 "커다란 변혁"을 뜻하기도 하여 "프랑스혁명(French Revolution)"에서 보는 것처럼 "혁명"의 뜻으로도 쓰입니다.

공간"에 대한 아주 흥미로운 해석을 내놓습니다.

뉴턴은 시간과 공간을 자연의 실체라고 보고 절대시간과 절대공간의 관념을 믿었습니다. 만물은 이렇게 꾸며진 "우주라는 웅대한 무대"에서 만유인력이라는 영향력을 주고받으며 운행한다고 생각했습니다. 그러나 칸트는 뉴턴의 생각이 단지 "인식의 틀"에 불과하다는 점을 간파했습니다. 시간과 공간이란 것은 실제로 존재하는 뼈대가 아니라 단지 우리가 머릿속에 꾸며낸 가상의 구조에 지나지 않을 수 있습니다. 질량이나 속도나 운동량 등 다른 모든 관념도 마찬가지입니다. 주목할 것은 진리라는 것들도 이런 관념들을 결합하여 세워진다는 사실입니다. 예를 들어 만유인력법칙은 질량과 거리를 조합하여 얻은 공식입니다. 그러므로 진리라는 것도 인간의 관점에서 수립된 사고방식의 산물일 뿐, 우주의 진정한 실체인지는 알 도리가 없습니다. 아인슈타인은 13살 때 집에 자주 들르던 대학생을 통해 칸트를 알게 되었고 『순수이성비판』도 읽었다고 합니다. 얼마나 많은 영향을 받았는지는 알 수 없지만 주변 사람들에게 칸트에 대해 자주 이야기했다는 것으로 보아 강한 인상을 받았을 것입니다. 나중에 상대성이론을 개발할 때는 뉴턴의 절대공간을 비판하면서 상대운동의 중요성을 강조한 오스트리아의 철학자 마흐(Ernst Mach, 1838~1916)로부터 많은 영향을 받았습니다. 특수상대성이론을 세울 때 에테르의 관념을 쉽게 뿌리칠 수 있었던 것은 과학적 증거는 물론, 이러한 철학적 믿음이 강하게 뒷받침했기 때문일 겁니다. 또한 마흐는 뉴턴의 운동법칙에서 중심 개념의 하나인 관성이 먼 곳의 항성들 때문이라고 주장했습니다. "우주의 광역적 구조는 국소적 물리법칙을 결정한다"고 요약되는 이 주장을 아인슈타인은 "마흐의 원리 Mach's principle"라고 했는데, 이는 일반상대성이론을 세우는 데 중요한 계기로 작용했습니다.

과학과 철학 사이의 교호 관계는 제2차 세계대전을 계기로 급속히 단절되었습니다. 무엇보다도 과학의 주도권을 장악한 미국에 유럽과 같은 철학적 전통이 뒷받침되지 않았기 때문입니다. 미국의 물리학자 파인만(Richard Feynman, 1918~1988)은 영국의 물리학자 디랙과 함께 아인슈타인 이후 가장 뛰어난 천재로 꼽히며, 우리에게도 책을 통해 널리 알려져 있습니다. 그는 아인슈타인과 대조적으로 철학적 측면에 별로 관심을 보이지 않았으며 심지어 터부시했습니다. 사람들이 그가 이룬 과학적 업적의 철학적 의의에 대해 자주 묻자 견디기 힘들었던지 의사에게 요청하여 "이 사람에게 철학적 질문을 하는 것은 치명적일 수 있음"이라는 "철학 금지 처방전"을 받아서 보여주기도 했습니다. 파인만의 입장을 이해하지 못할 바는 아닙니다. 그가 쓴 『파인만씨 농담도 잘하시네Surely You're Joking, Mr. Feynman!』에는 언젠가 어떤 인문학자들의 모임에 초청을 받아 갔는데 뜬구름 같은 추상적인 논의만 하는 데 실망을 금치 못했다는 이야기가 나옵니다. 그러면서 갖은 궤변과 사술로 현인인 체하는 "위선적인 바보들"을 도저히 참을 수 없다며 분노를 드러냈습니다. 과학과 철학 사이의 논의에서는 논점과 논리를 더욱 가다듬어서 무의미한 공리공론이 되지 않도록 해야 한다는 사실을 알 수 있습니다.

이런 위험에도 불구하고 우리는 어떻게든 과학과 철학을 올바르게 접목하는 방향을 모색해야 합니다. 칸트와 마흐와 아인슈타인의 관계에서 보듯 철학은 과학이 나아갈 길을 비추는 등불이 되기 때문입니다. 극적인 예가 근대과학이 싹틀 무렵에 나타났습니다. 영국의 경험주의 철학자 베이컨(Francis Bacon, 1561~1626)은 고대 그리스 이래의 전통에 따라 실험이나 관찰 없이 순수한 사고를 통해 진리를 찾으려는 태도를 신랄하게 비판하고, 과학의 새로운 방법론을 제시하여 과학혁명으로 이어지는 길을 열었습니다. 실험과 관찰을 강조한 사람은 이전에도 많았습니다. 이성적 사고와 담론을 중요시한 "소요학파"를 이끌었던 아리스토텔레스 자신도 해양생물의 생태에 대해 놀라울 정도로 세밀한 관찰 기록을 남겼습니다. 하지만 베이컨은 단순한 강조가 아니라 정교하면서도 실질적인 철학체계로 완성했기에 과학혁명이라는 위대한 성과를 이끌어낼 수 있었습니다. 유럽 과학계의 거목이었던 갈릴레오가 그토록 뛰어난 업적을 이룰 수 있었던 데는 베이컨의 철학이 정신적으로 커다란 의지가 되었다는 점을 부정할 수 없습니다. 과학과 철학의 접목이 필요한 또 다른 이유는 "인간은 생각하는 동물"이라는 본질적인 측면에서 찾을 수 있습니다. 여기서 "생각"은 한 분야에 치우친 좁고 파편적인 지식이 아니라 인생 전반을 아울러 우러나는 넓고 깊고 종합적인 앎과 깨달음을 가리킵니다. 우리는 "철학을 어떻게 보고 이해할 것인가?"라는 관점의 차이만 있을 뿐 누구나 어떤 방식으로든 철학을 하고 있으며, 이를 기피하거나 외면할 수 없습니다.

그렇다면 과학은 철학을 위한 보조적 지위에 있는 학문일까요? 그렇지 않습니다. 이미 타당성을 잃은 지 오래지만 중세에 "철학은 신학의 시녀"라는 말이 있었습니다. 근세까지 "과학은 철학의 시녀"라는 생각이 널리 퍼졌던 때도 있었습니다. 이처럼 "신학〉철학〉과학"으로 보았던 위계가 과학이 눈부시게 발전한 현대에 들어서는 오히려 "과학〉철학〉신학"으로 역전된 느낌입니다. 신학은 제쳐두더라도 과학과 철학은 적절한 병행관계로 정립해가야 합니다. 하지만 제2차 세계대전 이후의 경과는 실망스럽습니다. 영국의 과학자이자 작가인 찰스 스노우는 유럽에서도 자연과학과 인문과학의 틈새가 더욱 넓어지고 있다고 지적했습니다. 스티

븐 호킹도 『시간의 역사』에서 "18세기에 철학자들은 과학을 포함한 인류의 모든 지식이 그들의 분야에 속한다고 여겼다. …… 하지만 19세기와 20세기에 들어 과학은 철학자들이 이해하기에는 너무 전문적이고 수학적인 분야가 되었다. 그래서 20세기의 가장 유명한 철학자 루트비히 비트겐슈타인(Ludwig Wittgenstein, 1889~1951)이 말했다시피 언어의 분석만이 철학에 남은 유일한 임무가 되어버렸다. 아리스토텔레스로부터 칸트에 이르는 위대한 철학적 전통에 비춰보면 이 얼마나 초라한 몰락인가!"라고 탄식했습니다. 하지만 호킹은 이어서 희망적인 전망을 내놓습니다. "그러나 언젠가 완전한 이론이 발견되면 조만간 소수의 과학자에 국한되지 않고 누구나 이해할 수 있는 넓은 원리가 될 것이다. 그러면 과학자와 철학자는 물론 일반인들도 왜 우주와 우리가 존재하는지에 대한 논의에 참여할 수 있을 것이다."

호킹의 전망은 물론 고무적입니다. 하지만 완전한 이론이 발견되고 일반화되기까지 과학은 일반인들은 물론 철학자들도 쉽게 범접할 수 없는 전문 영역으로 남을까요? 과학과 철학은 서로 먼 산 바라보듯 아쉬워하며 따로 놀아야 할까요? 나중에 융화될 수 있는 일이라면 거기 이르는 과정에서도 융화될 길이 있을 것입니다. 아니, 융화의 길을 찾아가야 합니다. 그래야 개인은 물론 사회 전체의 내면이 올바른 조화를 이룰 수 있기 때문입니다. 이런 뜻에서 고교 과정의 진정한 통합을 다시 강조합니다. 고교 과정의 분리는 수십 년 전부터 시행되었는데 그때와 지금은 너무 다릅니다. 그때는 고교 졸업 후 바로 사회에 나가는 경우가 많아 고교 과정이 오늘날의 대학 과정과 비슷한 역할을 했습니다. 하지만 이제 고교 과정은 사실상 기초 교육인 반면 사회는 매우 다양해졌습니다. 고교 과정에서 문과 이과 구분 없이 과학과 철학의 조화로운 내면적 바탕을 갖추고 참된 진로를 찾도록 해줘야 합니다.

유럽의 전통적 교육을 받았던 오스트리아의 물리학자 슈뢰딩거(Erwin Schrödinger, 1887~1961)의 말을 인용하면서 마무리하고자 합니다. 슈뢰딩거는 유태인이 아니지만 나치를 피해 자발적으로 독일을 떠났으며, 아인슈타인과 달리 유럽에 머물렀습니다. 1944년 『생명이란 무엇인가What is Life』라는 책을 펴내어 생물학의 발전에도 많은 영향을 주었을 정도로 인문적인 과학자로 알려져 있는데, 그 서문에서 이렇게 말합니다.

"우리는 선현들로부터 모든 것을 포괄하는 보편적 지식에 대한 열망을 물려받았다. 최고의 교육기관인 대학을 'university'라고 부른다는 점에서 알 수 있듯 고대로부터 오랜 세월이 흐르도록 오직 보편적 진실만이 온전한 영예를 받을 자격이 있다. 하지만 지난 백여 년간 다양한 지식 분야가 넓이와 깊이를 모두 늘려왔기에 우리는 묘한 딜레마에 빠졌다. 우리는 이제야 비로소 모든 것을 하나로 융합할 믿을 만한 지식들을 얻게 되었음을 명확히 깨닫는 반면, 한 사람이 좁은 전문 영역이 아닌 넓은 분야를 장악하기란 거의 불가능하다. 그럼에도 참된 목표를 영원히 잃어버리지 않고자 한다면 이를 극복할 유일한 길은 어떻게든 주어진 사실과 이론들을 종합해가는 것뿐이라고 믿는다."

슈뢰딩거가 이런 소회를 피력한 지도 어언 60년이 지났습니다. 소명은 지금도 쟁쟁할 뿐 아니라 갈수록 더 강해집니다. 다행히 인식도 많이 개선되어 오늘날 전 세계적으로 지식의 참된 통합에 대한 열망과 노력이 점점 희망적인 방향으로 나아가고 있습니다. 이런 세계적인 조류를 바라보면서 우리가 교육과 정보 강국이라는 점을 최대한으로 발휘하여 인류 문화의 진정한 정수를 꽃피우는 데 가장 앞서 나아가기를 빌어 마지않습니다.

주요 수치

이름·기호	수치	단위	비고
광속 c	299,792,458	m/s	정의값
진공투자율 μ_0	$4\pi \times 10^{-7} = 1.2566370614\cdots \times 10^{-6}$	N/A^2	정의값 $(1/\varepsilon_0 c^2)$
진공유전율 ε_0	$8.854187817620\cdots \times 10^{-12}$	F/m	정의값
표준중력가속 g_0	9.80665	m/s^2	정의값
플랑크상수 h	$6.62606957 \times 10^{-34}$	Js	
중력상수 G	6.67384×10^{-11}	$N \cdot m/kg^2$	
전자 전하 e	$1.602176565 \times 10^{-19}$	C	
전자 질량 m_e	$9.10938291 \times 10^{-31}$	kg	
양성자 질량 m_p	$1.672621777 \times 10^{-27}$	kg	
중성자 질량 m_n	$1.6749286 \times 10^{-27}$	kg	
볼츠만상수 k	$1.3806488 \times 10^{-23}$	J/K	
아보가드로수 N_A	$6.02214129 \times 10^{23}$	/mol	
전자볼트 eV	$1.602176565 \times 10^{-19}$	J	
화씨온도 °F	1.8°C + 32	°F	정의값
칼로리 cal	4.184J(화학), 4.1868J(화공)		정의값
라디안 rad	$180°/\pi = 57.2958\cdots°$		정의값
옹스트럼 Å	1×10^{-10}		정의값
기압 atm	101,325Pa		정의값
psi	$0.068\cdots$기압(1기압$\cong$14.696psi)		정의값

- 1인치(in) ≡ 2.54 cm
- 1야드(yd) ≡ 36인치 ≡ 91.44 cm
- 1파운드(lb) ≡ 453.59237 g
- 1자(尺) ≡ 10치(寸) ≅ 30.3 cm
- 1냥(兩) ≡ 10돈 ≅ 37.5 g
- 1피트(ft) ≡ 12인치 ≡ 30.48 cm
- 1마일(mi) ≡ 1,609.344 m
- 1리(里) ≅ 393 m
- 1평(坪) ≅ 3.3 m^2
- 1관(貫) ≅ 3.75 kg
- 1근(斤)은 고기·한약재의 경우에는 약 600 g, 과일·채소 등의 경우에는 1/10관으로 약 375 g.

찾아보기

(2)

24비트컬러(24-bit color) 242

(3)

3대 수학자 48, 97

(ㄸ)

『갈레노스 전집』 137
『기하원론(Elements)』 288
『두 문화(Two Cultures)』 131
『또 다른 교양』 307
『생명이란 무엇인가(What is Life)』 410
『순수이성비판』 406
『시간의 역사(A Brief History of Time)』 79, 409
『아인슈타인의 우주(Einstein's Cosmos)』 357
『알마게스트(Almagest)』 35
『인체의 구조에 대하여(On the Fabric of the Human Body)』 136
『자연철학의 수학적 원리(Philosophiae Naturalis Principia Mathematica)』 30
『자연학』 74, 404
『천구의 회전에 대하여(On the Revolutions of the Celestial Spheres)』 136, 405
『파우스트(Faust)』 269
『파인만씨 농담도 잘하시네(Surely You're Joking, Mr. Feynman!)』 407
『프린키피아』 30, 38, 48, 53, 82, 135, 136
『피지카(Physica)』 74, 404

(A)

AM(amplitude modulation) 249

(B)

Bell부등식(Bell's inequality) 403

(E)

EPR역설(EPR paradox) 403

(F)

FM(frequency modulation) 249

(G)

GPS(위성항법장치 global positioning system) 377, 385

(N)

N극 257

(S)

S극 257

(ㄱ)

가설(假說 hypothesis) 31, 130, 102, 288
가속 16, 27, 39, 40, 61, 62, 63, 65, 67, 68, 71, 72, 75, 108, 158, 270, 270, 285, 290, 291, 330, 370-372, 378
가속계 139, 141, 142, 371-373, 378
가속도 7
가속법칙 27, 28, 39, 40, 58-61, 65, 70, 71, 75, 151, 158, 270, 291
가속중력상등원리* 370, 371, 373
가속팽창 363
가시광선(VIS, visible light) 241, 242, 246, 249, 395, 396
가우스, 칼(Karl Gauss, 1777~1855) 48, 255
가정(假定 postulate) 288
가쿠 미치오(加來道雄, 1947~) 357
각운동량 154, 155, 252
각운동량보존법칙 154, 155
갈레노스, 클라우디오스(Klaudios Galenos, 131?~201?) 137
갈릴레이, 갈릴레오(Galileo Galilei, 1564~1642) 21, 24, 31-37, 49, 97, 136, 137, 295, 408

413

감마선(γ-ray) 241, 244-246, 249, 340, 342, 395, 400
강력(strong force) 379
개곡선 257
개기일식 359, 373
거짓말쟁이역설(liar paradox) 344
게티즈버그 전투(Battle of Gettysburg) 163
겔만, 머리(Murray Gell-Mann, 1929~) 380
결정론(determinism) 397, 398
경로함수(path function)(과정함수) 202
계(界, 系)(system, frame) 141, 142
계승(階乘 factorial) 208
고등과학연구소(Institute for Advanced Study) 360
고리전기장* 264, 265, 267
고스톱 207, 208, 211
고유길이(proper length) 322, 323
고유량* 318, 321-323, 329
고유시간(proper time) 318, 321, 322
고전물리학(classical physics) 27, 135-139, 151, 167, 338, 367, 377, 379, 388
고전역학(classical mechanics) 7, 39, 97, 136, 137, 139, 154, 158, 193, 254, 287, 289, 312, 313, 316, 333, 367, 381, 383, 397, 398, 400, 401
공간상대성원리* 303
공간좌표 252, 263
공리(公理 axiom) 288
공명(resonance) 11
공자(孔子, BC551~479) 5, 30
과정함수(process function)(경로함수) 202, 203
과학자(scientist) 19, 36, 38, 48, 52, 54, 69, 136, 139, 140, 176, 194, 218, 220, 223, 232, 237, 254, 256, 278, 285, 292, 293, 295-297, 299, 355, 358, 360-362, 374, 376, 385, 402, 408-410
과학혁명(scientific revolution) 52, 408
관성(inertia) 24, 28, 39, 181, 371, 406
관성계(inertial frame) 28, 142, 286, 289-292, 298, 300, 307, 309, 311-315, 317, 321, 324-328, 345, 349-354, 378
관성법칙 27, 28, 30, 34, 36-40, 59, 97, 151, 290
관성질량(inertial mass) 371
광량자(light quanta) 386, 387, 389

광속일정원리(principle of invariant light speed) 229, 237, 289, 294, 298, 299, 302-307, 309-313, 315, 325, 369
광전관(photoelectric tube) 386
광전효과(photoelectric effect) 48, 229, 357, 360, 361, 386, 387, 389
괴델, 쿠르트(Kurt Gödel, 1906~1978) 391
괴테, 요한(Johann Goethe, 1749~1832) 269
국제단위계(SI, Système international d'unités) 68, 74-76, 188
굴절망원경 50
그래디언트(gradient) 277, 278
그레고리력(Gregorian calendar) 49
그로브, 윌리엄(William Grove, 1811~1896) 156, 157
극대(極大) 106, 107
극소(極小) 106, 107
극초단파(UHF, ultra high frequency) 248, 249, 396
극한(limit) 99, 100, 101, 103, 106, 329
근대화학의 아버지 338
근적외선(near-infrared) 246
기름방울실험 245
기적의 해(miracle year) 48, 53, 358
기적의 화합물 243
기정(機程 mechanism)* 220
길이수축(length contraction) 309, 318, 320, 321, 323-325, 329, 331, 332, 346, 348, 349, 351-353
김나지움(Gymnasium) 356
깁스, 조시아(Josiah Gibbs, 1839~1903) 137

(ㄴ)

나가사끼(長崎) 355
나침반 355
내부에너지(internal energy) 198-204, 221, 223
내적(內積 inner(또는 dot) product) 85-91
뉴커먼, 토머스(Thomas Newcomen, 1663~1729) 194
뉴턴(newton)(힘의 단위) 75, 76, 159
뉴턴, 아이작(Isaac Newton, 1642~1727) 7, 27, 30, 33, 36-40, 47-54, 58, 60-62, 75, 82, 83, 94, 95, 97, 102, 115, 136, 137, 140, 184, 232, 233, 254, 255, 270, 289, 292-295, 297, 300, 310, 313, 324, 333, 357, 368, 385, 389, 397, 400, 406

(ㄷ)

다변수함수 263
다윈, 찰스(Charles Darwin, 1809~1882) 24
다이버전스(divergence) 257, 259, 263, 274, 275, 277, 278
다중우주(multiverse) 403
단가대응(單價對應) 99
대칭(symmetry) 168, 169, 171
데카르트, 르네(René Descartes, 1596~1650) 36, 37, 136, 137
데카르트좌표(Cartesian coordinates) 36
도량형(度量衡) 74
도플러효과(Doppler effect) 346, 347
도함수(導函數 derivative) 104, 105, 108-111
동력혁명 194
동사(cold death) 218
동시상대성(relativity of simultaneity) 309, 310, 312, 348, 351
동역학(dynamics) 96, 97
동적 우주론 363
동칙 펑형 197
드브로이, 루이(Louis de Brogile, 1892~1987) 385, 388, 389, 399
드브로이관계식(de Broglie relation) 394
등속계 28, 38, 139, 141, 142, 286, 290
디랙, 폴(Paul Dirac, 1902~1984) 407

(ㄹ)

라그랑주, 조셉(Joseph Lagrange, 1736~1813) 102, 137
라디오(radio) 241, 247-249
라디오파(radio wave) 248-250
라부아지에, 앙투안(Antoine Lavoisier, 1743~1794) 338
라이프니츠 표기법 102, 121, 124
라이프니츠, 고트프리트(Gottfried Leibniz, 1646~1716) 51, 62, 69, 95, 115, 156
라플라스, 피에르(Pierre Laplace, 1749~1827) 137, 397, 405
라플라스괴물(Laplace's Demon) 398
랍비(rabbi) 296
랭킨, 윌리엄(William Rankine, 1820~1872) 69

레이더(radar) 248
레이저(laser) 362, 372
렌츠, 하인리히(Heinrich Lenz, 1804~1865) 255
렌츠법칙(Lenz's law) 264
로렌츠, 헨드릭(Hendrik Lorentz, 1853~1928) 302, 325
로렌츠인자(Lorentz factor) 318, 329
로렌츠핏제럴드수축(Lorentz-FitzGerald contraction) 302, 325
뢰머, 올레(Ole Rømer, 1644~1710) 237
뢰벤탈, 엘자(Elsa Löwenthal, 1876~1936) 360
뢴트겐, 빌헬름(Wilhelm Röntgen, 1845~1923) 243
루게릭병(Lou Gehrig's disease) 296
루스벨트, 프랭클린(Franklin Roosevelt, 1882~1945) 360
리모컨(remote controller) 247
리비도(libido) 157
리세를(Lieserl) 358

(ㅁ)

마력(hp, horse power) 68, 69, 391
마르크스, 칼(Karl Marx, 1818~1883) 295
마리치, 밀레바(Mileva Marić, 1875~1948) 358, 359, 360
마이스너효과(Meissner effect) 266, 267
마이어, 율리우스(Julius Mayer, 1814~1878) 156, 157
마이컬슨, 앨버트(Albert Michelson, 1852~1931) 232, 299, 300-303
마이컬슨간섭계(Michelson interferometer) 299
마이컬슨몰리실험 299, 299, 300, 301
마이크로파(microwave) 241, 247-249
마찰력 43, 164
마흐, 에른스트(Ernst Mach, 1838~1916) 406, 407
마흐의 원리(Mach's principle) 406
막대헛간역설(pole-barn paradox) 348
만델브로, 베노이트(Benoit Mandelbrot, 1924~) 295
만유인력 33, 43, 48, 50, 52, 136, 158, 179, 182, 184, 186, 187, 220, 291, 368, 406
매질(medium) 231, 232, 300
맥스웰, 제임스(James Maxwell, 1831~1879) 138, 254, 255, 266, 274, 295, 355, 356, 361, 385, 386
맥스웰방정식(Maxwell's equation) 136, 138, 232, 233,

251, 254, 255, 257, 263, 265, 268, 269, 274, 278, 285, 300, 341, 342, 385, 389

맹자(孟子, BC372?~289?) 404

모터(motor) 205, 214, 231, 253, 268

모터법칙* 255, 265, 268

몰리, 에드워드(Edward Morley, 1838~1923) 232, 299, 300

무게(weight) 44, 46, 75, 158, 159, 174, 244, 326

무연창조(無緣創造 creatio ex nihilo)* 403

무지개 240-242

무질서도(measure of disorder) 212, 213, 221

무한확대경 380, 390

물리량(physical quantity) 28, 59, 62, 74, 75, 76, 81, 92, 289, 381, 382

물리법칙(physical law) 289-292, 307, 378, 406

물질파(material wave) 245, 388

뮤온(muon) 320-324, 332

미국국립표준기술연구원(NIST) 76

미분(微分 differentiation) 16, 17, 18, 48, 63, 65, 73, 94-96, 98-111, 114-117, 119, 120-126, 128, 152, 173, 180, 187, 263, 270-272, 274-277, 329, 334, 335

미분방정식(differential equation) 102, 254

미분의 기하적 의미 105, 106

미분의 해석적 의미 107, 108

미분표(table of derivatives) 108, 119

미소(微小)변화율 108

미시상태(microstates) 224

미적분(calculus) 11, 17, 48, 50, 51, 63, 94, 95, 97, 98, 114, 117, 127, 128, 152, 393

미적분의 기본정리(fundamental theorem of calculus) 115, 117, 119

미터법(metric system) 74, 237

미터원기 237

민코프스키, 헤르만(Hermann Minkowski, 1864~1909) 359

밀리컨, 로버트(Robert Millikan, 1868~1953) 245

(ㅂ)

반사(reflection) 234, 244, 247, 273, 301, 310-312, 315

반사망원경 51

발전기(generator) 231, 253, 264, 268

발전기법칙* 255, 263, 264

방사선 244, 246, 249, 325

방사성물질 244, 245

방사중력장* 184, 185

배로, 아이작(Isaac Barrow, 1630~1677) 115

배린저운석공(Barringer Crator) 163

베르누이, 요한(Johann Bernoulli, 1667~1748) 53, 54

베른(Bern) 358

베살리우스, 안드레아스(Andreas Vesalius, 1514~1564) 136

베이컨, 프랜시스(Francis Bacon, 1561~1626) 54, 408

베타선(β-ray) 244, 245

벡터(vector) 11, 18, 28, 29, 66, 73, 75, 80-93, 97, 110, 165, 252, 256, 257, 274, 275, 277, 278

벡터의 미분 274, 277

벡터함수 277, 278

변위자기장* 264, 267

변위전기장* 267, 268

변위전류 268

변화(change) 28, 38, 59, 61, 62-65, 85, 94, 96, 97, 98, 99, 101, 108, 109, 127, 149, 151, 167, 168, 170, 171, 191, 198, 202, 214, 217, 218, 219, 220, 255, 264, 267, 285, 286, 306, 324, 325, 338, 339, 340, 369, 383, 394, 397

변화율 16, 95-100, 108, 116, 128, 340

병행우주(parallel universe) 403

보른, 막스(Max Born, 1882~1970) 401, 402

보어, 닐스(Niels Bohr, 1885~1962) 361

보존력(conservative force) 164

복원력(restoring force) 176, 177

볼츠만, 루트비히(Ludwig Boltzmann, 1844~1906) 223, 224, 269

볼츠만상수(Boltzmann's constant) 224, 412

볼타, 알레산드로(Alessandro Volta, 1745~1827) 138

부분적분(integration by parts) 18, 119-122, 125, 335

부원기 237

부정(不定 indeterminate) 187, 342

부정적분(不定積分) 115, 117-119, 122

분리(separation) 209-212, 220
분자(molecule) 143, 144, 180, 197, 200, 204, 208, 210-214, 222-224, 247, 381, 382, 401
불변성(invariance) 307
불변성이론(theory of invariance) 308
불완전성정리(incompleteness theorem) 391
불확정성원리(uncertainty principle) 361, 380, 391-403
브라운운동(Brownian motion) 48, 357
브루노, 지오다노(Giordano Bruno, 1548~1600) 136
블랙홀(black hole) 245, 320, 376
비결정론(indeterminism) 398, 403
비대칭(asymmetry) 216, 220
비보존력(non-conservative force) 164
비유 21, 59, 180, 196, 197, 200, 201, 203, 213, 288, 380, 383, 384, 386, 387, 390, 392, 393, 402
비탄성충돌(inelastic collision) 167
비트겐슈타인, 루트비히(Ludwig Wittgenstein, 1889~1951) 409
비파괴검사 244
비행형 47
빅뱅(Big Bang) 145, 188, 208, 218, 248, 376
빅뱅의 메아리 248
빅뱅의 잔광 248
빅크런치(big crunch) 218
빛결* 304-306, 325
빛(light) 18, 76, 138, 146, 154, 156-158, 162, 163, 166, 167, 199, 227, 229-235, 237, 239-243, 246, 248, 249, 274, 278, 285, 298-301, 305, 310-317, 320, 330, 341-343, 347, 350, 369, 372, 373-375, 382-389, 394-396, 400
빛시계 314, 315, 319

(ㅅ)

사고실험 31, 33, 348, 349, 351
사다리역설(ladder paradox) 348
사미인곡(思美人曲) 281
사우나(sauna) 246
사원소설 31, 32, 232
산업혁명(industrial revolution) 137, 194

상대공간 37, 38, 324
상대길이* 322, 323
상대량* 318, 321-323, 329
상대론 95, 131, 136, 139, 140, 154, 167, 168, 229, 362
상대성(relativity) 307, 308, 310, 311, 324, 331, 332, 349, 352
상대성원리(principle of relativity) 289, 291-293, 298, 303, 304, 307, 378
상대성이론(theory of relativity) 5, 6, 17, 18, 28, 37, 126, 136, 138, 139, 141, 286, 289, 291, 307, 308, 360, 371, 376, 377, 379, 386, 406
상대시간* 318, 321, 323, 324
상동관계(相同關係) 317, 325, 331, 332, 345, 376
상미분(常微分) 263
상태함수(state function) 417, 202, 203
색맹 240
색입체(color solid) 242
석가(釋迦, BC563?~483?) 30
성경(Bible) 344
성분법* 81-85, 89-91
세라믹(ceramic) 216
세이버리, 토머스(Thomas Savery, 1650?~1715) 194
소립자(elementary particle) 143-145, 167, 246
소립자물리학 246, 361
소요학파(逍遙學派) 31, 408
소크라테스(Socrates, BC469~399) 30
속도계(speedometer) 93, 292
속도와 속력 93
수소폭탄(hydrogen bomb) 340
수식(식) 11, 21-24, 61, 79, 99, 126, 202, 269, 291, 306, 325, 361, 362
수직항력 43-46
순간변화율 100, 101, 107, 108, 172, 173
순간이동(teleportation) 403
순열(順列 permutation) 208
슈뢰딩거, 에르빈(Erwin Schrödinger, 1887~1961) 410
슈뢰딩거고양이(Schrödinger's cat) 403
슘페터, 요셉(Joseph Alois Schumpeter, 1883~1950) 295
스노우, 찰스(Charles Snow, 1905~1980) 131, 408
스즈키 이치로(鈴木一朗, 1975) 295
스칼라(scalar) 29, 75, 81, 82, 85, 90, 92, 93, 166, 275, 277
스칼라함수 277

스펙트럼(spectrum) 241, 242, 246, 249, 382, 383
스피노자, 바루흐(Baruch Spinoza, 1632~1677) 296
스피드건(speedgun) 396
슬릿(slit) 234
시간상대성원리* 303
시간의 화살(time's arrow) 220
시간좌표 263
시간지연(time dilation) 303, 309, 310, 314, 316-321, 323-325, 329, 342, 345, 346, 348, 375, 376
시계역설(clock paradox) 345
시공(spacetime) 105, 255, 286, 304, 306, 309, 324, 325, 368, 376, 398, 401
시그마(sigma) 153
시슬러, 조지(George Sisler, 1893~1975) 296
시행(operation) 168
신축력 176, 177
실진법(悉盡法 method of exhaustion) 114
쌍둥이역설(twin paradox) 344, 345, 348

(ㅇ)
아라우(Aarau) 357
아르키메데스(Archimedes, BC287?~212) 6, 48, 97, 114
아리스타르코스(Aristarchos, BC310?~230?) 34, 35
아리스토텔레스(Aristoteles, BC384~322) 30-34, 69, 74, 232, 254, 404, 408, 409
아보가드로수(Avogadro number) 211, 412
아인슈타인, 알베르트(Albert Einstein, 1879~1955) 5, 20, 21, 24, 33, 37, 38, 48, 62, 65, 135, 138-140, 151, 194, 195, 229, 232, 254-256, 269, 274, 278, 285-287, 289, 294-297, 302, 307, 308, 325, 339, 341, 345, 355-363, 368-371, 373, 374, 376, 378, 379, 383, 386-389, 402, 406, 407
아카데메이아(Akademeia) 404
알코올(alcohol) 180
알파선(α-ray) 244, 245
압력 29, 43, 44, 45, 203, 218, 223
압사(big crunch) 218
앙페르, 앙드레–마리(André-Marie Ampère, 1775~1836) 138, 253, 255, 261
앙페르맥스웰법칙* 255, 263, 265

앙페르법칙(Ampere's law) 260, 261, 262, 263, 264, 265, 274
야간투시경 247
약력(weak force) 379
양성자(proton) 186, 200, 245, 258, 319, 381, 390, 399, 412
양수발전(揚水發電) 231, 253
양자(量子 quantum) 138, 381-384
양자론 95, 131, 136, 139, 140, 154, 167, 229, 362
양자상태(quantum state) 11
양자역학(quantum mechanics) 135-139, 144, 147, 186, 233, 234, 361, 367, 380-383, 385, 388, 398-400, 402, 403
양자역학의 메카(Mecca) 402
양자역학의 창시자 240
양자요동(quantum fluctuation) 403
양자컴퓨터(quantum computer) 403
양자화(quantization) 384, 387
  실체적 양자화 387
  추상적 양자화 387
양전자(positron) 320, 340
에너지(energy) 5, 6, 17, 18, 55, 59, 61, 64, 69, 70, 73, 81, 138, 149, 154, 156-158, 160-168, 171, 172, 175, 176, 178, 180, 182, 188, 193, 199, 200, 213, 217-221, 223, 231, 239-241, 244-247, 289, 330, 333, 337-342, 376, 379, 381-385, 387, 391, 394-397, 400
에너지보존법칙 151, 154, 156-158, 160-164, 166-168, 171, 195, 198, 204, 205, 209, 211, 217, 290, 291, 338, 397
에네르기아(energeia) 69
에딩턴, 아서(Arthur Eddington, 1882~1944) 220
에르그(erg) 65
에우독소스(Eudoxus, BC408?~355?) 114
에우클레이데스(Eukleidês, BC330?~275?)(유클리드) 288
에테르(ether) 231, 232, 254, 300-302, 406
엑스선(X-ray) 241, 243, 244, 245, 249, 394-396, 399, 400
엔트로피(entropy) 193, 203, 207, 212-214, 217, 219-225
엔트로피기준법칙* 195, 221
엔트로피증가법칙 195, 207, 208, 212-214, 216-220, 291
엠페도클레스(Empedokles, BC490?~430?) 232, 338
역산 73, 95, 115, 117, 120
역설(paradox) 325, 344, 345, 348, 350
역학(mechanics) 97, 181, 221
역학적 에너지(mechanical energy) 158, 160

역학적 에너지보존법칙 158, 160-162, 164, 198
연금술 52, 53, 296
연쇄율(chain rule) 124, 273, 335
열과 일 145, 193, 194, 198-201, 203, 209, 214
열사(heat death) 218
열선 246, 247
열역학 4대 법칙 226
열역학(thermodynamics) 136, 137, 145, 151, 191, 193-199, 201, 203-205, 207, 208, 210, 211, 213, 215-217, 221-224, 226, 367, 382
열역학의 아버지(카르노) 194
열역학적 부호관습 201, 202
열작용 246, 247
열추적미사일 247
열평형(thermal equilibrium) 196, 197, 217, 218, 226
열평형법칙 195, 196
예수(Jesus Christ, BC4?~AD30) 30, 296
오르나사법칙 251
오른손법칙(right-hand rule) 251-253, 260-262, 268, 280
오일러, 레온하르트(Leonhard Euler, 1707~1783) 102, 137
오일러수(Euler's number) 109
오존층 243
옴, 게오르크(Georg Ohm, 1789~1854) 138
옹스트롬(Å angstrom) 394
와트(watt)(일률의 단위) 68, 76
와트, 제임스(James Watt, 1736~1819) 68, 194
완전결정(perfect crystal) 222-224
왕립학회 53
왼손법칙(left-hand rule) 251, 253, 260, 268, 280
용비어천가(龍飛御天歌) 281
용수철(龍鬚鐵) 164, 176-180, 182, 200, 270, 271
우라늄(uranium) 244, 341
우주배경복사(cosmic background radiation) 248
우주상수(cosmological constant) 363
우주선(宇宙線 cosmic ray) 245, 246, 320
우주선(宇宙船 spaceship) 313, 346
운동관성계 317, 328
운동량변화법칙* 251
운동량보존법칙 40, 151, 152-155, 165, 167, 171, 211, 220, 290, 291, 327
운동법칙 25, 27, 30, 36-38, 40, 48, 53, 58, 75, 97, 136, 151, 211, 220, 225, 233, 290, 397, 400, 406
운동에너지(kinetic energy) 15-17, 69, 70, 72, 158, 160-162, 166, 167, 171, 173, 198-200, 291, 333, 334, 337
울름(Ulm) 355
원소(element) 31, 157, 232
원자(atom) 74, 76, 138, 143, 144, 180, 222-224, 244, 260, 262, 340, 381, 382, 394-396, 399-401
원자력발전 244, 339, 340, 341
원자론(atomism) 95, 223
원자폭탄(atomic bomb) 244, 339-341, 360
원적외선(far-infrared) 246, 247
월식 34
위성항법장치(GPS, global positioning system) 377
위치에너지(potential energy) 61, 69, 157, 158, 160-162, 166, 172, 173, 182-184, 186-188, 198-200
유량(流量 flow) 201, 202, 257, 263, 265
유럽연합(EU, European Union) 74
유레카(Eureka) 6
유로화(euromoney, €) 74
유클리드(Euclid)(에우클레이데스) 288
율리우스력(Julian calendar) 49
이데아(idea) 31
이리듐(iridium) 237
이중성원리(duality principle) 233, 234, 245, 384, 385, 389, 390, 394, 398, 399
이차방정식 22, 23, 331
인식론의 코페르니쿠스적 혁명(Copernican Revolution in philosophy) 405
인티그럴(integral) 115, 121
일과 열 157, 204
일률(power) 58, 68, 69, 194
일반상대성이론(general theory of relativity) 33, 105, 135, 136, 138, 139, 141, 229, 286, 357, 359, 360, 362, 363, 367, 368, 370, 371, 376-379, 406
일반적 에너지보존법칙 162, 166
일변수함수 263
일식 34, 373

일체유심조(一切唯心造) 405
임계온도(Tc, critical temperature) 267
입자가속기 246, 330
입자설 233, 234, 385, 387-389

(ㅈ)
자기가우스법칙* 255, 259, 260, 263, 274
자기력선 253, 256, 257, 260, 263
자기부상열차 266
자기장 81, 230, 252, 253, 255-257, 259-268, 274-276, 325
자기전파(自己傳播)* 231
자기파 231
자류(magnetic current) 266
자발적 과정(spontaneous process) 213, 217
자연과학(natural science) 5, 75, 95, 130, 143, 195, 207, 220, 391, 404
자연로그(natural logarithm) 224
자연철학(natural philosophy) 30, 404
자연철학자(natural philosopher) 36, 404
자외선(UV, ultraviolet) 241-243, 246, 395, 396
자하 259, 260, 266
자하부재법칙* 255, 259
자화(magnetization) 262
작용반작용 40, 41, 42, 47, 153, 264
작용반작용법칙 27, 29, 40, 47, 151-154, 167, 210
작용점 29, 41, 42
장(field) 256, 356
장파(low frequency) 250
재앙의 화합물 243
저량(貯量 stock) 201, 202
적분(積分 integration) 334-336
적분구간 115, 116, 118, 119, 122, 177, 184, 334, 335
적분상수(integration constant) 117, 118
적분의 기하적 의미 116, 118
적분표(integral table) 119
적외선(IR, infrared) 241, 246, 247, 249
전기가우스법칙* 255, 257, 259, 260, 274
전기력선 256, 257
전기력위치에너지 186

전기장 81, 179, 186, 230, 255-264, 267, 268, 274-276
전기파 231
전도전류 268
전류밀도(current density) 265
전자(electron) 138, 144, 186, 200, 245, 258, 262, 268, 319, 320, 340, 381-383, 386, 387, 389, 390, 394, 395, 399-401, 412
전자궤도(orbital) 400
전자기파(electromagnetic wave)(전자파, 전파, 빛) 230, 241, 243, 245, 246, 248, 249, 320, 385
전자기학(electromagnetism) 136, 137, 139, 140, 269, 367, 385
전자레인지 247
전자회절실험 389
전파(傳播 propagation) 230, 239, 254, 274, 276, 300
전파(電波)(전자기파) 230, 247, 248, 249, 250, 342, 347
전하밀도(charge density) 258
전하존재법칙* 255, 257
절대공간(absolute space) 36, 38, 232, 292-294, 300, 301, 303, 313, 324, 325, 406
절대량 200, 201
절대시간(absolute time) 294, 303, 310, 312, 313, 324, 406
절대영도(absolute zero) 76, 222, 224, 248
접선(接線 tangent) 105, 106, 107, 114, 154, 180, 257
정량과학(定量科學 quantitative science) 338
정리(定理 theorem) 97, 189, 288
정상우주론(定常宇宙論 steady-state cosmology) 248
정상파(定常波 standing wave) 273
정성과학(定性科學 qualitative science) 338
정신분석학 157
정역학(statics) 96, 97
정의값* 237, 412
정적 우주론 363
정적 평형 197
정적분(定積分) 115, 118, 119
정지계 38, 141, 318
정지관성계 317
정지에너지(rest energy) 17
정지질량(rest mass) 16, 337, 342

제5원소(quintessence) 232
종교재판 34, 35, 136
줄, 제임스(James Joule, 1818~1889) 65, 137, 156, 157, 162
중간변수* 124, 125
중력가속(gravitational acceleration)* 159, 179, 291, 371
중력계 371-373, 378
중력상수(gravitational constant) 158, 412
중력위치에너지 182, 183, 186-189, 221, 390
중력자(重力子 graviton) 343
중력질량(gravitational mass) 371
중력파(重力波 gravitational wave) 278, 343
중성미자(中性微子 neutrino) 343
중성자(neutron) 381, 399, 412
중파(medium frequency) 방송 249
증기기관(steam engine) 68, 137, 145, 193, 194, 205, 382
지동설 34, 35, 136, 405
지연선택실험(delayed choice experiment)* 403
지오이드(geoid) 186
직교 관계 86, 88
직진운동(translation)* 154
진공광속* 236, 237, 254, 269, 274, 276, 278, 279, 285, 289, 298, 302, 307, 342
진공에너지(vacuum energy) 403
진공유전율(vacuum permittivity) 258, 266, 279, 412
진공투자율(vacuum permeability) 266, 279, 412
진동수(frequency) 76, 235, 236, 239-241, 244, 245, 249, 382, 383, 386
진시황(秦始皇, BC259~210) 74
질량보존법칙(law of conservation of mass) 338
질량에너지보존법칙 168, 338
질량에너지상등원리(mass-energy equivalence principle)* 289, 333, 337, 339, 341, 358, 371
질량증가(mass increase) 309, 318, 323, 326, 328-331, 333, 342

(ㅊ)
차(差 difference) 91, 98, 101, 102
차고역설(garage paradox 또는 car-garage paradox) 344, 348
천동설 34, 35

체온계 146, 196
초광속 330, 331
초끈이론(superstring theory) 362
초단파(VHF, very high frequency) 248, 249
초신성(supernova) 245, 313, 320
초장파(very low frequency) 250
초전도(superconductivity) 403
초전도체(superconductor) 266, 267
최단시간원리(principle of least time) 374
최대의 실수 362
최후의 연금(술)사(마법사·마술사·주술사) 48, 52
최후의 철학자 355, 363
축전기(capacitor 또는 condenser) 258, 267, 268
취리히공대 356, 358

(ㅋ)
카르노, 니콜라스(Nicolas Carnot, 1796~1832) 137, 194
카발리에리, 보나벤투라(Bonaventura Cavalieri, 1598~1647) 114
카발리에리원리(Cavalieri's principle) 114
칸토어, 게오르크(Georg Cantor, 1845~1918) 187
칸트, 임마누엘(Immanuel Kant, 1724~1804) 363, 405-407, 409
칸트라플라스성운설(Kant-Laplace nebular hypothesis) 405
컬(curl) 263, 265, 274, 275, 277, 278
케인스, 존(John Maynard Keynes, 1883~1946) 295
케임브리지대학교(University of Cambridge) 50, 131
케플러, 요하네스(Johannes Kepler, 1571~1630) 35, 137
켈빈, 윌리엄(William Kelvin, 1824~1907) 69, 137, 193
코일(coil) 264, 266
코페르니쿠스, 니콜라우스(Nicolaus Copernicus, 1473~1543) 35, 136, 137, 405
코페르니쿠스적 혁명(Copernican Revolution) 405
코펜하겐해석(Copenhagen interpretation) 401, 402
코흐(Helge von Koch, 1870~1924) 295
코흐눈송이 295
콜럼버스, 크리스토퍼(Christopher Columbus, 1451~1506) 15
쿨롱, 샤를(Charles Coulomb, 1736~1806) 138

쿨롱법칙(Coulomb's law) 186
쿼크(quark) 144
퀘이사(quasar) 245, 320
클라우지우스, 루돌프(Rudolf Clausius, 1822~1888) 137
클라인, 모리스(Morris Kline, 1908~1992) 94

(ㅌ)

탄성충돌(elastic collision) 167
터널링(tunnelling) 403
텐서(tensor) 75
톰슨, 벤저민(Benjamin Thompson, 1753~1814) 156
통계역학(statistical mechanics) 223, 224
통계적 해석(statistical interpretation) 401
통일론(unified theory) 139, 140, 379
통일장이론(unified field theory) 361, 362
트루컬러(true color) 242
트웨인, 마크(Mark Twain, 1835~1910)
특수상대성이론(special theory of relativity) 16, 33, 37, 48, 62, 135-139, 141, 151, 169, 229, 232, 235, 254, 269, 278, 283, 285-287, 289, 302-304, 306, 307, 309, 313, 320, 321, 325, 331, 333, 339, 344, 345, 357, 367-369, 371, 376-379, 386, 392, 406

(ㅍ)

파동방정식(wave equation) 269, 272, 273, 276
파동설 233, 385-389
파동함수응축(collapse of wavefunction)* 403
파인만, 리처드(Richard Feynman, 1918~1988) 407
파장(wavelength) 235, 236, 241, 244, 247, 248, 383, 388, 389, 394, 395, 400
패러데이, 마이클(Michael Faraday, 1791~1867) 138, 254-256, 356
패러데이렌츠법칙* 255, 263, 265, 274
패러데이법칙(Faraday's law) 264
퍼텐셜(potential) 172, 174-181, 200
퍼텐셜곡면 180
페르마, 피에르(Pierre Fermat, 1601?~1665) 114
편미분(偏微分) 263, 264
평균변화율 99, 100
평균속도 71

평행사변형법 82-84, 165
평행중력장* 184, 185
평형 40, 41, 42, 44, 46, 47, 197
평형력 41, 42, 43, 45, 46
포물선(parabola) 72
포플, 존(John Pople, 1925~2004) 180
프랑스혁명(French Revolution) 74, 236, 405
프랙탈(fractal) 295
프레온(freon) 243
프로이트, 지그문트(Sigmund Freud, 1856~1939) 157
프린시페섬(Principe Island) 374
프톨레마이오스, 클라우디오스(Klaudios Ptolemaios, 85?~165?) 35
플라톤(Platon, BC424/423~348/347) 30, 232, 404
플랑크, 막스(Max Planck, 1858~1947) 138, 240, 382, 383, 387
플랑크법칙(Planck's law) 382-385
플랑크상수(Planck constant) 239, 382, 388, 393, 412
플레밍, 존(John Fleming, 1849~1945) 253, 268
피겨스케이팅 155
피셔, 에른스트(Ernst Fischer, 1947~) 307
피타고라스(Pythagoras, BC570?~495?) 97
피타고라스정리(Pythagorean theorem) 89, 97, 300, 314, 316, 319
필연법칙 210, 211
핏제럴드, 조지(George FitzGerald, 1851~1901) 325

(ㅎ)

하위헌스, 크리스티안(Christiaan Huygens, 1629~1695) 232, 233, 385, 389
하이젠베르크, 베르너(Werner Heisenberg, 1901~1976) 391
한국표준연구원(KRISS) 76
할선(割線 secant) 105, 106
함수곱 18, 109-111, 120-122, 126
합성함수(composite function) 18, 110, 123-126, 335
해밀턴, 윌리엄(William Hamilton, 1805~1865) 137
해석기하 36
핵반응(nuclear reaction) 245, 340

핵분열(nuclear fission) 340, 341
핵융합(nuclear fusion) 340, 341
핵폭탄(nuclear bomb) 340
핼리, 에드먼드(Edmund Halley, 1656~1742) 52, 53
핼리혜성(Hally's comet) 52
행렬(matrix) 278
행정(行定 determinant)* 278
허길이 331
허블, 에드윈(Edwin Hubble, 1889~1953) 363
허시간 331
허질량 331
헛간막대역설(barn-pole paradox) 348
헤르츠, 하인리히(Heinrich Hertz, 1857~1894) 138, 385
헬름홀츠, 헤르만(Hermann Helmholtz, 1821~1894) 156, 157, 218
현대물리학(modern physics) 27, 135, 136, 138, 139, 140, 229, 367, 377
호리병 208-210, 212, 220
호킹, 스티븐(Stephen Hawking, 1942~) 79, 295, 296, 409
혼합(mixing) 204, 209-211, 213, 220
홀전자 262
화살법* 81, 82, 84-86, 89-91
화엄경(華嚴經) 405
확률법칙 210, 211
확률적 해석(probabilistic interpretation) 401
확률해석원리* 361, 380, 398, 401-403
확정값(exact value)* 237, 238
활력(vis viva) 69, 156
회절(diffraction) 234
효율(efficiency) 68, 130, 194, 199, 205, 214-217, 340
훅, 로버트(Robert Hooke, 1635~1703) 51, 176
훅법칙(Hooke's law) 176, 177, 270
훔볼트대학교(Humboldt University) 359
휠러, 존(John Wheeler, 1911~2008) 368
휴얼, 윌리엄(William Whewell, 1794~1866) 404
흑사병 50
흑체복사(blackbody radiation) 382, 383

히로시마(廣島) 339
히틀러, 아돌프(Adolf Hitler, 1889~1945) 360
힘상수(force constant) 176, 179, 270-272
힘의 삼요소 29
힘의 평형 40-42, 44, 46, 47, 197

문과생도 이해하는 $E = mc^2$

1판 1쇄 인쇄 2017년 10월 1일
1판 1쇄 발행 2017년 10월 1일

지은이 고중숙
발행인 원경란
기획 강병철
편집 양현숙, 강경완
디자인 노지혜
펴낸곳 꿈꿀자유 서울의학서적
주소 제주특별자치도 제주시 국기로 14 105-203
전화 편집부 010-5715-1155 ㅣ 마케팅부 070-8226-1678 ㅣ 팩스 0505-302-1678
이메일 smbookpub@gmail.com
홈페이지 www.smbookpub.com
등록 2012. 05. 01 제 2012-000016호

ISBN 979-11-87313-15-1 (03420)

* 잘못된 책은 구입하신 서점에서 바꾸어드립니다.
* 값은 표지에 있습니다.

꿈꿀자유 서울의학서적은 의사가 설립하여 의사가 운영하는 작은 출판사입니다. 병을 앓는 이는 두 가지 고통을 겪습니다. 질병으로 인한 고통이 첫 번째라면 정보의 부족으로 인한 고통이 두 번째입니다. 꿈꿀자유 서울의학서적은 정보 부족으로 인한 고통을 겪는 분들께 올바른 정보를 전달한다는 목표로 설립되었습니다.

저희는 성장을 지향하지 않습니다. 작은 출판사로서 누릴 수 있는 독립성과 자유가 중요하기 때문입니다. 저희는 작은 출판사들이 많이 생기고 유지될 수 있는 환경을 희망합니다. 출판은 한 사회의 지식을 생산하고 유지하는 핵심이며, 출판 생태계의 다양성이 유지될 때 사회가 건전하게 발전할 수 있다고 믿습니다.

저희는 전문성을 지향합니다. 아무리 인기있는 주제라도 과학적으로 입증되지 않은 내용을 펴내지 않습니다. 모든 책은 해당 분야의 전문가가 집필 또는 번역한 내용을 전문 편집자가 교정 교열 및 윤문한 후, 10여 차례 검토한 끝에 세상에 나옵니다. 저희는 출간 일정에 얽매이지 않으며 정해진 기준에 미치지 못하는 책을 내지 않습니다.

원고 투고   smbookpub@gmail.com